歩 行 す る ク ジ ラ
800万年で陸上から水中へ

The Walking Whales, From Land to Water in Eight Million Years

歩行するクジラ

800万年で陸上から水中へ

J. G. M. シューウィセン 著

松本忠夫 訳

東海大学出版部

THE WALKING WHALES: From Land to Water in Eight Million Years
by J. G. M. "Hans" Thewissen

© 2014 The Regents of the University of California
Published by arrangement with University of California Press
through Japan UNI Agency, Inc., Tokyo

日本語版への序

　クジラやイルカ類は歴史の中で人間に感銘を与えました．クジラ類はこれまで地球を回遊する最大の動物に進化しただけでなく，脳の大きさや，おそらく知性で人間に近づいています．過去にはクジラやイルカ類を近くから見るのは難しかったのですが，今は以前より簡単です．日本には数多くの素晴らしい水族館があり，人々は水中にすんでいる小型クジラとイルカ類を楽に見て驚くことができます．

　クジラとイルカ類を彼らの環境中で見ていると，祖先がカバやウシに最も密接に関係する陸生の動物であるとは，容易には信じられません．しかし，科学者たちは，化石記録だけでなく，クジラとイルカ類の遺伝子からの証拠に基づいてそのことを判断しました．最も初期のクジラ類は現生のクジラ類のようには見えず，オオカミのように見えるものもあれば，カワウソのようなものもありますし，アザラシのような種もいました．初期化石のほとんどはパキスタンとインドで発見されました．日本は自然史博物館に展示されている化石クジラの記録も優れています．

　この本は，クジラとイルカ類の初期進化がどのように進行したかを説明しています．そして，どのように陸生の四肢動物が水生哺乳動物に変わったかを説明します．そのプロセスを解くことは簡単ではありませんでした．現生のクジラとイルカ類の祖先である化石を見つけるためには，多くの調査と研究が必要でした．その様子は本書にも書かれていますが，それは科学がいかに不思議な形で進歩しているかを示す驚くべき紆余曲折，失望，素晴らしい発見の探偵物語でもあります．読者のあなたがこれらの魅惑的な動物の進化について学ぶことを願っています．さらに，科学についてもっと興奮することを望みます．そして，自然界に関しての本を読むだけでなく，それを実際に観察することによって，より多くのことを学ぶため自分自身に挑戦することを私は願っています．また，地球上で何が起こったのかを探究するだけでなく，地球の執事として人間が世界で果たす役割について考えるために，それらの観察を使用することを願っています．

Ｊ・Ｇ・Ｍ "ハンス" シューウィセン
アラスカ州，アンカレッジにて
2018 年 1 月 26 日

Whales and dolphins have impressed humans throughout history. Not only are whales the largest animal ever to roam the earth, but they also approach humans in brain size and, possibly, intelligence. Whereas in the past, it was difficult for humans to see whales and dolphins from up close, that is now easier: there are many fine aquaria in Japan that allow us to be awestruck by the seemingly effortless way in which whales and dolphins live in the water.

As we are watching whales and dolphins in their environment, it is hard to believe that their ancestors were land-living animals that most closely related to the hippopotamus and cattle. And yet, scientists have determined that that is the case, based on evidence from the genes of whales and dolphins as well as the fossil record. The earliest whales did not look like modern whales, some looked like wolves, others like otters, yet others like sealions. Most of those early ancestors were found in Pakistan and India, but Japan also has an excellent record of fossil whales that is displayed in its natural history museums.

This book explains how that early evolution of whales and dolphins proceeded: how a land-living four-footed animal changed to become a swimming mammal. Unravelling that story was not simple. Much work and study was required to find the fossils that are the ancestors of modern whales and dolphins. That is also narrated in this book, it is a detective story with surprising twists and turns, disappointments and wonderful discoveries that show how science advances in an erratic way. I hope that you, the reader, will learn about the evolution of these fascinating animals, but I hope even more that you will become excited about science. I hope that you will challenge yourself to learn more about the natural world, not just by reading about it, but also by observing it. I hope that you will use those observations to think about the role that humans have in the world, not just as the detectives that determined what happened on our planet, but also as stewards of Earth.

J. G. M. 'Hans' Thewissen
Anchorage, Alaska,
January 26, 2018

目　次

日本語版への序　　v

第1章　大変だった発掘 ———————————— 1
化石と戦争　　3
クジラの耳　　6

第2章　魚類，哺乳類，それとも恐竜？ ———————— 13
コッド岬の王トカゲ　　15
バシロサウルス科のクジラ類　　25
バシロサウルス科と進化　　42

第3章　足を持つクジラ類 ———————————— 45
黒白の丘陵　　47
歩行するクジラ　　54

第4章　泳ぎの技法 ————————————————— 65
シャチとの出会い　　67
犬かきから魚雷へ　　68
アンブロケタス科のクジラ類　　73
アンブロケタスと進化　　82

第5章　山脈が隆起したとき ———————————— 83
高いヒマラヤ山脈　　85
丘陵の誘拐犯　　93
インドのクジラ類　　97

第6章　インドでの旅路 ———————————————— 99
デリーでの立ち往生　　101
砂漠でのクジラ類　　108
150ポンドの頭骨　　110

第7章　浜辺に出かけて ———————————————— 115
砂州の付近　　117
化石化した海岸　　120

第8章　カワウソクジラ ———————— 123

手のないクジラ　125
レミントノケタス科のクジラ類　136
骨から獣を作り上げる　144

第9章　海洋は砂漠である ———————— 147

法医学的な古生物学　149
飲水と排尿　152
化石化した飲水行動　153
アンブロケタスと歩く　157

第10章　骨格のパズル ———————— 159

パキケタス化石頭骨の発見　161
いくつの骨で骨格を作っているのか？　163
クジラ類の姉妹群を探す　167

第11章　河のイルカたち ———————— 173

クジラ類の聴覚　175
パキケタス科のクジラ類　182
2001 年 9 月 11 日　193

第12章　クジラ類が世界を征服する ———————— 195

分子 SINE　197
黒いクジラ　200
プロトケタス科のクジラ類　203
プロトケタス科と歴史　212

第13章　胚から進化学へ ———————— 215

足を持つイルカ　217
太地町のマリンパーク　219
隠れている肢　221
太地における捕鯨　232

第14章　クジラ類以前 ———————— 237

未亡人の化石　239
クジラ類の祖先　247
インドヒウス　249
化石の保管　256

第15章　これからの課題 ——————————————— 257
　　　　大きな疑問　　259
　　　　歯の発生　　261
　　　　歯としてのひげ　　263

ノート　267
訳者あとがき　285
索　引　289

目次　ix

第 1 章
大変だった発掘

化石と戦争

パキスタン，パンジャブ州，1991年1月　私は信じられないほど興奮している！　ナショナルジオグラフィック協会が，パキスタンにおける化石採集のための資金を私にくれるのだ．それは私が自身で行う最初のフィールド・プロジェクトである．ワイオミング，サルデーニャ島，コロンビアといったエキゾチックな場所で行った数年にわたる化石採集も素晴らしかった．しかし，今回は違う．今や，私は自分でプログラムを実行できるのだ．どこで採集するかを決め，発見されたものを研究できる．刺激的だが，同時に困難なことでもある．友人のアンドレス・アランが同行してくれる．私たちは二人そろえば完全な調査ができる．すなわち，彼は地質を，私は化石を愛しているのだ．二人ともちょうど大学院を修了したばかりで，博士に成りたてだ．私たちは共に準備して，世界を震撼させる発見をするか，少なくともアトックとイスラマバードの間で化石を拾い尽くすことができる．

　アンドレスにとって，これはパキスタンへの最初の旅である．私は，ソ連がアフガニスタンを占領していた1985年に，古生物学の学生として，はじめてパキスタンを訪れていた．アメリカのCIAは，ソ連に対抗して，パキスタン経由で多くの支援を行っていた．機材を満載したトラックが夜間，大幹線道路を通ってイスラマバードからアフガニスタン国境へ向かう．私たちがフィールドへ行くのと，まさしく同じ道路である．ソ連の後ろ盾をもつアフガニスタン政府は，報復のためパキスタンを混迷に陥れようとした．自動車爆弾は最適な武器である．イスラマバードのホテルの部屋は，隣の警察署の中庭にとんでもない光景を見せてくれた．黒こげに爆砕されたミニバスが連なり，彼らの成功を物語っていたのだ．警察は町に入る車をすべて停め，爆弾を探すために，長い棒の先につけた鏡で自動車の下を調べた．しかし，地球の歴史上で非常に刺激的な時代である5000万年前の生命を研究するための化石を採集できる限り，私はこの事態を悩みはしなかった．

　そして6年後の今，アンドレスと私は，新年の直前にパキスタンに到着し，アフガニスタン国境の西方に位置するカラチッタ丘陵で調査する許可証を受け取った（図1）．イスラマバードのホテルのテレビは，前年に起こったイラクのクウェート侵攻に関するCNNの番組を流している．しかし，その衝突は縁遠

図1　パキスタン北部とインドの地図．本書で言及される地域を示している．骨マークで示された場所で化石が出土した（図22も参照）．

いものに見える．私は古生物学が提供する最も偉大な興奮に身を置くためにここにいる．化石を採集し，それを観察し，そしてその姿を想像する最初の人間になるのだ．

　私たちはアトックの町のホテルにチェックインし，1月1日にフィールドワークを開始した．まず，他の古生物学者たちの数十年前の論文から選んだ遠い場所を訪ねる．ヒマラヤ山脈の陰にあるその地の岩石は，それぞれが独特の魅力を持っている．湾曲，ねじれ，反転といった，北方での山脈形成におけるすべての結果が見られるのだ．世界で最も高いヒマラヤ山脈ができる際に，信じられないほど巨大な力が働いた確かな証拠である．パキスタン人の仲間アリフ氏は，持ち合わせた詩のセンスで，ひどく曲がりくねった石灰岩を"踊る石灰岩"と呼んでいる．

　私たちは毎日，乾燥した低木地を探索するが，化石は稀であり，探索には時間がかかる．私のフィールドブックは51個の化石を記録したが，小さな魚の骨，

ワニの甲冑，魚の歯，そしてクジラの耳ケースのかけら，鼓室の骨などには，まったく興奮しなかった．それは私が見つけた最初のクジラの骨ではない．私はオランダで育ち，化石産地のそばで暮らしていたが，父は私をその化石産地へ連れて行ってくれた．川がそこに岩石を運んでいたが，それはベルギー，フランスその他の上流の山々で切り取られ，集積されたものである．至るところに数億年前のウミユリ化石があり，泥炭から植物の化石，そして，その地域が海で被われていた数百万年前のクジラの骨の大きな化石などが出てきた．私の興味の対象は化石に固まり，そして12歳の誕生日に岩石ハンマーを手に入れ，今もそれを使っている．

　私は以前にクジラを研究したことはなく，この時点でも同様である．クジラの骨は私の役に立つものではない．ナショナルジオグラフィック協会の資金は，約5000万年前に，テチス海を横切り，インド‐パキスタンとアジアの間を（注：当時，この間は離れていた），どのようにして陸生哺乳類が移動したかを研究するためのものである．クジラ類は陸上における移動の研究には役に立たない．この交付助成を成功させるためには，陸にすむ哺乳類と，より多くの化石が必要である．最初の助成金獲得に失敗するとキャリアに傷がついてしまう．私はそれを非常に意識していた．

　しかし，5日目に夢は崩壊した．アメリカのクウェートへの侵攻が差し迫っており，アメリカ政府は国民の安全を憂慮している．アリフ氏は，パキスタン地質調査所の上司から，首都イスラマバードに私たちを護送するよう言われている．計画のすべてが，私の目前で壊れてしまっている．イスラマバードに戻る理由は，ばかげたものに思える．湾岸における紛争であり，パキスタンのものではないのだ．物理的な危険は，私が最初に訪れたときよりもはるかに小さなものに見える．なぜ，政治がフィールドシーズンを閉じてしまうのだろうか？

　アンドレスと私はしぶしぶイスラマバードに戻り，ホテルにチェックインする．ホテルは，ショッピング街があるイスラマバードの広い中央通り，大統領府，首相官邸，議会などの建物が存在するブルー地区にあり，アメリカ大使館から1マイルほどの距離だ．

　私たちはホテルの部屋でブラブラしながらニュースを待っている．テレビでは，イラクの外務大臣タリク・アジズと，アメリカの国務長官ジェームズ・ベイカーが悪口を言い合っている．アリフ氏は，もし戦争が勃発したら，私たち

はパキスタンから追い出され，調査地に戻ることは許可されないだろうと告げる．私たちはアメリカ大使館を訪れて嘆願し，こちらの事情を理解してもらおうとした．大使館はコンクリートの堀に囲まれた要塞である．二重になったゲートはパキスタン人の警備員が守っている．2番目のゲートにはアメリカの海兵隊員もいて，監視塔がある．

内部は緊張した雰囲気である．学術上の担当官はひどく心配して「外国人には危険すぎる」と言う．彼は私たちより若いようだ．「何が起こるか誰にわかります？　彼らは1979年にここアメリカ大使館を焼き払ったのですよ」．

私は生まれたときはオランダ人だったので，活気に満ちたブルー地区の真ん中にある小さな事務所で働くオランダ領事も訪問する．ここの雰囲気は違っている．彼はアメリカ人のそのような意見を笑う．「デモがあるかもしれないが，パキスタン人が外国人に立ち向かうなどありそうもない．もしアメリカがクウェートのイラク軍を攻撃したら，目立たないようにして，市外へ避難しなさい．郊外では，皆さんは大丈夫なはずだ」．

皮肉なことに，パキスタン人の仲間は，私たちを市外から市内へと移動させた．私はひどくいらだっている．私は誰かの映画脚本に出てくる見当違いのエキストラのようである．ホテルの部屋で，私たちはCNNを神経質に見ている．アジズとベイカーの会談は1月9日に決裂した．私たちは，出発しなければいけないと言われている．私たちは落胆し，パキスタン人の友人が飛行機を手配してくれるのを待つ．飛行機はモスクワ経由である．飛行機は，イスラマバード国際空港から離陸して，カラチッタ丘陵のまさに私たちの調査地の上を飛んでいく．しかし，私は窓の外を見ない．2番目の寄港地アムステルダムで，"砂漠の嵐作戦"が始まったことを聞く．今やアメリカがクウェートに侵攻しているのだ．

クジラの耳

私たちが発見した貧相な化石は，私たちとともにアメリカに向かった．ノースカロライナ州のデューク大学に戻ると（私はそこのポスドクである），ゆっくりと化石を処理する．歯科用の道具で注意深く岩石を取り除き，割れ目に接着剤を入れる．ひどく興奮する者はいないが，それらは私たちが持っているすべ

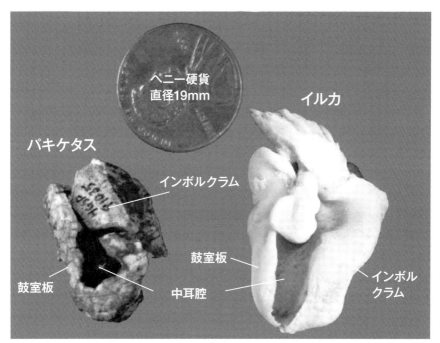

図2 クジラとは何か？ クジラやイルカやネズミイルカはクジラ目に属しており，現生のものも化石もすべてのクジラ類は，ここに示したように耳骨のひとつである鼓室骨の形に特徴がある（クジラ類のこの骨はブラ（bulla）とも呼ばれる）．この骨には内側のへりが厚化したインボルクラムがある．さらに，現生のハクジラ類の鼓室骨の外側の壁は非常に薄く，鼓室板と呼ばれている．鼓室骨は中耳腔を抱くようにして囲み，この中耳腔に音を伝える小さな骨（合わせて耳小骨と呼ばれる槌骨，砧骨，鐙骨）がある．（訳注：日本語の鯨類関係書では tympanic bulla の訳語は統一がとれていない．耳包骨，鼓室胞などがあるが，本書では鼓室骨とした）

てなのだ．そして，採集したすべての化石を管理するのは大切なことでもある．クジラの鼓室骨にはかなり手こずる．前提として，この骨は学術上すでにこの地域から知られている．1980 年，アメリカの古生物学者ロバート・ウェスト（Robert West）[1]が，歯をもとにして，クジラがかつてパキスタンにすんでいたことを確認したのが最初であった．1 年後，ミシガン大学のフィリップ・ギンガーリッチ（Philip Gingerich）[2]が，インダス川西側の発見地を越えた場所で，クジラの頭蓋骨を記載した．その化石も鼓室骨（tympanic bone）を持っており，ギンガーリッチはそれをパキケタス（*Pakicetus*）と名づけた．ラテン語で，"パキスタンのクジラ"という意味である．

第 1 章　大変だった発掘　7

学者たちは，これらの発見物がクジラ類であり，非常に原始的なものであることに同意したが，それらについてはほとんど知られていない．大体のところ，これらの化石は，世間や科学界に印象を残すものではなかった．当時，創造主義者たちは，化石記録が進化を裏付けない好例として，クジラ類を使っていた．創造主義のリーダーであるデュエイン・ギッシュ（Duane Gish）は，化石発見の5年後（1985年）に次のように書いている．「海生哺乳類と，それらの祖先とされる陸生哺乳類の間には，化石記録における移行型が存在しない」[3]．クジラ類は偶蹄目（カバ，ウシ，ブタなど偶数の爪先を持つ有蹄類）と DNA の類似点を持っている[4]．そのため，長い間クジラ類の祖先は偶蹄目であると考えられていた．ギッシュは，クジラ類が偶蹄目から由来したという分子的な類似性からの説明をあざ笑った．彼はそのアイデアを Bossie-to-blowhole（ウシからクジラの意）移行とやゆし，またそれを"乳房不全（udder failure）"と呼んだ．その後1994年にもギッシュは，パキケタスについて「海生の哺乳類とは関係のない陸生の哺乳類だ」と言っている[5]．

　クジラの鼓室骨は，クルミの殻を半分にしたような形で（図2），中が空洞になった椀形の骨である．加えて，片側の壁は非常に厚く，他方はかなり薄い．この薄い部分は鼓室板と呼ばれ，S字形の骨稜（シグモイド突起）にくっついている．厚い壁はインボルクラム（involucrum）として知られ，体のほかの部分よりもずっと稠密な骨でできている．これらはクジラの耳の骨の重要な特徴であり，クジラとその近縁のイルカ，そしてネズミイルカに特有なものである．これらの哺乳類はまとめてクジラ目（Cetacea）として扱われている[6]．すべてのクジラ目はインボルクラムがある鼓室骨を持っているが，他の哺乳類はいずれもそのような鼓室骨を持っていないことが知られている．すべての現生のクジラ類にはあって他の哺乳類にはないものとして，例えば噴気孔（blowhole）のような特徴もある．噴気孔は，本質的には前頭部にある鼻口である――しかし古代の化石クジラ類には噴気孔はない．鼓室骨のS字形のシグモイド突起（S字状突起）のようなほかの特徴は，すべての現生と化石のクジラ目に存在する――しかしこれはクジラ類に特有なものではなく，ほかの哺乳類にも持つものがいる．それで，ある解剖学者は，耳がクジラを作っていると表現する．

　私が採取した鼓室腔には岩石が詰まっている．その岩石を取り出す必要がある．朝方，弱い酢酸が入った小さな瓶に骨を入れる．それは非常に強い酢のよ

うなものである．酸が岩石を腐食し，ソーダのように泡をたてて岩石が溶けると，骨が露出する．化石は午後遅くに取り出され，流水に一晩中さらされる．次に，新しく露出した骨は乾かされ，骨を腐食する酸から守るために保護糊が1層塗られる．そして，化石は次の酸浴槽に移される．すべてはゆっくりと進む．爪よりも薄い層が，各浴槽の中で酸によって取り除かれる．週ごとに，鼓室の空洞から岩石がなくなる．私はこのプロセスを顕微鏡で調べる．酸が鼓室の中にある骨の小さな固まりを露出する．私が想定していたのは，化石化する前にそこで閉じ込められていた，ゆるい骨の小片である．数週間たって，酸が内部骨の微細な部分を露出させ，その奇妙な形が明らかになる．それは三角形で，最も幅広い側に接合部を持ち，もう一方の側には薄い骨の棒がある．接合部は1つの丸い窪みではなく，低い割れ目によって2つの窪みがつながっている．これは興味深く，退屈な酸処理の過程を活気づけるものである．私は元気になり，各々の酸浴槽でそれ以上のことが明らかになるのを，楽しみにしている．

　酸処理は緊張を強いるものであり，作業を誤ることがある．もし，骨のひび割れに気づかないと，酸が保護糊の裏に侵入して標本そのものを溶かしてしまう．ありがたいことに，これは起こっていない．数えきれない酸性浴を経て，4900万年前の岩石への埋葬状態から，徐々に骨全体が解放される．骨は鼓室骨の殻から私の手のひらへと落ちてきて，そして，その化石を私は顕微鏡下で観察する．私は今やそれが何であるかを知る．耳小骨と呼ばれる小さな3つの骨のひとつであり，鼓膜から耳の中心へ音を伝えるものである．小さな骨は米粒ほどの大きさで，古代クジラが死んだ後もずっと耳の中で保たれてきたものなのだ（図3）．

　3つの骨はとても小さく失われやすいため，化石から見つかることは稀である．しかし，重要で，判断に役立つものだ．それらはツチ，キヌタ，アブミ（科学文献では，槌骨 malleus，砧骨 incus，鐙骨 stape と呼ばれる）であり，この名前は，陸生哺乳類におけるその形態から比喩的につけられたものである．それらの骨が振動することで，音が鼓膜から液体に満たされた脳のそばの腔へ伝わる．振動はそこで脳に伝達される信号に転換される．クジラやアザラシのような一部の海生哺乳類の耳小骨は，陸生哺乳類のものとは大きく異なっている．おそらく水中で音を聞くことと関係しているのだろうが，誰も正確なこと

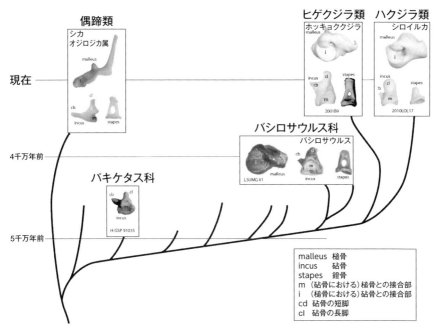

図3 クジラとその類縁関係にある動物との関係を示す枝分かれ図（分岐図）とパキケタスの砧骨が発見された時代の初期化石クジラのものとして知られる耳小骨．あらゆる哺乳類では，これらの小さな骨が耳を通して音を伝える．パキケタスの砧骨の2つの突起（cdとclで示している）がシカと現生のクジラの中間の大きさであることに注意されたい．図中の骨はすべて左側から見たところだが，縮小率は異なる．図中の名前のついていない枝については，先の章で述べる．

は知らない．パキケタスは非常に初期のクジラ類なので，その耳小骨は重要かもしれないと私は気づいた．しかし，クジラ類の化石を探しているわけではなかったため，十分な知識はない．自分の発見と比較するためには，いくつかの骨が必要である．

　私は論文を読みあさり，骨と化石を研究するために，スミソニアン研究所の国立自然史博物館を訪れることにした．一般展示場の後ろにある保管庫には，科学上の宝——化石の骨と歯——が詰まった引き出しがある．別の棟の地下室には，現生のクジラ類とアザラシ類の頭骨，およびその一部分が満載されたキャビネットがある．クジラ類の耳小骨は陸生哺乳類のものとは異なっている．しかし，すべての既知のクジラ類は，巨大なシロナガスクジラから中型のネズ

ミイルカ，そしてすべての化石クジラ類を含めて，類似した形態の耳小骨を持つことが明らかになった．

パキケタスの小骨は，砧骨であることが判明した．しかし，陸生哺乳類の砧骨と異なっているのと同様に，クジラ目の砧骨とも異なっている．陸生哺乳類の砧骨は 2 つの薄い骨の棒がつき出ている．それらは短脚（crus breve）と長脚（crus longum）と呼ばれている．ラテン語で，*brevis* は"短いもの"，*longus* は"長いもの"を意味し，ほとんどの哺乳類で 2 つの骨の関係は文字通りの意味となる．しかし，私が発見したパキケタスの小さな骨は，その関係が反対になっている．この骨の長脚は，他の陸生哺乳類に比べると太く短い．大部分の陸生哺乳類とは異なっているが，短脚と長脚の相対的な長さは，実際上シカやカバのような偶蹄類と似ている．また，接合部の位置も異なっている．パキケタスは陸生哺乳類とは異なる方向を向いており，クジラ類における 3 番目の方向に適応しているのだ．

私たちはこの骨について小さい論文を書き上げ，それは有名な科学雑誌であるネイチャー誌に載った[7]．私たちの 5 日間のフィールドシーズンは，まったく無駄なものではなかった．私たちの大変だった発掘は，予期せぬ方向ではあるが，それ自体が素晴らしいものだったのだ．

第 1 章　大変だった発掘　**11**

第 2 章

魚類，哺乳類，それとも恐竜？

コッド岬の王トカゲ

パキケタス（*Pakicetus*）からの 1 個の耳骨は興奮を呼ぶものだったが，最初期のクジラのような動物を理解する助けにはならなかった．そのためには完全な骨格を必要としている．1922 年の時点でたった 1 つ知られていた古代クジラの骨格は，パキケタスが 4900 万年前のものであるのに対して，それより新しく約 4000 万年前のものであり，また，アフリカと北米という他の大陸からのものだった．結局，それらはかなり現生のクジラ類に近いように見えた．

クジラは分類学的にはイルカやネズミイルカと同じくクジラ目（Cetacea）であり，哺乳類であって魚類ではない．これは少なくともアリストテレスの時代（紀元前 384〜322 年）には知られていた．彼は『動物誌（*Historia Animalium*）』の中で，次のように書いている．「クジラ類は肺を持っており，そして，イルカ類は胎生であり，いずれも 2 つの乳房が備わっている．乳房は突き出してはおらず，生殖器のそばにある……子供は乳を吸うために，親について行かねばならない」[1]．彼はまた，クジラ類の 2 つのグループを見分けている．現在では，これらは亜目と呼ばれているが，ザトウクジラのようなヒゲクジラ類（Mysticeti）と，シャチのようなハクジラ類（Odontoceti）である．ハクジラ類は通常，歯を持っている[2]．アリストテレスは，ヒゲクジラ類は歯を持たないが，"ブタの剛毛のような毛" を持っていることを観察した．ヒゲクジラ類は，口の中にひげを持っているのだ．つまり食物を濾過するために用いられる角質物質の板である（図 4）．アリストテレスの言う "ブタの毛" とは，ある種のヒゲクジラの上唇と顎にある特別な毛のことである（図 5）．彼はヒゲクジラ類を mysticetes と名づけた．ギリシャ語で *mustax* は口ひげを，*ketos* は海の怪獣を意味する．つまり "口ひげのある海の怪獣" である（アリストテレスはネズミあるいは筋肉を意味する *mus* と書いたと考える人もいる）[3]．

学者たちは，哺乳類を特徴づける重要な形質が被毛と授乳であることを紀元

2　ハクジラ類（Odontoceti）に属するが，いくらかのまったく歯を持っていないクジラ類がいる．雄のイッカクは一本の歯しか持たず，それはその動物より長い牙である．雌は牙を持っていなく，歯茎からまったく現れていない．そして同様のことは，多くの雌のオウギハクジラ類でもある．代わりに，歯を持ついくらかのクジラ類はハクジラではなく，5000万年前から 3700 万年前の間に生きたクジラ類も同様である．ここでは "歯のあるクジラ" の語の使用は odontocete を意味する．

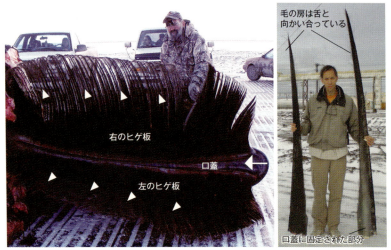

図4 下顎を取り除いた，両脇にヒゲ板のあるホッキョククジラの口蓋．吻（左の写真の右側）の先端のヒゲ板の隙間から水を飲みこみ，（スティーブ・ウォードが示しているように）互いにつながっていない左右両脇のヒゲ板で水を濾す（写真の上下方向へ）．ヒゲ板の毛の房は，水から食物を濾し取るための密なふるいを形作っている（左のヒゲ板に見ることができる）．これらのクジラは，顎の両脇にそれぞれ300以上のヒゲ板を持っている．これは小さな若いクジラだった．年老いたクジラのヒゲ板はもっと長い（右の写真，サイズの目安として著者がいっしょに写っている）．

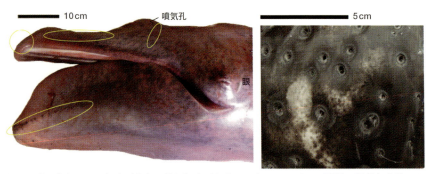

図5 毛の生えている部分（黄色の楕円）を示したホッキョククジラの胎児の頭部と成体のホッキョククジラの顎の毛を拡大したところ．

前4世紀にすでに知っていたのだ．偉大な分類学者リンネが，18世紀にこの見解を確立した．学者たちはクジラ類が哺乳類であると知っていたが，一般の人たちはそうではなかった．クジラ類が水中の生活に完璧な適応していることが，多くの人にその進化的起源をわかりにくくさせていた．ハーマン・メルヴィル（Herman Melville）は1851年に『白鯨（*Moby Dick*）』を著したが，その中で主人公である捕鯨者イシュメイルに学者のように語らせている．

　　西暦1776年の『自然大綱（*System of Nature*）』において，リンネは次のように述べている．「私はここに，魚類からクジラ類を分離する」．しかし，我が知識によれば1850年を迎えた今日に，サメ，ニシンダマシ，エールワイフ，ニシンは，リンネの明確な宣言に反して，いまなおリバイアサン（訳注：Leviathan. 旧約聖書「ヨブ記」41章に出てくる海の怪物．この地上に彼を支配する者はいない．彼はおののきを知らぬものとして造られている．驕り高ぶるものすべてを見下し，誇り高い獣すべての上に君臨している）と相並んで同じ海を分割所有しているのである．リンネが立っている地平は，海という水の世界からクジラ類を追い出している．その理由について彼は次のように述べた．「彼らの温かい2房の心臓，肺の所有，可動性のまぶた，耳の空洞，"乳房"で授乳する，雌の内部に雄のペニスが挿入されること」，そして最後に，「自然の法則で正当にして間違いなく魚にあらず」[4]と断じるのである．私は根拠とされるこうした事項をもれなく，ナンタケットにいる友人のシメオン・メイシーとチャーリー・コフィンに示した．彼らは口をそろえて，示されたものは根拠としてまったく不十分であると答えたものだ．チャーリーはさらにそんなのはデマだと不敬な言葉を吐いた．すべての議論はさておき，私は古き昔の懐かしい立場をとることを宣言する．それは，クジラは魚であり，そして神聖なヨナに後見人役を引き受けていただこうというわけである[5]．

4　ここに示したラテン語の最初の部分は，"雌に入るペニス，そしてミルクを与える乳房"を意味する．実際，母のミルクでの子供への給餌は，哺乳類の典型的な姿であるが，雄の交尾器官はそうではない；例えば，ペニスはワニ類とカメ類にもある．引用の最後の部分は，グラハム・バーネット博士によって，"自然の法則から，権利とメリットによって"と，私に翻訳されたものであり，そして，確かにこの本に書かれているメルヴィルの他のいたずら好きな瞬間の例である．

かくて，メルヴィルの船ピークオード号の乗組員のようにクジラ類にかなり精通している人々でさえも，それらを魚として扱っていた．ダーウィンの『種の起原』は，『白鯨』の 8 年後の 1859 年に出版された．自然におけるクジラ類の位置が『種の起原』以前の問題だったとしたら，それは今よりずっと悪くなった．哺乳類は，化石も現生種も，陸地にすんでいた．クジラが哺乳類であるなら，その祖先は陸生哺乳類であったにちがいない．ダーウィンにとって，哺乳類の体が水界に戻って適応するための，進化が形作ったシナリオは想像するのが難しかった．彼は『種の起原』の初版で，以下のように書いている．

　　北アメリカではクロクマが何時間も大きく口を開けて泳ぎ，クジラのように水中で昆虫を捕獲する様子が，ハーンによって観察された．これほど極端な場合でも，もし昆虫の供給量が一定であり，そして，よりよく適応した競争者がまだその地方にいなければ，私はクマたちの競争においてできあがった事柄を困難なく見ることができる．自然選択によって，彼らの身体構造と習性がしだいに水生のものになり，口はますます大きくなり，ついにはクジラのような奇怪な生物になるのである[6]．

　もちろんクマ類はこのようなやり方で餌を集めないが，ダーウィンはそれを知らなかった．この記述は嘲笑され，続く版では記述がしだいに短くなり，最後の『起原』では消えていた．ダーウィンは 1861 年に，友人ジェームス・ラモントへの手紙の中で，次のように書いている．「このクマについて私がしばしば攻撃され，またけなされたのはけっさくである」[7]．彼はクジラ類が哺乳類であり，陸生哺乳類に由来する祖先を持っていることを確信したが，その頃の化石記録にはいかなる中間型も存在せず，既知のすべての化石クジラは，海生哺乳類であった．ダーウィンの時代に知られていた最古のクジラ類はバシロサウルス科であった．これは現生クジラ類と近縁であり，誰もが容易に認識できる流線形の大きなクジラである．130 年後に私たちがパキケタスの砧骨を見つけるまで，骨格の知られている最も古いクジラは依然としてバシロサウルス科だったのだ．
　しかし，バシロサウルス科の骨格は，発見されてすぐクジラ類と同定されたわけではない．1832 年——ダーウィン以前——に，28 個の巨大な脊椎骨がル

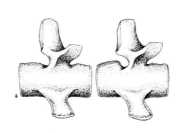

Dorudon atrox
第7腰椎と第8腰椎

Basilosaurus cetoides
第7腰椎と第8腰椎

Dorudon atrox
下顎第2臼歯

図6　絶滅したバシロサウルス類のクジラの化石．バシロサウルスの2つの腰椎（中央）には，椎体と呼ばれる大きな円錐形の部分が見られるが，神経弓の小さな突出（上部に突き出ている）も見られる．哺乳類では，神経弓の結合部の形によって椎骨間の可動性が制限される．バシロサウルスではこの結合部が小さいことを考えれば，バシロサウルスの背部は非常に柔軟であったに違いない．このような椎骨を近縁のドルドンの椎骨（左）と比べてみると，ドルドンの神経弓は椎骨を固定して，脊椎の可動性を減少させている．下顎臼歯（右）を見ると，2本の長い歯根のためにバシロサウルスの歯がくびきのような外観を呈していることがわかる．この形のせいで，これらのクジラはゼウグロドン（"くびき型の歯"）と呼ばれるようになった．サイズの目安として，3つの絵のいずれにもペニー硬貨（直径19 mm）を添えている．

イジアナ州のワシタ川の土手から流水で洗い出された．その脊椎骨の1つがフィラデルフィアのリチャード・ハーラン博士に届き，1984年に彼はその発見物の同定結果を公表した[8]．ハーランはその脊椎骨が巨大なトカゲに属すると述べた．そして彼はそれをバシロサウルス（*Basilosaurus*）と呼んだ．ギリシャ語で *basileus* は王，*saurus* はトカゲである．これは誤りであった——古代の水生哺乳類を陸生のトカゲとしている——が，理解できるものであった．クジラの脊椎は陸生哺乳類のものとは異なっている．そして，ハーランは，それを1つだけ持っていた．類似した動物のさらなる残骸が，アラバマの農園から1834年と1835年に見つけられた．ハーランはそれらの歯と骨をロンドンに持っていき，イギリスの有名な動物学者であったリチャード・オーウェン教授に見せた．彼はダーウィンと同時代の人で，ダーウィンの進化アイデアへの批判者である．オーウェンは，その歯を明確な哺乳類のものと認め，クジラ類の歯とハーランの動物の脊椎骨との類似点に注目した[9]．オーウェンは，ハーランがつけた名前は不適切だったと考え，*Zeuglodon cetoides* とつけ替えた．歯は横から見るとくびきのような姿で（*zeugleh* はギリシャ語でくびきを，そして *dens* はラテン

語で歯を意味する．図6)，その脊椎骨がクジラのようであること（*cetoides* はクジラ様という意味）からこの名前をつけたのである．

　この再命名は不幸だった．オーウェンが今も生きていたなら，最初の名前に問題があったとしても，その化石にそのような新しい名前を与えたりしなかったであろう．生物学者は，学名は動物と植物の保管と検索の情報のための伝達手段であり，そして，それらが安定していることが最も重要であるとしてきた．誰もが1つの動物には，1つの名前しか用いない．名前が十分にその動物を記載しているかどうかは問題ではない．これは人の姓と似ている．Farmer という名字を持つ人が，すべてが農民（farmer）である必要はない．動物学命名法（Zoological Nomenclature）の国際審議会は，現在この明確なルールを確立している[10]．もし，2人の学者が同じ動物に異なる名前をつけたら，古い方の名前が有効である．今日，すべての種はラテン語，イタリックで付けられている．最初の部分は大文字で始まり，属を表す．私たちヒトの属は *Homo* である．名前の2番目の部分は，種の名前，*sapiens* となっている．それでヒトは *Homo sapiens* となるわけだ．この属名は，親戚によって共有されている人の姓名によく似ている．動物学では関係する種群であるが，人間では親戚たちなのだ．かくて，私の家族のすべてのメンバーは"Thewissen"であり，私の種の亡くなった従兄弟もまた *Homo* である．種名は人々における個人名に非常によく似ている．私の場合は Hans である．動物学では，特定の属名と種の特徴を結びつけた唯一の種名が存在する．動物学での名前は，人々の名前よりもさらにしっかりと管理されている．動物学命名法審議会がいさかいを評定し判決を出すのだ．

　属のグループ（genera：genus の複数形）は，亜科（subfamily）にまとめられる．そしていくつかの亜科が，科（family）になる．そのようにしてさらに包括され，より大きくグループ化される．それらはふつう末尾をラテン語で表す．例えば，表1は私たちの種である *Homo sapiens* とイルカの *Delphinus communis* が表されている．この表では，これらの2つのグループがさらにより上にグループ化されている．単語の末尾がどのように機能しているかを見てほしい．Delphinidae と Delphinoidea はよく似た単語であるが，意味は異なっている．Delphinoidea は Delphinidae のすべてを含んでいる．しかし，同時にいくつかの他の科も含んでいる（表中には記されていない）．

　オーウェンの時代には，審議会も規定もなかったが，後の動物学者は，規定

20

表1　動物学的分類例

分類	典型的な語尾	ヒト		マイルカ	
		学名	和名	学名	和名
目		Primates	霊長目	Cetacea	クジラ目
上科	oidea	Hominoidea	ヒト上科	Delphinoidea	マイルカ上科
科	idea	Hominidae	ヒト科	Delphinidae	マイルカ科
亜科	inae	Homininae	ヒト亜科		
属		*Homo*	ヒト属	*Delphinus*	マイルカ属
種		*Homo sapiens*	ヒト	*Delphinus delphis*	マイルカ

は遡及して摘要されるべきであると判断した．ハーランの提案した *Basilosaurus* という名前は，オーウェンの *Zeuglodon* に先行する有効な属名だった．かくて，誤った意味であるにもかかわらずハーランの元の名前を採用し，有名なオーウェン教授の名前は修正されることになる．オーウェンは種の特徴を提出したが，ハーランはしなかった．それゆえ，ハーランの属名は，現在，オーウェンの種名と結びついており，この動物は *Basilosaurus cetoides* と呼ばれている．

　オーウェンのすぐれた仕事にもかかわらず，爬虫類の亡霊は生きていた．1842 年に，S・B・バックレイは，ハーランがバシロサウルスの骨を見つけたのと同じ農園で，頭と前肢の部分とともに，65 フィートの脊椎柱を発掘した．最終的にこれらはボストンに届き，J・G・ウッド牧師が観察した．彼はアトランティック・マンスリー誌[11]の中で，これらの骨はニューイングランドの周りの海域に泳いでいたバシロサウルスのものであるとの驚くべき推論を行った．ウッドはエッセイの冒頭で，最初は偽りだと考えられていたが，後にしっかりした観察で確かめられた自然史現象の多くの例をリストアップした．そして，大海蛇（伝説上の海の怪獣）について次のようにコメントしている．

　　旅人が機知に富んだ話をするのは難しいことではない．そして皮肉を言うのは簡単だ……ある主張は，それが正しいことが証明できない限り，懐疑的見方が勝利する．

　ウッドは彼の観点で多くを検討した．信頼できる大海蛇の目撃例と，マサチ

第 2 章　魚類，哺乳類，それとも恐竜？　　**21**

ューセッツ州ナハントのそばに生息している大海蛇の観察について深く議論した．この動物は，1819 年から 1875 年にかけて，多くの人々によって複数回目撃されたものである．目撃者の一人はこう説明した．「頭はなにか馬のようで，水の上に出ている首の部分はおよそ 2 フィートの長さだった．そして首をちょっと越えたところから 80 フィートに達する一連の隆起があった」．他の人は次のように言った．「複数回，やつは水面から 6 フィート以上頭を持ち上げて，ボートの 1 隻に直接当たった．水しぶきがその首を走り，そして脊中の隆起が太陽光にきらめいた．やつは決してボートを攻撃せず，漕ぎ手を怖がらせるほど近づいたけれど，いつも鋭く回って後退していった」．ボストン自然史協会は 1875 年にこの問題を追跡し，ボートからこの動物を観察した人に対して詳細なインタビューを行い，そのうちの一人は動物のスケッチまでしていた（図 7）．ウッドは目撃者をインタビューし，そしてこの観察は信用できると考えた．それらのすべてはヘビのような体をしており，60〜100 フィートの前肢を持ち，鱗がなく，上は黒色，下は白色で，小さな歯があるか，あるいは歯をもっておらず，そして上下運動で泳ぐと示唆していた．ウッドはこの動物が何であるかをオプションで議論している．それは大きな水生爬虫類ではない．彼らは絶滅している．横運動で泳ぐ熱帯のウミヘビの大型版でもない．息をするために水面に出てきて，体の上下運動で泳ぐことから，それは長いヘビのようなクジラ類に違いないと結論づけている．ヘビのような体をしたクジラは知られていなかったことから，ウッドはナハント湾の大海蛇を，ボストンで骨を見たゼウグロドンの現生種であると推察した．彼は乗組員によってスケッチされた頭を詳しく比較し，もし，ゼウグロドンに "肉と血を付けたら" 合致するとし，またこのクジラは鼻の開口が前頭でなく吻の先端にあり，既知のどれとも異なっていると結論づけた．そして，将来，ボートでその動物に出くわした人間が脅したり，銃で殺そうとしたりする代わりに，銛を打ち込めば，引き寄せて研究することができると結んだ．

　ウッドは漁民の話を無批判に受け入れたわけではない．彼は学者が行うように整合性，証拠の独立性を求めた．そこには何かずさんな飛躍があるというのが彼の唯一の結論である．コッド岬付近に生きているバシロサウルス科はいない．しかし，私たちはウッドをゆるせる．彼が書いたのは『種の起原』の後であったけれども，地球の年齢についてはほとんど知られておらず，そして地球

22

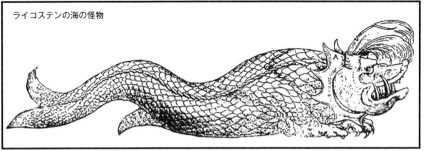

図7 実際に想像されていた化石クジラの姿．中世には，クジラは海の怪物と考えられていた．クジラの復元図（下）では，この Conrad Lycostène による 16 世紀の復元図に見られる鱗や垂直の尾のように，不正確な魚に似た特徴が示されていた．この図には，2つの噴気孔から2本の水流がほとばしる様子も描かれている．実際，ヒゲクジラは2つの噴気孔を持っている．1845年にはアルベルト・コッホがいくつかのバシロサウルス類のクジラの化石を組み合わせてキメラを作りあげ，"大海蛇"の骨格だという触れこみで観客を魅了した．ウッド牧師は 1884 年のアトランティック・マンスリー誌に大海蛇の復元図を発表したが，こういう怪物が今なおニュー・イングランド周辺の海域をうろついており，バシロサウルス類のクジラ（ゼウグロドン）が実際に生きているものと信じていた．図版は変更を加えて書き直したものである．

の年齢は私たちが今日知っているよりもずっと若いとされていた．だからゼウグロドンはナハントの大蛇に手の届く時代にいるように見えたのだ．

　アメリカ南部の海生生物の骨の話は，地質学の父と考えられていた英国人チャールズ・ライエル（Charles Lyell）を含め，多くの人をひきつけた．ライエルが 1846 年にアラバマを訪れたとき，彼は 40 個以上のゼウグロドンの骨格を見た．骨の多さがそれらを取り出すことを難しくしていた．奴隷たちがフィールドから骨を移動し，周辺に積み上げている[12]．より大きな脊椎骨のいくつかは，建設物の基礎石や家における踏み台のように使われていた．

第2章　魚類，哺乳類，それとも恐竜？　　23

それらの骨は，ライエルよりも想像力豊かで起業家精神を持っている人々を
もひきつけた．アルベルト・コッホはドイツからの移民であるが，受け入れら
れた国で自然の珍しいもの，そして人間の歴史を展示することで利益を得て生
計を立てていた．それらの展示には生きたクマやアリゲーター，そしてアンド
リュー・ジャクソン大統領の蠟人形などが含まれている．コッホはアラバマ州
のいくつかの産地で化石を集めた．そして，それらの産地からの化石を組み合
わせて"大海蛇"の骨格をでっち上げ，*Hydrargos sillimanii*（図 7）と呼んだ．
ニューヨーク市で展示されたパンフレットには次のように書いてある．

　　ハイドラルゴス，あるいは偉大な海蛇，アラバマ産，長さ 114 フィート，
　重さ 7500 ポンド．現在，ブロードウェイ 410 番地アポロサルーンにて展示
　中．入場料 25 セント．爬虫類もしくは大海蛇の巨大な化石は，1845 年 3 月
　にアラバマ州で著者によって発見され，*Hydrargos sillimanii*（Koch）と記載
　された[13]．

　コッホのハイドラルゴスは，後に少なくとも異なる 4 個体の部分からなるこ
とがわかった．小さなクジラの頭骨が，大きな種の頭骨片の中心に置かれてい
て，耳は下方に突き出て，この動物が口蓋の真ん中に歯を持っていたかのよう
である（そんな歯はある種の魚にはあるが，哺乳類にはない）[14]．コッホの骨格
は噂を呼び，コッホはそれで繁盛した．自分自身をコッホ博士と呼び，この動
物を"水中の血に飢えた帝王"として記載し，それが 140 フィートの体長であ
ると主張した．学者たちはコッホから距離を置いていた．彼らはこの動物が大
海蛇ではなくクジラであると気づき，そして複数個体と複数種が 1 つの骨格と
して組み立てられたと観察したのだ．コッホは彼の骨格をアメリカン・ジャー
ナル・オブ・サイエンス誌の創刊者であるベンジャミン・シルマンにちなんだ
名前をつけた．シルマンはコッホに，種を記載した人間にこの疑わしい名誉を
授けることを勧めた．コッホはその望みを受け入れ，名前を *Hydrarchos harlandi*
に変えた．
　彼の発見に学問上の批判が出たときも，コッホは彼の骨格（私たちは骨格群
と言うべきだが）を，大西洋を越えてヨーロッパの都市で展示していた．彼は
最初の標本よりずっと小さな他の古代クジラを採集し，それに *Zygorhiza kochii*

24

と名前をつけた．それもいくつかの個体からなる認めがたいものだったが，最終的にシカゴの博物館に展示された．ある新聞は1855年に以下のように書いた．

　　有名なゼウグロドンの化石骨格……最近，借金のかたに取られ，移動の過程でバラバラになり，多くの骨が壊れた．この素晴らしい怪物がパリ層の純正な石膏から発見され，完全にドイツ起源であるとき，生の材料によってのみ原始の時代と結びつけられる[15]．

　コッホの標本は石膏であれ，骨であれ，時代の流れには抗せなかった．ベルリンの標本は第二次世界大戦で爆撃にさらされ，シカゴの標本は1871年の火事によって破壊されたのだった．

バシロサウルス科のクジラ類

　主要な骨格が残っているハーランのバシロサウルスと，コッホのザイゴライザ（*Zygorhiza*）は，ダーウィンの時代からその後ほぼ150年にわたって知られている最古のクジラ類である（図8）．さて，名前において現生クジラよりも爬虫類に近く見えるこれらのクジラ類について，私たちは何を知っているだろうか？

　バシロサウルス科は，現生クジラ類に向かう中間型として進化系列によく沿っている．その体はすでに水中に適応しており，陸上を歩けなかった．そして依然として，陸生の祖先について多くのヒントを残している．最も劇的なのは小さな後肢であり，膝と指が完全なことである．それらの形態を詳しく調べた学者が祖先クジラ類としての多くの手がかりを見つけている．

　ウッド牧師が正しくて，またバシロサウルスが追い立てられ，湾に囲い込まれ，捕獲され，そしてガラスの壁のある大きな水族館に展示されたと想像してみよう．私たちがその水槽に近づくと，ハーランの悪魔はヘビのように見える．細長くウナギのような体が，くねった動きで水の中を泳いでいる．これが完全な水生動物であることは明白である．しかしながら，近寄ってみると，この獣には鱗がなく，そしてヘラ状の前肢（胸びれ）を持っている．これはヘビではない．胴体は滑らかで，首があるところにくびれはない．尾に向かうと，小さ

第2章　魚類，哺乳類，それとも恐竜？　**25**

図8 3400〜4100万年前に大洋を泳ぎまわっていた絶滅したバシロサウルス科のクジラ，ドルドン・アトロクス．バシロサウルス科の化石はすでにダーウィンの時代以前に発見されていた．1900年代の後半までは，全身の骨格が明らかになっている最古のクジラだった．

な後肢が見えるが，胴体を支え，泳ぐときの機能としては小さすぎ，これらが交尾に用いられていることを示唆している[16]．似たような鰭脚は雄のサメが持っており，交尾のときに雌を掴むのに役立っている．尾の末端では，バシロサウルスは水平の尾びれ（フルーク）を持っており，クジラ類であったという私たちの直感を支持する最もよい証拠となっている．

　実際には，この動物は3000万年前より古いものである．私たちはその骨格を持っているのみで，それが毛皮を持っていたのか，あるいはまばらな毛が生えていたのか，あるいは現生のクジラ類のように裸だったのかを知らない．何人かの学者は現生の動物を研究してその姿を描こうと試みているが，結果はあいまいなままである[17]．

　バシロサウルス，ザイゴライザ，そしてそれらの近縁動物の情報は，ほとんどがエジプトとアメリカ南部で見つかった化石の骨格からのものである．これらの岩石は3400万〜4100万年前に形成されている．いずれもバシロサウルス科に属しているが[18]，伝統的に2つの亜科に分けられる．大型で長いヘビのような体型のバシロサウルス亜科（Basilosaurinae）と，いくぶんイルカに似たより短い体型のドルドン亜科（Dorudontinae）（図8）である[19]．脊椎骨と胴体の形を除くと，この2つのグループは非常によく似ている．バシロサウルス亜科のバシロサウルスの完全な骨格は，この動物がおよそ18メートル（60フィート）であったことを示している．ところが，ドルドン亜科のものは，例えばドルドンはその4分の1であった（図9）[20]．バシロサウルス科は世界の多くの場所で発見されており，世界中に分布していたと思われる（図10）．

18　類縁のある種のグループは，1つの属に含まれ，そして類縁がある属のグループは，1つの科に含まれる．動物学命名法における階層の最も普通のレベルは，種，属，科，上科，亜目，目，網，そして門である．クジラ目（Cetacea，英語ではcetaceans）は，哺乳網（Mammalia，英語ではmammals）における1つの目の名前である．14ページも見よ．

19　バシロサウルス亜科は *Basilosaurus, Chrysocetus, Cynthiacetus, Basilotritus* を含み，ヨーロッパ，アフリカそしてアメリカで発見される．ドルドン亜科の間では，*Dorudon, Saghacetus, Masracetus, Stromerius* がエジプトのみから知られている；ザイゴライザは北アメリカ，北極，ニュージーランドに生きていた．そして *Ocucajea* と *Supayacetus* がペルーのみから知られている．

20　この仕事は，最も良く知られているバシロサウルス科の1つを包括的に取り扱っていて，ここで議論したトピックの多くをカバーしている．この引用と他の既に引用した重要な論文は繰り返さない．

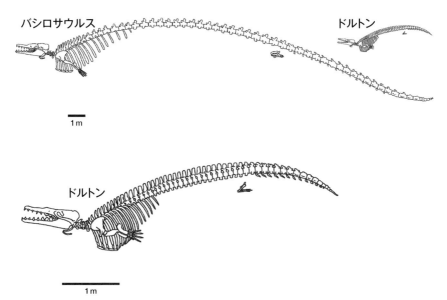

図9　2種の化石のバシロサウルス科のクジラの骨格．大型のバシロサウルスと，はるかに小型のドルドン．右上隅にもうひとつドルドンが描かれているが，サイズが大きく異なることがわかるように，こちらはバシロサウルスと同じ縮小率で描いてある．Kellogg (1936), Gingerich et al. (1990), それと Uhen (2004) より．

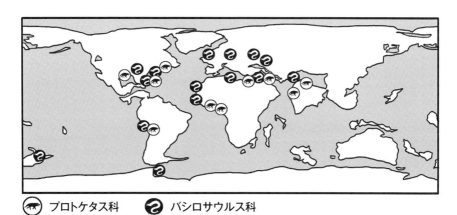

図10　4500万年前（始新世）の世界地図．バシロサウルス科のクジラとプロトケタス科のクジラ（第12章で述べる）の化石が発見された場所を示している．元の地図は http://www.searchanddiscovery.com/documents/2010/30109andrus/images/fig02lg.jpg．化石の発見地点は http://www.fossilworks.org による．後者のクジラ類の部門はマーク・ウーヘンによって編集されているが，彼によれば南極大陸から発見されたかどうかははっきりわかっていない．

摂餌と食性　もし，捕獲されたバシロサウルス科が口を開けたら，それが現生クジラ類のようではなかったことが直ちに明らかになるだろう．多くの現生のハクジラ類は，単純に突起した歯を持っており——シャチが持つ杭のような歯を考えよ——，歯の列では上側と下側を問わずほとんど変異がない．この歯の形における類似性は，同形歯性（homodonty，*homoios* はギリシャ語で"同形"を意味する）と呼ばれている．しかし，バシロサウルスは，口の中の前と後ろで異なるいっそう複雑な歯を持っていた．これは人間や他のほとんどの哺乳類でも同様である．これは異形歯性（heterodonty，hetero はギリシャ語で"他のもの，異なる"を意味する）と呼ばれている．前部では，長く頑丈で尖った歯が見られる．後部の各歯は複数のこぶを持っている（古生物学者はこぶを咬頭と呼ぶ，図11）．

歯と古生物学

　歯は哺乳類の古生物学者にとって非常に重要である．なぜなら，それらは最も一般的に保存される要素であり，また異なる種で高度に特徴的だからである．種の同定には1個の歯で十分なことがしばしばある．オーウェンは少数の歯に基づいてバシロサウルスを哺乳類として同定した．ほとんどの哺乳類は，左と右の上顎，そして左と右の下顎という各四半部に，異なる4種類の歯を持っている（図11）．あなた自身の歯を考えてみよう．前部から後部にかけて，ヒトとほとんどの他の哺乳類は切歯（門歯），犬歯，小臼歯，そして臼歯を持っている．モグラのような原始的な有胎盤類は，上部と下部の顎における左側と右側に，3個の切歯，1個の犬歯，4個の小臼歯，そして3個の臼歯を持っている．古生物学者はそれを歯式 3.1.4.3 / 3.1.4.3 と表現する．上方の顎の半分はスラッシュの前に，そして下方の顎の半分がスラッシュの後ろに示される．この歯式は種内では非常に安定しているが，原始的な有胎盤類では大きな変異があり得る．人間においては，それは 2.1.2.3 / 2.1.2.3 である[21]．上部と下部の歯式は同じではないこともある．バシロサウルスはその例で，3.1.4.2 / 3.1.4.3 である．かくて，この動物は2個の上部臼歯と，3個の下部臼歯を持つ．進化を通じて，多くの哺乳類のグループが独立に元の数から歯の数を減少している．第15章で重要な傾向について戻ることにする．

21　上顎と下顎の第3臼歯は，智歯（親知らず）である．それらの歯はいくらかの人たちにあるが，多くの人たちには生えない．

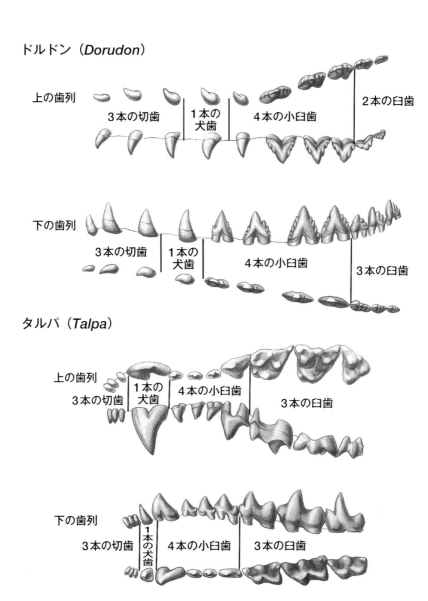

図 11 バシロサウルス科のクジラのドルドンとモグラ類のタルパの成体の歯列．縮小率はまったく異なる．それぞれの種について，左側の歯を横から見た様子（側面図，中央の図）と咀嚼面の様子（咬合面図，上下の図）を示している．タルパは，クジラの初期の祖先を含む基本的な有胎盤哺乳類に特徴的な歯列を持っている．すなわち，3 本の切歯と 1 本の犬歯と 4 本の小臼歯と 3 本の臼歯があり，臼歯のそれぞれは高低（咬頭）の複雑な形態を示している．ドルドンの歯はより単純な形で，咬頭の間の谷間が消失しており，上の臼歯は 2 本しかない．

ほとんどの哺乳類はバシロサウルスを含めて，比較的単純な切歯を持つ（コラム参照）．切歯は1つの尖ったこぶと，1つの根を持っている[22]．ほとんどの哺乳類において，犬歯は切歯よりも大きいが，バシロサウルスでのそれは類似している．バシロサウルスの小臼歯は前から後ろにかけてこぶの数が増加する．臼歯もまた複雑である．各臼歯の冠部は尖ったこぶの列であり，また各臼歯は2つの根を持っている．

　いくつかのバシロサウルスの化石は，まだ乳歯を持っている若い個体あるいは乳児のものだった．現生のクジラ類は乳歯列を持っていないので，それは驚くべきことだ．イルカの乳児に生えた第1代の歯は，そのイルカがずっと持っていると思われる唯一の歯である．かくて，これもクジラ類の進化において変化したのだ．

　バシロサウルスにおける歯の全体が，非常に重要な顎の筋肉によって力を増した．その筋肉は，頭の上の大きなクレスト（矢状隆起）から起こり，頭骨の頂部を被っている．バシロサウルスが堅いものを食べることができたことは疑いもない．何を食べたのだろうか？　いくつかの交連骨格は，胃があったと思われる場所に魚の骨が集まっているのを示しており，それらの魚の骨は胃の内容物であると説明されてきた[23]．また，顕微鏡で見た歯の上の擦り傷は，アザラシ類のような現生の魚食者における擦り傷と似ており，バシロサウルスも魚を食べたようである[24]．標本のひとつは腹の中にサメの歯を持っていた．これは少なくとも小さなサメは，コッド岬のトカゲ王に合致していなかったことを示している．また，ドルドンの幼体の頭骨の上に歯のあとがあるが，それはバシロサウルスの歯間距離と一致しており，あるバシロサウルスがドルドンを食べたことを示唆している[25]．

脳　1800年代以来，エジプトのゼウグロドン谷，あるいはアルーヒタン（クジラの谷）と呼ばれるワジ（涸れ谷のこと）において，バシロサウルスのよい化石が産出する．それらの場所では，強い風が地面を吹き，堆積物を取り払って化石を露出するのである．この露出は一時的で，最終的には骨も風にやられ，粉々になり，そして吹き去ってしまう．化石における空洞，例えば頭骨で脳が存在していた腔所は，骨よりも硬い細かい沈殿物によって満たされる．それで骨が浸食で去ったとき，満たされた腔所が残る．結果として，この海からの多

くの化石はエンドキャスト（頭蓋内鋳型），すなわち沈殿物が詰まっていた腔所の形が残された硬い沈殿物の塊となる．それは，骨ばかりでなく印象も沈殿物に残している．頭蓋の中にあった多くの軟らかい構造は骨の上にも印象を残す．そして，それ自身が化石化していない構造について調べることも可能にする．研究者たちはバシロサウルスの頭蓋のエンドキャストを詳しく記載した．そしていくつかは熱心な古生物学者によって別の種として名前がつけられた[26]．エンドキャストは脳のサイズの推定にも用いることができる．そして，バシロサウルスの脳は，ホッキョククジラのような小さな脳を持つ現生のクジラ類よりもずっと小さいことがわかった（コラム参照）[27]．

視覚，嗅覚，聴覚　もし，捕獲されたバシロサウルスが息継ぎのために水面に上ってきたのを見ることができれば，おそらく，その鼻の開口部が，吻の先端と眼との中間であることに気づくだろう．学者たちは水中生活がこの位置になるようにしたと推察するが，なぜこの開口部がこんなに後ろであるのかは明確でない．結局，ほとんどの現生のクジラ類は，頭のずっと後部に噴気孔を持っており，体の最も小さな部分を水面上にまさしく露出しているときに息をすることができる．しかし水中生活しているほとんどの脊椎動物は，吻の先端部に鼻の開口部を持っている．例えば，アザラシ，マナティー，カバ，マスクラットであり，ワニ，ウミヘビ，マッコウクジラのような水中の捕食者もそうである．ただ，水中生活というよりも，噴気孔の進化にはもっと何か要因がありそうだ．鼻の開口部が移動したのは，嗅覚に関わる器官の部屋を小さくしたのが原因であることは確かだが，鼻の骨を見ると，バシロサウルスが嗅覚を持っていたことは明白である．

　バシロサウルスの眼は側方を向き，頭蓋骨の中にある広い棚の下に位置しているが，それは前頭骨の眼窩棚（supraorbital shelf）と呼ばれている．彼らの視界はほとんど側方を向いており，彼らが水中の餌を捕獲していたことを示唆している．それはまた，私たちが彼らの食物について知っていることと合致している．

　私たちはバシロサウルスの聴覚について多くのことを知っている．なぜなら化石の多くは保存状態が非常によく，耳小骨のようにめったに保存されないような小片も含まれているからだ（図3）．彼らの耳小骨は現生のクジラ類のもの

脳の大きさ

　頭蓋腔（ここに脳が納まっている）のエンドキャストの容積は測定可能で，脳の大きさの推定に用いることができる．また古代動物の知性に関するある種の指標を提供する．頭蓋腔には，脳だけでなく，動脈，神経，脳を守る膜（髄膜）などのいくつかの器官が入っている．それらの構造はしばしばエンドキャストに印象を残しており，そしてそれらの印象は，それ自身の脳の印象とは明白に異なっていない．それで，頭蓋腔の容積の測定は脊椎動物の実際の脳容積の過剰推定である．例えば，ウマでは頭蓋腔の 94% が脳で満たされている[28]．しかし，クジラ類ではそう簡単にはいかない．なぜなら，少なくとも現生種では，多量の血管が脳に広がっているからである．それは怪網（retina mirabilia）あるいはワンダーネットと呼ばれている．頭蓋腔の大きさは，水の中にエンドキャストを浸し，どれくらい水と入れ替わるかを見ることで測定してきた．あるいは，現在では，CT スキャン技術を用いて測定が行われる[29]．これは私たちに，頭蓋腔の大きさがクジラ類の進化でどのように変わったかについてよいアイデアを与えてくれる．しかしながら，脳の大きさはこのパターンに必ずしも従うものではない．なぜなら網状組織も進化により変化したかもしれないからである．現生のヒゲクジラであるホッキョククジラの頭蓋骨と脳についての実際の測定値は，この種の脳では 35～41% のみが頭蓋腔を満たされている[30]．これはいくらか広いパターンが明らかになるとはいえ，エンドキャストの進化から脳進化のパターンを引き出すのを難しくする．

　脳の大きさは，体の容積とともに測定されたとき，最も意味がある．より大きな動物はより大きな脳を持つが，それは大きな体を稼働するのに，単純により大きな脳が必要だからである．もし脳の大きさについて興味を持った場合，体の大きさで補正する必要がある．その比較を行うのに，学者は脳発達指数（encephalization quotient：EQ）と呼ばれる比率を計算する[31]．平均サイズの脳を持つ哺乳類は，EQ が 1 である．平均より大きな脳を持つ動物は EQ が 1 より大きく，そして，平均より小さな脳を持つ動物では，EQ が 1 より小さい．例えば，ネコ類の EQ は 1 であり，彼らは体の大きさに対して平均サイズの脳を持っている．ウマ類の EQ は 0.9 であり，そしてチンパンジーでは 2.5 である．ヒトは 7 を超え，地球上で EQ が一番大きい．ホッキョククジラの EQ は 0.4 で[32]，これはウサギの値と似ている．しかしこの数値は誤解を招く．なぜならクジラの体重の 40～50% は脂肪からなっていて，脂肪は他の組織に比べ，より小さな脳組織で稼働するため，その EQ は不自然に低くなっているのだ．体重から脂肪に由来する重さを消去補正すると，ホッキョククジラで再計算した EQ は 0.6 であるが，それでもなお低い値である．

32　ホッキョククジラ 08B11 は 2950 グラムの脳サイズで，14,222,000 グラムの体重であった．ノート 30 も見よ．

と非常によく似ており[33], 現生のクジラ類のようにバシロサウルス類も水中で鋭い聴覚を持っていたことを示唆している（第11章）.

歩行と遊泳　バシロサウルスはヘビのような胴体と小さな後肢を持つだけなので, 地上を歩きまわることはできなかった. 彼らの生活圏は海洋であり, つまり彼らは常在性の水生動物である. 脊柱は彼らが哺乳類であって, 恐竜類や魚類でないことを示している. 7つの頸椎があるが, それはキリンからヒトまで哺乳類の典型的な数である. バシロサウルスでは, 現生のクジラ類と同様にこれらの椎骨は非常に短い. 結果として, 肩が頭に非常に近くなり, 首が消失する. 17個の胸（脊）椎は, それぞれが1対の肋骨を支えている. 肋骨は興味深い[34]. 胸側に達している部分は非常に重く稠密であり, オステオスクレロシス（osteosclerosis, *os* はラテン語で骨を, *scleros* は硬いことを意味する）と呼ばれる状態である. 肋骨の部分は残りの部分よりも少し厚く, パキオストシス（pachyostosis, *pachus* はギリシャ語で脂肪を意味する）と呼ばれている. 骨格における余分な重さは, 水中にとどまるためのバラストとなるので, ある種の水生動物にとっては重要である[35]. しかしこれは, 多くの現生のクジラ類やイルカ類のようなすばやい捕食者に普通にあるわけではない. また他の哺乳類と比較しても, バシロサウルスの骨はまさしく控えめなオスクレロシスである[36]. 依然としてドルドンのようで, 形態が類似したイルカのようでもあるが, バシロサウルスは速く動く餌魚の追撃捕食者である.

　しかしながら, 現生のクジラ類との相違はひとつの問題を提起する. なぜバシロサウルスの肋骨は下側が重いのだろうか？　肋骨の腹側でのパキオストシスの位置が示唆的である. おそらく, 腹に集まった重量によって, 泳いでいる間に腹が上がらないよう保つのを助けたのであろう. 現生クジラ類の背側にあるひれは骨でできているわけではないので, 化石にはならない. 船の竜骨は, 船が横転するのを妨げるように働くが, 背びれもそのような仕事をしている. 私たちはバシロサウルスが背びれを持っていたかどうかを知ることはできないが, それを欠いており, パキオストシスが横転防止装置であったのかもしれない.

　ドルドンは胸椎の後方に41個の椎骨を持っており, それらは尾の端に達するまで非常にゆっくりと形と大きさが変化する. 陸生哺乳類では, これらの椎

骨は腰部，仙骨，そして尾部の3つに分けられ，そして形態が非常に変異している．陸生動物の仙骨椎骨はつながって1つの複合骨（仙骨）を形成して，重量を骨盤に，さらにそこから後肢へ移している[37]．

　現生のクジラ類で，この部位で椎骨が癒合しているものはいない．ジョージ・メイソン大学の古生物学者マーク・ウーヘンはドルドンを詳しく研究し，たとえ仙骨がなくても，胸椎の後にある17～20番の椎骨が異なっていることを見つけた．これらの椎骨は，隣接する椎骨よりもずっと厚い突出部（横突起）を持っている．陸生哺乳類では，これらの仙骨上の横突起は骨盤と結合していて，脊柱に後肢を連結している[38]．これらの椎骨は仙骨を表しているようである．化石のクジラにおいて仙椎，そしてその前にある腰椎は区別できる．そしてバシロサウルスでは，機能は明らかでないが，ほとんどの陸生哺乳類より多くの腰椎があることを示している．

　バシロサウルスの椎骨数はドルドンと似ているが，形は異なっている．バシロサウルスでは，腰椎と尾椎骨は多く，ペイント缶よりも大きくどっしりとした円柱形である．椎弓は比較すると非常に小さい（図6）．これはすべての方向に大きく動けることを意味するが，もしこの動物がヘビのように動くとすれば予想通りである[39]．

　現生クジラの尾端にある三角形のひれは尾びれ（fluke）と呼ばれ，バシロサウルスもそれを1つ持っていた．尾びれは左右対称の三角の形である[40]．尾びれの内部には尾部椎骨の列があり，それは中央部へと走っている．結合組織でできた厚い三角形のパッドと，皮膚でできた横に広がる部分がある．この三角形の横フラップには骨はなく，化石にはならないので，私たちは保存されたクジラの尾びれを持っていない．しかし私たちは彼らが尾びれを持っていたことを知っている．なぜなら尾びれを持っている動物の椎骨は，尾びれのない動物の椎骨とは異なっているからである．これらの椎骨の分厚い部分（中心）は，前方と後方にある椎骨のそれらとは異なる比率を持っている（図12）．尾びれの基部は尾柄（peduncle）と呼ばれている．尾柄の椎骨の中心は幅より高さが大きいが，前方と後方にいくにつれ，この比率は逆になる．

38　解剖学用語では，骨性の骨盤はペアーになっていない仙骨とペアーになっている寛骨（innominate）を含む．寛骨はまた os coxae と呼ばれ，また腸骨，座骨，恥骨からなる．本書では，*innominate* の同名として *pelvis* というより一般的な英語を用いている．

第2章　魚類，哺乳類，それとも恐竜？　　35

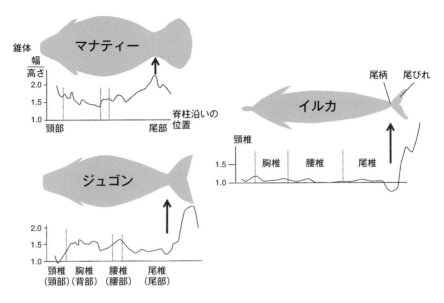

図12 2種の海牛（シレニア類，すなわちマナティーとジュゴン）とクジラ目の1種（現生のイルカのデルフィヌス）の椎骨の形．尾がある場合（ジュゴンとイルカ），尾が胴体につながる部分（尾柄）で椎骨が急に狭まっていることに注意されたい．尾は化石化しないが，椎骨の形の変化によって化石に尾があったことを推測することができる．Buchholtz (1998) による．

　その違いに加えて，尾びれに位置している椎骨は，凸前方と後面を持ち，ボール椎骨と呼ばれている．バシロサウルス科とドルドン科は両方ともこれらの特徴を持ち，彼らが尾びれを持っていたことがわかる．ドルドン科はそれらの尾びれを水泳中の推進のために使ったが，現生クジラ類も同じように使っている．他方，これはバシロサウルスでは明瞭ではない．バシロサウルスは推進のために尾びれを使っておらず，非常に柔軟な背骨によって助けられるヘビのような動き方で泳いでいたとしばしば言われた．体の形態と水泳方法は多くが魚で研究されてきており[41]，バシロサウルスの体は巨大なウナギと比較された．しかし，マーク・ウーヘンのような一部のバシロサウルス専門家は，この説明を疑っている．

　生きているクジラ類は前肢を主に舵取り，バランス，そして出発と停止時に使い，推進の補助にはかろうじて役に立つ程度だ．バシロサウルス科も同様だっただろう．手首と手のひらについては，ほんの少しの断片しかわかっていな

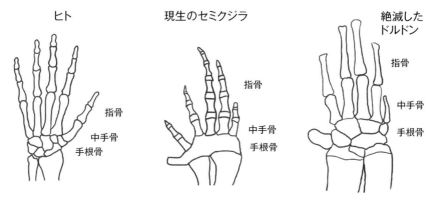

図 13　ヒトの手と 2 種のクジラのひれ足．ヒトは原型的パターンを示している．すなわち 5 本の指があり，それぞれの指に 1 個の中手骨と 3 個の指骨（親指では 2 個）がある．化石クジラのドルドンにはそれぞれの指に指骨が 1 個だけあり，あるいは個体によってはもう 1 個指骨があった可能性もある．セミクジラのような現生のクジラにはしばしばもっと多くの指骨があり，指は常にひれ足の中に埋まっている．

い．マーク・ウーヘンはドルドンの前肢を記載して[42]，現生のクジラ類と同様に肩の結合部は比較的動くことを見つけた．現生クジラ類の肘は動かないが，バシロサウルス科の肘はいくらか曲がり，そして伸ばすことができた．手首は現生のクジラ類と同様に，バシロサウルス科においてもあまり動かなかった．指は現生のクジラ類のようではなく，多少の動きができた[43]．他の海生哺乳類と比較することによって，ウーヘンは，バシロサウルス科の手（前肢）は，現生クジラと同様に硬いパドル状の胸びれ（flipper）の中に埋め込まれていたと結論した（図 13）．ほとんどの現生クジラ類の胸びれには，他の多くの哺乳類と同様に 5 個の指骨があった．ヒトの場合，手のひらには中手骨（metcarpals）と呼ばれる 5 個の骨群がある．各々には 3 個の骨（指骨）が並び，指の節を作っている（親指では 2 個）．バシロサウルス科においては，指には中手骨とたった 1 個の指骨があったようにみえる．それらの骨が生きている動物にも欠けていたか，あるいは化石になるときに失われたかは明らかでない．もし生きている動物で本当になかったのなら，バシロサウルス科が，進化の過程で彼らの祖先に比べて指あたり 2 個の指骨を失ったことを意味するだろう．それは彼らの胚発生について興味深い含みをもたせる（第 13 章を参照）．ほとんどの現生クジラ類は 3 個あるいはそれ以上の指骨を持っているので，それは進化学的見

方からは驚くべきことである．ここにはあまりにも多くの"もし"が考えられる．しかし，もしバシロサウルスのどれかが現生クジラ類の祖先なら，指の指骨数は 3 個（クジラ類の陸生祖先）から，1〜2 個（バシロサウルス）になり，そして 3 個ないしそれ以上（大部分の現生クジラ類）に戻ったようだ．この問題を解くには，いっそうの化石が必要とされる．

　バシロサウルスは，60 フィート（18 メートル）の長さの胴体に 2〜3 フィートの小さな後肢を持っている．完全な後肢は知られていないが，他のバシロサウルス科の種が，バシロサウルスと似た後肢を持っていたことを示すのに十分な化石がある．後肢は骨盤にくっついており，陸生哺乳類では仙骨につながっている（図 14）．バシロサウルス科の後肢を理解するためには，まず現生クジラ類の後肢を考察するのが役に立つ．後肢の骨の数と大きさは種間で変異しているが，現生種ではそれは体から突き出ていない．すべての骨は腹部の壁の中に納まっている（私たちはいくつかの例外を第 12 章で見るが）．ホッキョククジラでは個体間で大きさに違いがあるが，現生の多くのクジラ類よりも彼らの後肢の中にさらなる部分を持っている．ホッキョククジラには，常時，骨盤と大腿骨，軟骨性あるいは骨性の脛骨，そして時々骨性の中手骨がある．また時々，本当の滑膜関節（注油液による関節で，体の中で高度に動く）がある[44]．現生クジラ類の左右の骨盤は互いがくっついておらず，また，仙骨ともくっついていない（図 15）．多くの他の現生クジラ類では，後肢の骨がなく，骨盤は単純に伸びた形の骨である[45]．

　運動に関与してはいないが，現生クジラ類の骨盤は機能している．雄において，骨盤は筋肉をペニスと腹筋に定着させている[46]．そして雌でも筋肉はこれらの骨から生殖器へ伸びている．

　バシロサウルスの骨盤と大腿骨は，1900 年にはじめて記載された[47]．その化石（図 14）は，陸生哺乳類におけると同様に，骨盤と大腿骨間の滑膜関節，およびその後方に孔があることを示している．これは現生のクジラ類（ほぼすべて）にはない．これらの特徴は，どのように体の中でそれが適応していたかを決定することを可能にする．その骨の末端は，地肌が粗く，また左右の骨盤が体の正中線で互いにくっついている（恥骨結合）と解釈されてきた．しかしながら，現生のホッキョククジラは似たような粗い域を持っており，そこにペニスがついている．これはバシロサウルスでも類似しているようであり，そして

38

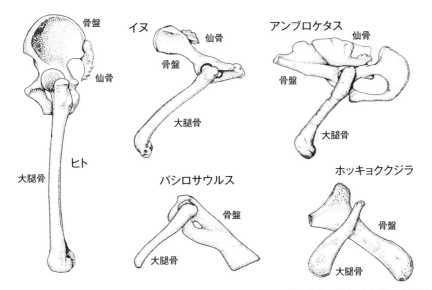

図14 2種の陸生哺乳類，2種の化石クジラ，現生のクジラ1種の仙骨，骨盤（寛骨），大腿骨（腿の骨）．大部分の哺乳類では仙骨は多数の椎骨から成り，そのひとつが骨盤と関節で接合しており，骨盤は可動関節で大腿骨とつながっている（ヒト，イヌ，アンブロケタスについては第4章で述べる）．バシロサウルスとすべての現生のクジラ類では脊柱への結合が消失している．しかし，バシロサウルスではまだ骨盤と大腿骨の間の関節が保持されている．

バシロサウルス科の左右の骨盤は互いに，また仙骨とくっついていない．骨盤の形態では，バシロサウルス科は他の始新世のクジラ類よりも現生のクジラ類に近いようである．

　肢の残りのほとんどが，エジプトのバシロサウルスから発見されている．バシロサウルスは膝蓋骨（膝頭）のある動くひざを持っていたが，足首はほとんどが動かず，そして骨が癒合していた．肢は3個の指を持ち，中手骨と3個の指骨のかわりに，中手骨とたった2個の指骨を持っていた．そしてそれらの2個は単一体へと融合した．明らかに，この動物はつま先を曲げることができなかった．

生息地と生活史　私たちはバシロサウルスの社会行動についてはほとんどわからない．いくつかの手がかりは，雄と雌のサイズ差から見ることができる．例えば，ある種の哺乳類では（例えば，ゴリラと同様に，多くのアザラシやアシ

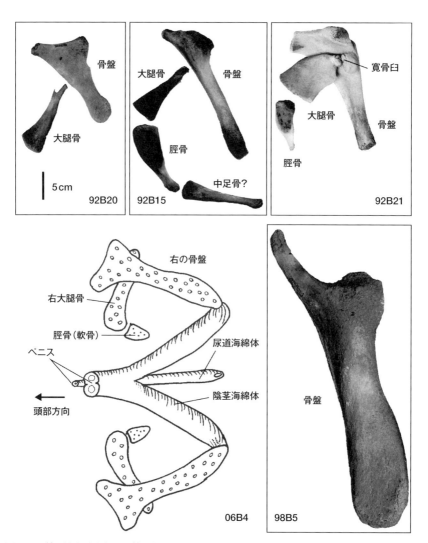

図15 2種の陸生哺乳類，2種の化石クジラ，現生のクジラ1種の仙骨，骨盤（寛骨），大腿骨（腿の骨）．大部分の哺乳類では仙骨は多数の椎骨から成り，そのひとつが骨盤と関節で接合しており，骨盤は可動関節で大腿骨とつながっている（ヒト，イヌ，アンブロケタスについては第4章で述べる）．バシロサウルスとすべての現生のクジラ類では脊柱への結合が消失している．しかし，バシロサウルスではまだ骨盤と大腿骨の間の関節が保持されている．

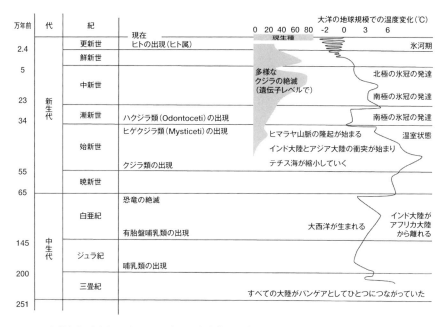

図 16 地質年代区分といくつかの重要な出来事.温度パターンの変化については Zachos et al. (2001),クジラの多様性については F. G. Marx and M. D. Uhen, "Climate, Critters, and Cetaceans: Cenozoic Drivers of the Evolution of Modern Whales," (2010) Science 327 (2010): 993-96 による.

カも含め),雄が雌よりも大きい.そのような性間のサイズ差は,ふつう,各年に雄が多くの雌とつがう(ハーレム)ときに起こる.他の海生哺乳類において,例えば,ほとんどのヒゲクジラ類の雌は雄よりも大きい.そしてこれらの種では,雄はハーレムを持たない.化石記録は,バシロサウルスの雄は雌と違いそうだという徴候はみえないので,バシロサウルス科にはハーレムはなかったのだろう.

　バシロサウルス科の標本は,彼らが浅い海で生きていたことを示す岩石の中で発見されている[48].しかし,いくつかの種は明らかに特別な環境を選んでいた.例えば,ドルドン科のサガケタス(Saghacetus)は,ほとんどがラグーンを示す沈殿物の中から見つかっているが,バシロサウルスは浜辺から離れた開けた海で形成された岩石の中で見つかっている.バシロサウルス科はほとんどの海洋中から見つかっている(図 10).これは彼らが大きな海を越えるのに十

第 2 章　魚類,哺乳類,それとも恐竜?　41

分なほどよく泳げたことを示唆している．バシロサウルス科が生きていた始新
世後期の気候は温暖であった．両極には氷冠はなかった．そして両極から赤道
に向かう温度の傾きは現在のように顕著ではなかった．バシロサウルスの時代
の終わりごろ，地球は変化した（図16）[49]．大陸が移動し，転じて海流を変化
させ，赤道と極域の海水の混合を妨げた．結果として両極は冷え，始新世の終
わりに南極大陸が凍り始めた．バシロサウルス科は始新世に起こった地球上の
より均一で温暖な海水を好んでいたらしい．そして突然の気候の冷却化に対応
できなかったようだ．あるいは彼らは私たちの惑星上に現われ始めた新しいク
ジラ類に負けたのかもしれない．それは，現生のハクジラ類そしてヒゲクジラ
類の祖先たちである．

バシロサウルス科と進化

　バシロサウルス科は印象深いクジラ類である．彼らはインボルクラム，胸び
れ，そして尾びれなどの多くの面で現生のクジラ類と似ている．いくつかの点
で，彼らは陸生哺乳類とクジラ類の中間である．例えば，鼻の開口部は前頭に
近く，陸生哺乳類のようではない．そして後肢は移動には役に立たなかったと
してもなお存在していた．歯列は彼らの陸生哺乳類の祖先を連想させる．学者
にとって，バシロサウルス科は中間型であり，クジラ類が陸生の哺乳類に由来
する証拠である．しかし，バシロサウルス科は現生クジラ類ととてもよく似て
いるので，陸から海への劇的な移行がどのようにして起こったかを理解するう
えで私たちを助けてはくれない．そして彼らは，誰が完全な陸生の祖先だった
かを示す祖先的な特徴を十分に保持していない．

　化石記録の不足は，進化を疑い，世界の成り立ちについて聖書の教えを固く
信じている人々にとってはよい攻撃材料だった．四本足の哺乳類とバシロサウ
ルス科の間のギャップを考えて，創造主義者は進化の不可能性の例としてクジ
ラ類に飛びついた．クジラ類の起原におけるダーウィンのトラブルに付随させ
て，創造主義者はいかなる中間型も発見されていないと主張した．アラン・ヘ
イウッドは1985年に以下のように書いている．

　　　ダーウィン主義者はめったにクジラにふれない．なぜならそれは彼らが解

42

決できない難問のひとつを提示しているからである．彼らはクジラが普通の陸上にすんでいる動物から進化したに違いないと信じている．その動物は海に入りそして肢を失った……と．クジラになる過程にいる陸の動物はアブハチ取らずになるだろう．それは陸生の生活に適していないか，あるいは海の生活に適していない．そして生存へのいかなる希望もないだろう[50]．

150年以上の間，バシロサウルス科は，古代のクジラ類が何に似ていたかを考える私たちの最もすぐれた手がかりであった．1980年代初期に，ウェストとギンガーリッチは，彼らが見つけたパキスタンのクジラ類がバシロサウルス科よりも古く，そして陸生哺乳類にずっと近いと提唱した．しかし，それらのパキスタンの化石は残念ながら不完全であった．新しいパキスタンの砒骨は，さらに別の器官システムへの非中間的な状態を示唆しており，興味をそそった．しかし，精査すべき地理的領域がしっかりしているだろうか？　このギャップに橋をかけることができる未発見の化石が，本当にパキスタンに埋まっているのだろうか？

第3章

足を持つクジラ類

黒白の丘陵

パキスタン, パンジャブ州, 1991 年 12 月　パキスタンへの前回の不運な
フィールド旅行で, 私は困窮していた. それで今回は, 私だけでパキスタンに
行くことになった. 現地で, アリフ氏と私は "いすゞ" の青いピックアップト
ラックでフィールドワークに出発した. 1984 年に行った最初のパキスタン旅
行のときは, その車は新しかった. 今や, オフロードにおける 8 年間の勤務と
整備不良のせいで, この車は最後の勤めとなった. 時々, ひょろっとした運転
手のジャミルが車を道路脇に寄せ, ボンネットの下であれこれ作業をする.
　「1 分だけ, 旦那, 問題ないよ」
　ジャミルの "1 分" よりも少し長いが, ふつう問題はどこかに行ってしまう.
ジャミルの灰色のシャワールカミース (南アジアの民族服) には多くの油の染
みがある. 20 代の時のように, 彼が体をエネルギッシュに動かすと, カミー
スは風にはためいたが, 彼の顔のひだは少なくとも他の年代を示している. 彼
はこの車をよく知って愛しているが, 修理場に持って行くために, 2 度ほど旅
行を中断した. ふつうは自動車店の隣は喫茶店である. そして, ジャミルが私
たちの車の下から, 裸で, やせこけた茶色の二本足を出して, 何事かをやって
いる間, 私は熱したミルクを加えた甘いスパイス紅茶をすする. 彼は車から 1
分と離れない.
　私たちはカラチッタ丘陵地のちょうど真ん中にあるタッタ村に着いた. そこ
では, 一人の地方政治家が, 中世の村に似た壁に囲まれた場所を所有している.
荒削りの茶灰色の岩石が壁を構成し, それが丘の上を取り囲んでいる. その中
では, 裏庭のある 5, 6 件の住戸の周りを壁がさらに分けていて, そこに彼の
大家族が住んでいる. 私はある岩石に気づく. それらは北方の山脈から来たも
ので, ジュラ紀に形成されたものである. その時期のこの地は, 深い海に覆わ
れていた. 各住戸の壁には外に面する窓はなく, 外へのたった 1 つのドアがあ
るだけだ. 過去の時代の激烈な侵入者に対抗できるような封建時代の雰囲気を
持っている. しかし, それが現在でも機能的である. 壁は裏庭の中にいる婦人
たちのプライバシーも守っている. 彼女らはそこでは顔を布で覆わなくてよい
のだ. 壁の外の光景は, 村を見下ろすものである. それは, 小さなワンルーム
住居のパッチワークである. すべてが同じタイプの岩石からできており, 小さ

な壁の裏庭がある．すべての婦人が粘土オーブンでパンを焼くときは，煙が朝方に谷を満たす．この村には舗装された交差点が1つだけあるが，自動車が来ることはほとんどなく，聞こえるのは，遊ぶ子供の声，料理鍋を持つ婦人の声，家畜を追う男のかけ声，犬の鳴き声，夕暮れの鳥の声，そして，他の誰も理解できない1日5回のムラー（回教の聖職者）の祈り声などである．

　私たちの囲い地の別の側には女学校がある．丘の上で壁に囲まれているが，建物はモダンで，つるつるしていて，白く洗われている．壁が高いので，女学生たちのプライバシーも守られている．しかし，私たちの丘の上はもっと高いので，私たちは両方の壁を見下ろし，彼女らのスペースの中を見ることができる．私は近くにいるときは眼をそらす．アリフはそのことを気に入っている．それは地域文化を尊ぶようだ．

　ムラーが午前5時半に祈り声で私たちを起こす．祈り声は拡声器を通して届けられるが，私たちのグループで，この祈りのために起きる者はいない．ムラーはさらに拡声器を通して説教の音声を振りまく．30分後，ムラーは本を閉じ，私を眠りに戻す．アリフは寝袋の中深くで，クスクスと笑う．

　「なんと言ったんだい，アリフ？」

　「私たち民は犬よりも悪い．モスクに行かないから」と彼は言う．

　「それでほとんどの人は朝方に祈らないのかい？」

　「ああ，家の中で祈る者もいれば，祈らない者もいる．貧しい人間はちょっとだけ眠い」

　犬はここの文化では汚い哺乳類なので，その発言はまったく無礼である．しかしアリフ氏は，村人がムラーのモスクを訪れることなくゆっくりと目覚めることを望むのは愉快な無関心だと思っている．

　生活は単純だ．熱源，水，あるいはガスはなく，そして非常に寒い．私は寝袋の中で寝るために，コートを着る．私たちの寝室はゲストハウスの中庭に面したベランダに向かって開いている．私たちは単なる訪問者である．キッチンには電灯が1つあり，それが唯一のぜいたくである．コックのルークーンが，料理するためのバーナーを町から持ってきた．彼はそれにガソリンを満たした．チャパティはパキスタンのパンケーキ型のパンだが，味がまるで燃料のようだ．私たちは村の井戸から水差しに水を入れて持ってくる．しかし，それも汚れている．そして仲間のみんなが下痢をしている．私は水フィルターを使ったため，

下痢をしていない.

「水がよくない. ジャミル, ルークーン, この人, すべて病気, 何を呼ぶ?」.
アリフは不愉快そうだ. なぜなら4人が暗いキッチンの中でコートを着て一緒
に座っているとき, 彼は言葉を思い出せないからである.

「下痢だ. 私は病気ではない, 私は水をきれいにするためにフィルターを使
っている. どのように使うか見せようか?」

私はこぶしサイズのフィルターにホースをつないだ. そしてビンから悪い水
を汲み上げ, フィルターを通して私の空のミネラル水ボトルの中に入れる. こ
れも町から持ってきたものだ. アリフはボトルがゆっくりと満ちていくのを注
意深く見るが, あまり熱心ではない.

私は彼のグラスに少し水を注ぐ. そしてそれを持ち上げ, 電灯の光に掲げ,
まるで良質のワインのように, 水を回し, そして飲む.

「味は同じ」と彼は言い, 納得していない.

「好きなときにいつでも使っていいよ. それできれいな水が飲める」

アリフは静かだった. これは彼が知っている事柄からかなりはずれている.
彼はこの申し出には乗らず, 下痢は続いている.

キッチンを通って裏庭に歩くとき, 私は頭を曲げなくてはならない. ドアが
低すぎるからだ. 構内には浴室もあるのだが, 壁の後ろに穴が1つあるだけで,
排水システムはない. 自分以外の三人の仲間が下痢をしている状態で, 私は化
石を採集する丘での仕事を抱えている.

ジャミルは野良犬と取り引きした. 彼は残ったチャパティを毎日犬に与える.
犬は2頭の子犬とともに, 彼の車の下で寝る. そして, もし"悪い奴"が来た
ら吠える. 私はジャミルが期待していることがわからず, また尋ねない. ほと
んどのパキスタン人は, 多くの他の人たちと同様に, 自分の国や文化にネガ
ティブな部分に直面すると, いくぶんまごつく. ジャミルは親切な人間だ. 私は
彼をまごつかせたくはない. もちろん, 犬はきれいではない. ジャミルは子犬
をさわるつもりはないらしい. 母犬は私たちを近寄らせることはなく, パンを
落とした場所からジャミルが離れるまで待って, 子犬たちとそれを取りに行く.
私たちは他にクジャクをペットにしている. クジャクは裏庭から外へ出て, 自
由に飛んでいる. アリフは石けん箱をなくしたので, ベランダの上にある棒に
石けんを置いている. クジャクはそれを突っつく. 毎朝アリフは石けんを探す

第3章 足を持つクジラ類　**49**

が，しだいにそれは汚く，切り刻まれ砂にまみれたものになっていく．私はなぜクジャクが石けんを好むのかわからない．同時に，なぜアリフが毎日の探索と救出をまぬがれるために，棒を家の中に持ってこないかがわからない．

　この年の化石の採集は容易だ．私は今や，この国が独立する前に英国の地質学者Ｔ・Ｇ・Ｂ・デーヴィスが作った地図のコピーを持っているのだ．黒い線は異なった岩石タイプが見つかる場所を示している．そして点線は断層，すなわち表面に割れ目がある場所が示されている．高さは書かれていないが，場所を探す助けとなる少数の地勢学的なランドマークが，その地図の上にある．

　私たちの調査地は，タッタの北の丘陵地帯にある．そこは私たちが滞在しているところから30分以内である．フィールドワークは，1月2日に開始され，そして次の日，化石のハマグリで覆われた低い緑の丘を横切っているとき，肋骨の断片を見つけた．それは指ほどの長さだが，太さは3倍ほどある．その骨はパキオストティック（pachyostotic）である．このように太い肋骨を持つのは，哺乳類では普通でない．骨の中にふつうある小さな空洞が，この個体にはないことを，その壊れた表面が示している．この骨もオステオスクレロティック（osteosclerotic）である．これらの2つの様相を結びつけて，学者はその骨の構造をパキオステオスクレロティック（pachyosteosclerotic）と呼ぶ[1]．バシロサウルス科は多少パキオストティックであるが，パキオステオスクレロティックの肋骨を持っているのは，現在の海生哺乳類の1つのグループのみである．カイギュウ類（シレニア類もしくは海牛）であり，マナティーとジュゴンを含んでいる（図12）．それらはクジラ類のような完全に海生の哺乳類であるが，クジラ類とは関係ない．両者は独立に水生動物となったのだ．カキの存在は，これらの岩石が海底で形成されたことを示しており，この肋骨はカイギュウ類に非常に近い海生哺乳類のものであることがわかる．偶然，海生哺乳類に出くわしたことで私は冷静になった．パキケタスの昨年の高揚の後に，クジラについての私の興味は薄れていた．陸生哺乳類に戻ることが重要である．なぜなら，研究助成金は陸生哺乳類に対するものだったからである．私はアリフを呼んだが，彼は興味を示さない．それはまさしく肋骨である．彼は正しい．私はこの発見をまとめて，フィールドブックに記し，肋骨をバックパックの底に入れる．

　日が経つにつれてさらなる化石が見つかるが，どれもけっして素晴らしいものではない．ドイツ人の教授であり，30年以上ここで働いたリチャード・デ

ーンが地表にあったすべての化石を拾い上げ，ミュンヘンの博物館にそれらを納めた．ここでは浸食が速くなく，その時以来，多少の新しい化石が露出した．デーンは私のように陸生哺乳類に興味を持っていて，そして彼のエネルギーは河川の中に形成された岩石に集中していた．地質学的に，私たちはヒマラヤ山脈の前方にいる．この地域は非常に複雑であり，山脈が形成されたときに著しく変形した．化石海底の大きなスラブが，河川堆積物の上に押し上げられ，回転し，ねじれ，そしてひっくり返っている．目をその岩石の上に常に保っていなくてはならない．なぜなら，数歩で完全に異なった化石環境へ，そして数百万年後へと出てしまうのだ．これらの丘の色彩が私を喜ばせる．泥岩はネズミ色——灰色，鈍い紫色，あるいは静脈血色である．足幅の帯に白い石灰岩があり，それは周りよりも高く尖っていて，岩棚を形成し，それで太陽の下で明るく，それらを見ると目が痛くなる．泥岩よりも粗いシルトがあるが，それらは緑色で多くの化石二枚貝があり，500万年前にそこに海があったことを示している．その緑色は，鉱物の海緑石に由来している．それは海岸に沿って波状ゾーンを形成している．その小さな結晶が太陽の下できらめく．あたかもさまよう巨人が砂糖の漏れる袋を運んで，緑色のシルトを横切ったようである．一緒にして，これらの岩石はクルダナ累層（Kuldana Formation）と呼ばれている．それらは，5つの低く名のない谷の中で見ることができるが，私はフィールドブック（野帳）の中で，単にAからEと呼んでいる．岩石はしばしば植生で覆われている．灰緑色の刺のある植物の茂みは広い間隔があるので，それらの周りを容易に歩くことができ，至るところで岩石を見ることができる．この茂みは私を公園にいるような気分にする．私はこの空間が好きである．

　離れたところにより高い丘があり，AからEのすべての谷を抱えている．これらの丘はクルダナ累層の海岸環境の数百万年後に，最初は河の中で形成した砂岩でできている．風化によって黒くなっているが，ハンマーで割ると真の色であるレンガ色が出てくる．一緒にして，それらは3500万年前あたりに作られた始新世のムリー累層（Murree Formation）を成している．その岩石は貧相なクラブサンドウィッチのようであり，クルダナの5枚の薄いセクションチーズと，コールドカットが，ムリーパンの厚いスライスによって分けられ，そしてすべてのことがその斜面でおさまっている．視界を越えて遠く北方にも，恐竜が陸地を徘徊していた7000万年以上前に海底で形成した明るい石灰岩か

らなるより高い丘がある．このカラチッタ丘陵には，種々の歴史が保全されている．すなわち，消失しそして大規模な河川システム（インダス河の前）によって置き換わった海洋，また北方の高い山脈の物語である．名前も地質学を反映している．ムリーは黒色，石灰岩は白色であり，カラチッタはパンジャブ語で黒白を表している．

　ここに住んでいる人々のほとんどが，ヤギ，ヒツジ，そしてラクダの牧夫だ．私たちは群れを追う老人あるいは少年のところに走った．そしてアリフは彼らとなにがしかの会話をしている．私はその言語を話すことができないので，仕事を続ける．

　ほとんど灰色と紫色が交互に存在する泥岩が，クルダナ累層のより古い部分で見つかり（図17），多くの谷の風化した地面となっている．しかし，これらの泥岩の間に，時々，赤色から紫色の，粗く，非常に硬い層がある．これらは硬い礫岩（conglomerate）であり，小さな礫が固まった層のようである．それらの礫は砂糖粒からエンドウ豆ぐらいの大きさである．一粒の礫を割ると明るい白色とベージュ色のものがあり，それらがところどころで集合していて，小さなガムボールのようである．この礫は丸まった塊であり，地質学者はそれらを団塊（nodule）と呼ぶ．それらは暑く乾燥した気候での地下で，地下水が蒸発して形成された．地下水が蒸発すると，水の中に溶けていた鉱物が凝結した．それらの凝結物が層を形成し，各鉱物は異なった色彩であり，そして団塊を形成した．団塊が形成された後に，河川がやってきて，団塊を中で作った泥を洗い去り，それら団塊を集め，そして，川下に流し出した[2]．流れが緩くなると，河川は団塊を運ぶことができなくなり，それらのすべてを置いていった．その場所は，おそらく河床の捨てられたアームである．そのアームは，河川の流れが止まった後に，小さな湖を作って水を長い間保持しただろう．降雨，浸食，そして泥の堆積などの連続したサイクルが，そこで死んだ動物の骨を含めすべてのものを埋めた．最後に，その地層が深く埋められた後に，地下水がそこへと浸透した．水が炭酸カルシウムを運び，それが凝固して団塊を一緒に固めた．地質学者は普通，小さなボトルで強い酸を運ぶ．炭酸カルシウムの上にそれを1滴かけると，炭酸カルシウムを溶かす．そして飲料水のスプライトをゆすったビンのように泡が出てくる．他の岩石はこのようには反応しないので，これは炭酸カルシウムの存在のテストとなる．

52

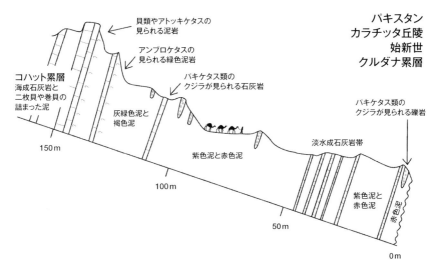

図17　パキスタンのカラチッタ丘陵の始新世を構成する地層の図（地質断面図と呼ばれる）．ある領域に次々に岩石層が見られることや，それぞれの層の厚さがわかる．地層の傾きは実際の傾きを表している．この図で名前の挙がっているクジラ類については先の章で述べる．S. M. Raza, "The Eocene Redbeds of the Kala Chitta Range (Northern Pakistan) and its Stratigraphic Implications on Himalayan Foredeep Basin," *Geological Bulletin of the University of Peshawar* 34 (2001): 83-104; L. N Cooper, J. G. M. Thewissen, and S. T. Hussain, "New Middle Eocene Archaeocetes (Cetacea:Mammalia) from the Kuldana Formation of northern Pakistan," *Journal of Vertebrate Paleontology* 29(2009): 1289-98 をもとに描き直した．

　これらの硬い礫岩の1つに，調査地点62の化石がある．そして，それはロバート・ウェストによって発見されたパキスタンからの最初のクジラ化石であり，私がそこで仕事をしたずっと前のことである[3]．調査地点62は，硬い岩石の中に封じ込められ化石が低い壁を形成している．私たちがその化石を調べるためにしゃがんだとき，クジラの脳ケースに気がつく．それはフィリップ・ギンガーリッチが，インダス河を横切って12マイル先のところで採集したものとよく似ている[4]．フィリップはそれをパキケタス（*Pakicetus*）と呼んだ．その頭骨は礫岩の真ん中にあるが，それはコンクリートのように硬い．コントロールされた方法で化石周辺の岩石を壊し，化石を取り出してそれを見るために，私はその岩石にハンマーをかけるが，それは動かない．作業を継続すると，その化石は私を疲労させるだろう．それで，代わりに，私はそれを風化から守るために接着剤で硬化し，そしてフィールドブックに状態を記した．このクジラ

頭骨はもう1年，パキスタンの野外にそのままで残される．私がここに再び来るための資金を持ち，重い道具ともに戻ってくるときまで．それは，もしも，私がここに再び戻ってくるための資金を得られたらのことである．

歩行するクジラ

　数日後，私たちは昼食のために座る．ジャムが付いたガソリンの臭いのするチャパティが新聞紙にくるまれていて，この新聞紙はチャパティの上で鏡文字として見ることができる．なぜなら，脂が紙にしみ込んでいたからである．デザートはイスラマバードの店で買ったちょっと素敵なクッキーである．私たちは海の石灰岩に背を向けて座る．それは棚を構成していて，水と化石で満杯のバックパックを運び，午前中ずっと曲げて痛くなっている私たちの背中を楽にしてくれる．気持ちよく座ると，私は灰色の岩石の後ろにある何やら青いものに気がついた．それはサメの歯である．そのエナメル質が浸食で青と白色に染まっている．これは科学的には重要なものではないが，今日は化石がまばらだったから，私の一日をともかく明るくする．私がそれを取り上げると，別の青い歯があった．この時代のサンゴ礁の魚は，貝類を砕くために重い歯と顎を用いていた．私は見上げると，そこに第3の魚の歯がある．移動しなくてもすべてが採集されたのだ．河川の堆積物があまり化石を含んでいないのに，海成岩の中に，これらの脊椎動物のすべてがあるのは謎である．私たちは化石を採集するために，この海成岩にさらに時間を費やすべきだろうか？

　私たちはその化石海底の上で半日を，そして残りの半日を淡水岩で作業することを決めた．フィールドワークが終わりに近づくと，ジャミルは私たちを谷Aに下ろす．そこには多数の二枚貝と巻貝を含むムリー累層のブロック状の砂岩隆起によって引き締められた層がある．私たちは軟体動物の層に沿い，視線を地面に向けて歩く．これらの軟体動物は，アジアとインド亜大陸がまだ離れていた頃の浅いテチス海で生きていたものだ．私とアリフは，その隆起をたどって，できるだけ地面を広く見ることができるように距離を保ちつつ，互いに平行に歩く．

　私たちは，車を離れて20分後に大腿骨末端を見つけるが，それは膝の部分である．この日の最初の化石であり，ウシほどの大きさの獣類に属していて，

54

明らかに哺乳類である．その岩石は，ここが化石海底であることを示している．私はこのような膝を持つ海生哺乳類を知らず，それはクジラ類でもカイギュウ類でもない．痕跡的な膝を持っているか，あるいは持っていないパキスタンから知られている哺乳類のグループは，ゾウ類とカイギュウ類に近いか，おそらくそれらの祖先である．アンソラコブ亜科（anthracobunids）の骨格は知られていないが，これはそれらしい．エキサイティングな展開である．

　私はバックパックを下に置き，この小さな谷の中を這いまわる．イバラの茂みがシャツを裂き，そして，別の植物は私の帽子を引っ張ったり，皮膚を刺したりする．他の化石が現れるが，これは脛骨近位端（proximal tibia），膝関節の他の半分である．明らかに同じ個体からのもので，完全にフィットし，同じサイズで，それらに付いている堆積物が同じである．これで私は大きく興奮した．なぜなら，これらは海の中で洗われ，ばらばらに離れた骨ではないからだ．2 つの骨が一緒に留まっていて，そこで，それらが 1 頭の完全な死体の部分であり，ここで化石になったものであることを私は望んだ．時間がたつとともに，2 個のさらなる部分が現れた．両方の大腿骨だが，立派なものではない．45 分後，アリフは，最初はゆっくりと，そしてあまり遠くには行かずに近くを探していたが，目を地面に向けて動いている．1 時間たち，まだ何もない．私はあきらめねばならない．そして失望した．膝関節は，この動物が何であったかを，まったく教えてくれないのだ．私のフィールドブックは，単に"哺乳類"とだけ，おざなりに敗北を認めた記述をしている．

　アリフが私を呼んでいる．彼は菓子箱サイズの緑色の石を，2 つの骨片とともに持っている．それらは動物にあったときの関節とその結合部を共有している．私はすくんだ．これは別の膝，脛骨近位端であり，そして大腿遠位（distal femur）で，私が初期に見つけたものよりもずっと小さく，そして私がちょうど 1 時間を無駄にした痛みを思い出させるものなのだ．一日中懸命に働いたあげく，2 つの同定不能な哺乳類の膝とともに帰宅するイメージを追い払おうとする．私はアリフに，それをどこで見つけたかを問う．彼は最初に歩いた隆起の端を，ばくぜんと指した．今はこれに関わりたくない．

　「先に進み，仕事を続けよう．一日の終わりに帰ってきて，車に戻る道で，この獣のものをもっと探そう」

　アリフは同意した．私たちは歩いて，新聞紙でくるんだ昼飯を食べ，そして

昼下がりに新しい地面を調べながら道路へ向かう．私たちのバッグは，軽くなっている．持ってきた水のほとんどを飲んでしまったからだ．アリフは膝を見つけた場所を指した．そこには化石骨が散らばっている．朝から私が働いていた場所よりずっとよいことは明らかだ．肋骨，指骨，そしてより大きな骨片があり，すべてが灰色——緑色の岩石の中にあるのだ．これは偉大なことである．おそらく最初のアンソラコブ亜科の骨格で，ゾウ類とカイギュウ類の関係を研究することを可能にしてくれる．しかし，今それを考える時間がない．発掘を始めるときなのだ．

　骨は，地面の狭いところに散らばっていた．これはよい徴候だ．なぜなら，浸食されてきておらず，また阻害されていないことを意味している．最初，私たちは地表面にあるすべての雑な骨を取り上げた．そのことで私たちが発掘を開始したときに，それらを踏みつけたり，泥土で覆ってしまったりすることがなくなる．緑色の岩石の外にある骨は風化している．それは硬いが，硬すぎるというわけではない．地層は垂直岩棚の部分にある．そこは狭く，立つと不快である．私たちがその場所を調べると，2人ともその谷に降りるとき何度か思わず滑り落ちる．私たちが雑な骨のすべてを拾い上げた後は，太陽が黒いムリー累層の頂の後ろにほとんど入っている．弱い光が私たちを道へ，そしてゲストハウスへ向かうよう強いている．

　次の日すぐに，私たちは記録しておいたその場所に行った．それは，調査地点番号9209である．私は岩石と地層をフィールドブックにスケッチした．私たちが掘り始めると，すぐに骨が出現した．昨日の“アリフの膝”の反対側に，大腿骨がある．化石が1本の肢以上のものから構成されていることを意味しており，これは大きなニュースだ．私たちはしっかりと集中して発掘を行う．

　私は記録しようとするが，発掘の興奮の中で追いつくのが難しい．化石を固めるために薄い接着剤をつけ，そして濃い接着剤で割れ目を満たす．さらに記録し，さらに発掘し，さらに多くの接着剤の乾燥を待つ．昼食はすぐに終わった．私たちはもっと掘りたいのだ．2つの骨が1つの塊の中に，隣り合わせで互い違いに入っている．すなわち，肘と手首の間の骨である橈骨と尺骨だ．それはまさしく興奮することであり，手首と手の骨がある前肢もそうだ．岩石はとても硬いので，固まり全部を取り出して，家に持って帰る必要がある．家では化石を取り出すための強力な道具を使うことができる．それは恐ろしいアイ

デアだ．私は飛行機の超過荷物の費用を持っていないのだ．しかし，今は考えたくもない．

　化石の部分は，はっきりとしていて，それらの位置情報が，骨を同定する助けとなるだろう．私は個々の骨に番号をつけ，フィールドブックに記録する．私は写真撮影が下手だ．標本の上に不規則な影があったりして，忍耐強い写真家ではない．

　私たちは一日中，化石の発掘をした．アリフと私は，岩棚の上に肩を寄せて座っている．化石発掘は中毒である．それぞれの新しい骨は，私たちにハイな状態をもたらし，もっと要求させる．暗くなった時に作業を終了した．私たちはくたびれているが完全に満足している．欠けている部分で目立つのは頭骨である．これは頭のない美しい骨格なのだとの考えが私に起こる．そうすると確実に同定するのがとても困難になる．願わくば，頭骨がまだ埋まっていてほしい．

　私たちは次の日も戻ってきて，同じプロセスを繰り返した．一日の半分が経ったころ，長い耳が頭の両側に垂れ下がり，角が曲がった羊の群れが，谷の中に歩いてきた．彼らは歩きながら食べ，そして低木をかじり，またほこりの中に存在している2頭の奇妙な存在物を困惑して見ている．彼らが散らばることはないので，私たちの場所から去るように何度も追っ払わねばならない．老人が羊を追って，谷の中の私たちのところを横切った．彼は汚い青色市松模様のターバンを巻き，長い灰色のひげを持ち，そしてシャツと靴まで垂れ下がった腰布ドーティを着ている．長い歩行杖を持っているが，それは反抗的な羊を追うための棒も兼ねている．

　「アシャラーム　アレイクム」アリフが，彼に挨拶した．

　「ワ　アレイクム　シャラーム」彼は年のためしわがれた声で挨拶を返した．

　アリフは彼と話すために岩棚を登った．しかし，彼は近くを歩いている．彼は私たちが掘った骨を見下ろし，いくつかを取り上げ，そして下に置き，それから私を過ぎて行った．彼の手はまだ岩の上にある骨まで届く．彼はそれを持ち上げようとした．

　「ネイ，ネイ」と私は強く言う．すると彼は手を戻して，驚いた．彼とアリフはしばらく話していた．私は彼の言葉を理解できず，働き続けるしかない．彼は数回，同じ質問をしたが，アリフはそれに毎回しんぼう強く言葉を変えて

答えた．ついに，その羊飼いは去って行った．

「やつは貧しい」とアリフは言う．

「彼は少なくとも 30 頭の羊を持っている」

「ああ，羊はすべて村のもの，彼は単なる羊飼いだ」

それは当たっている．彼らは羊に草を食わせるために集め，そしてその日の草を食わせる雑用に一人でたずさわっているのだ．

「彼は何をたずねたの？」

「彼は私たちが黄金を見つけたかとたずねたよ」

私は道具を下に置いた．これは悪いニュースである．もし，私たちが黄金を見つけていると考えたら，あらゆることが起こる．彼らがやってきて，自分たちで掘って，富を分ける．私たちが彼らになにかを与えるよう，あるいは研究するための許可を要求するだろう．そして，それは説明に時間を食ってしまう．

「彼になんと言ったの？」

「こう言った．私たちは政府の役人だ．重要な調査をしている．金ではない」

私は答えない．そんな言い方はいっそうの疑惑を呼ぶかもしれない．しかし，私はアリフの判断を信じている．この発掘は続き，そしてアリフは手の長さほどある骨につきあたった．歯科用のスクレーパーとブラシを用いて，私はそれを掘る作業を行ったが，突然，私はこれが下顎の底縁であると気がついた．そこには歯があるだろう，そしておそらく頭蓋骨も．私はこの動物を同定することができるだろう．私は作業を続けた．これが何であるかをアリフに言わない．私は緊張もしている．黒い輝く表面がにぶい黄褐色の骨の上に突き出しているのだ．歯のエナメル質だ！　私はこの動物が何であるかわかるだろう．頭骨のさらなる部分が露出した．それは硬い緑色の岩石の中に納まっている．心配ない，実験室のドリルで取り出そう．それは今日，私がこの歯をよく観察できないことを意味しているのだが．

私たちは，削る，くっつけるという作業を続けた．最終的には，私たちは頭骨を完全に石膏で覆った．それは足を骨折したときのように，移送の間に守るためである．白色の石膏は単調な丘から遠く離れたところでも目立つ．暗くなってきたので，そこを離れる必要がある．

私は心配している．かつて，人々が生活しているところから数マイル離れた荒涼とした砂漠で化石を採集したことがあった．私たちは愛らしい骨格に石膏

58

の覆いをした．翌日，私たちが戻ってくると，この石膏の覆いははがされ，骨が丘に散らばっていた．信じられないことだった．夜間と早朝に誰かが，道から離れたこの場所で活発に歩き，覆いを外し，そして，私の心とともに化石を破壊したのだ．カラチッタ丘陵にはもっと人がいる．誰かが，確かにここでもこれを見るだろう．

　私は泥で標本を覆うことを考えた．アリフはそれに反対した．それは私たちの発掘を中断することになるからだ．まだ，たくさんの骨が埋まっているのに．彼は正しい．彼は私のノートブックから一枚の紙を取り上げ，そしてウルド語を用いて，曲がりくねったアラビア文字で，"危険，爆発物"と書いた．彼は，その紙を石膏の覆いの上に置き，そして，ずり落ちないようにその上に石を置いた．この声明は，誰も信じないような明らかに稚拙な嘘のように見える．アリフは，地元の人々は石膏を使うことはないため，この物質を認識することはなく，また，貧しい村の民は権威を尊重することを指摘する．私は地元の人々の心理に対するアリフの洞察を信用し，頭骨をさらしたまま去った．そして胃に違和感を持ったままベッドに向かった．

　翌朝，私たちは戻ったが，アリフは正しかった．その見せかけは邪魔されていないのだ．紙はまだ上にあった．午後の中ごろまでに発掘したすべての化石は移動され，包装され，化石の位置が記された地図が作られた（図18）．私たちはさらに数時間を発掘に費やしたが，さらなる化石は見つからず，それで一日使ってしまった．私たちは羊飼いたちと，羊の群れに踏まれないように粗い岩石でその場所を覆い，ゲストハウスに戻った．

　これはどんな種類の獣であるかがまだ判然としない．そして，頭骨を覆った石膏をとり除くまで待たねばならないことなどが，私を悩ませた．それは今から数カ月先であろう．私は，これがおそらくアンソラコブ亜科であることをイメージすることで，いらだちをなだめようとした．この獣は重たい骨格を持っていたはずである．彼らの歯はこれらの岩石から知られている，そして彼らは海の中にすんでいたのだ．

　ベランダに置いたバケツ半分の温水で体を洗うとき，私のいらだちは大きくなった．寒さに対処するため，また慎み深くするため，ほんの少しだけ脱衣した．化石が私をむしばんでいる．私は自分自身を忍耐強いと思っているが，ここでは誘惑が強過ぎる．4日間の発掘作業，そして，あれがなんであるかに対

第3章　足を持つクジラ類　**59**

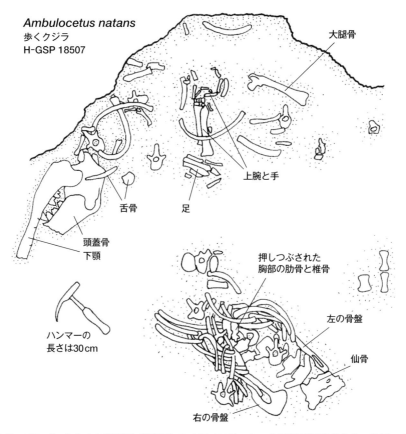

図18　アンブロケタスの発掘図（産出地 H-GSP 9209）．この化石はほぼ垂直方向の地層の中にあった．胸部は岩石中のより深い部分（この図の下部）にあったため，最初の発見の数年後まで発掘されなかった．S. I. Madar, J. G. M. Thewissen, and S. T. Hussain, "Additional Holotype Remains of *Ambulocetus natans* (Cetacea, Ambulocetidae), and Their Implications for Locomotion in Early Whales," *Journal of Vertebrate Paleontology* 22(2002): 405-22 による．

して解決がない．私はあきらめることにした．

　フィールドブックの数字は，トイレットペーパーで包まれたパッケージのどれが頭骨のそばで見つかったかを示している．私は耳と下顎の2つを選ぶ．ベランダの床には，私がそれらを開封したピンク色のトイレットペーパーが散らばり始める．

　耳の部分が私を困惑させている．小さなジャガイモぐらいの大きさと形状で

ある．そして，極端に凋密なパキオステオスクレロチック（pachyostepsclerotic）
だ．片方は壊れているが，骨の薄い縁がそこにくっついているはずである．ま
た，そこに腔所があるはずだ．ゾウ類とカイギュウ類の耳は，これとはまった
く似ていない．私はそれを認めるべきなのだが，それができない．

次に下顎がくる．部分的に岩石で包まれているが，いくつかの黒い歯のエナ
メル質を見ることができる．私は歯科道具と歯ブラシを用いて，側面が見える
ように作業した．それも私の期待とはまったく一致しない．私はアンソラコブ
亜科の平たく角張った臼歯を期待しているが，この歯はまさしくその反対で，
高くそして三角形で，2番目の小さな三角形の拡張部が後方にある．明らかに
カイギュウ類の仲間ではない．では，いったい何なのだろうか？

突然，ひらめいた．**クジラ類がこのような歯を持っている**．このジャガイモ
のようなものは，耳のインボルクラムであり，それらしく稠密である．

これはクジラだ．そう，後肢を持つクジラなのだ．歩行した最初のクジラだ．
突然，霧が晴れ上がったようなものだ．前は何もなかったようなところに巨大
都市が現れた．私は膝にあるその顎をベランダの柱に立てかけた．沈みゆくオ
レンジ色の大きな太陽の光が私の顔を刺している．私たちは，歩行し，そして
泳ぐことができるクジラの骨格を発見したのだ．それは古生物学者が欲してい
た移行型であり，創造主義者が決して発見されないと言ったものなのだ．

私はゆっくりと回復する．ドラマチックな中間型の化石記録は非常に稀であ
る．それは"人の一生で，誰もそれを当てにすることができないもの"なのだ．
この発見を理解すると，私は2月20日のノートブックの余白に次のように書
いた．

アリフが発見した骨格がクジラ（歯と鼓室骨）に違いないとすると――．
私たちが持っているものより深くで，壁の中にさらにあるかもしれない[5]．

これは重要で，いっそうの発掘が必要なのは明確である．しかしながら，今
ではない――化石が収まっている地層はさらに深いところにあり，アクセスが
困難であり，フィールドシーズンも終わりに近づいている．私の立場での物資

5　クジラ類に対しては，bulla は鼓室骨（tympanic）のシノニムである（第1章と図2を見よ）．

運搬の状況が，また私を圧迫する．私はお金を使いはたした．たとえすべて掘ったとしても，それを家に持って帰ることができない．じつのところ，私は現在持っているものをすべて運ぶことさえできないのだ．この骨格は 3 つ以上のスーツケースを必要とする．各スーツケースはおよそ 100 ドルの超過料金を必要とするが，それを私は持っていないのだ．さらに，すべての岩石を取り出すのに数年はかかるだろう．それを持ち帰ったとしても，専門的な化石処理者を雇うのに資金が必要だ．

　私は選択を迫られ，頭骨を選んだ．それはクジラであることを示す部分である．同時に，最も手に入れにくい部分で，それなしには，論文の出版もできない．頭骨が岩石から取り出されれば，残りは容易だろう．そして，この発見が引き起こす興奮がさらなる研究資金を引き出し，ここに帰ってくることが可能になるのだ．

　イスラマバードに戻り，私は余った新聞紙に残った骨格を慎重に包み，そして，オレンジを入れていた 2 つの木箱に保管した．アリフはそれらを安全に守るだろう．頭骨は，私の汚い作業着に包まれ，スーツケースに収まった．

　アメリカに帰ると，作業はゆっくりと進行した．そして私は自分の発見を 1992 年の 10 月にトロントで開かれた学会で発表した．その学会には脊椎動物の古生物学者のほとんどが参加していた．私は興奮して，頭骨の図をたくさん示した．しかし，後肢を見せることができない．話ができるだけである．仲間は礼儀正しいが控えめである．彼らはクジラとしてその動物を受け取る．何と言っても，私は彼らに歯と耳を示すことができるのだ．しかし，手と後肢の絵がなくては，納得しない．学者の性質として，彼らは懐疑的であり，骨が示されるまで判断を保留する．翌年，中央パキスタンで採集していたフィリップ・ギンガーリッチが，私のオレンジの木箱について，中に何が入っているかこっそり見せるのであれば持ってきてやろうと提案してきた．私は喜んで受け入れ，頭骨は肢と再会することができた．

　1994 年にようやくすべてが整い，その獣は学会と一般に紹介される運びとなった[6]．私は学名を与えた（図 19）．新しい属名と種名，そして，他のすべてのクジラ類とは非常に異なっているので，新しい科名が必要である．アンブロケタス科（Ambulocetidae）の *Ambulocetus natans*．属名はこの化石の最も変わったところを表している．それは歩行するクジラである．*Ambulare* はラ

図 19 化石クジラ，*Ambulocetus natans* の生態復元図．およそ 4800 万年前に現在のパキスタン北部に生息していた．アンブロケタスはほとんど水中で暮らしていたが，陸上に上がることもできた．

第 3 章 足を持つクジラ類 63

テン語で歩くこと，そして *natans* は泳ぐことを意味する．つまり，歩き，泳ぐクジラなのだ．論文が公表された週に，私は多くの日を，この発見とその重要性についてジャーナリストと話すことに費やした．私はプレスの注目に対して準備ができていない——最初のころはインタビューもぎこちないものだった——しかし，報道がかき立てる興奮は爽快だった．

いまや学者仲間も興奮していた．スティーブン・ジェイ・グールド（Stephen Jay Gould）はこの発見に対してエッセイを捧げた[7]．彼は次のように書いた．「仮に白い紙と白紙小切手をもらったとしても，私はアンブロケタスより良好な，もしくはより納得のいく理論的な中間型を示すことはできなかっただろう」．ディスカバー誌は，1994 年の科学報告のトップ記事にクジラの起源を入れた．アンブロケタスは，クジラ類の起源が本当に化石に記録されているという認識への扉を開いた．これは移行状態を発見するのは困難であるという一般的な知識の例外である．私は，クジラが陸上から水界へと水生生物に進化する過程で器官系がどのように変化したかを研究する機会を得たことに興奮している．私が研究したかった最初のシステムは，歩行についてなのだ．

第4章
泳ぎの技法

シャチとの出会い

　ナチュラル・ヒストリー誌[1]のエッセイでスティーブン・ジェイ・グールド
は，アンブロケタスを記載した論文中の一文「肢は巨大である」に注目してい
る．専門用語を使わず，なにがしかの感動を表しているところが好きなのだ．
実際，アンブロケタスの後肢は，ピエロの靴のように大きい．おそらく，水中
では強力なオールになったのだろう．手（あるいは前肢）はずっと小さい．現
在，アザラシ類は手よりも大きな後肢を持っている[2]．なぜなら，彼らは泳ぐ際
の推進器官として，手ではなく後肢を使っているからだ[3]．アザラシ類とクジ
ラ類は近縁ではなく，また現生のクジラ類は尾部を使って泳いでいるので，ア
ンブロケタスが大きな肢を持っているのは驚きである．また，真のアザラシ類
（アザラシ科 Phocidae）は，泳ぐときに肢を左右に動かす．一方，クジラ類の
尾部は上下に動く．クジラ類は陸上の四肢動物（4 本の足がある）から由来し
た．そして，推進器官が四肢から尾部へと変わったのだ．アンブロケタスは，
泳ぐ際に肢が重要であることを示している．肢で推進する泳ぎ方は，尾部で推
進する泳ぎ方以前にできているのだ．しかし，彼らの四肢がどのように動いた
かという問題が残っている．現生のクジラ類の尾部のように上下へ動いたのか，
あるいは泳いでいるアザラシ類のように左右に動いたのだろうか？

　化石ではこの種の問題を先へ進めることはできない．代わりに生きた哺乳類
の泳ぎ方を理解しなければならない．私はフランク・フィッシュ（Frank Fish）
にコンタクトした．彼は人生のほとんどを哺乳類の泳ぎ方の研究に費やしてい
る．フランク自身が熱心な水泳者であり，そして，ついでに，彼の研究分野と
名前（フィッシュ）とを結びつけたジョークをすべて知っている．フランクは
動物を流水タンクに入れるが，それは水流を変化できる水槽あるいはプールで
あり，そして動物が泳ぐのを撮影する．彼は異なる速度のもとで，スローモー
ションで動物たちの動きを分析する．そして，どういう理由でどの部分を動か
すかを理解するために，エンジニアとしての知識を適用する．例えば，マスク
ラットは四肢をパドリング（交互に水をかく）することで泳ぐ．彼らの尾部は
左右に平らで，コルク栓抜きのように水の中を動く．水中で体のバランスをと
るが，推進にはほとんど貢献しない[4]．フランクの水槽は，大きな哺乳類に対し
ては小さすぎるため，マリンパークでそれらの研究をする．フランクはアンブ

ロケタスについて興味を持っており，水族館でシャチを撮影するために私を招待した．

　フィルムはマリンパーク開演前の朝方に撮影された．トレーナーがドアを開けると，私たちはその後ろから進むことができる．私が歩いて入ると，大きな黒い頭が突然，隣の囲いから現れ，私を見つめた．シャチは私たちがトレーナーでも管理人でもないことに気づき，私たちをチェックする．私はこのように大きな生きた動物をこんなに近くで見たことがない．それ自体不安である．

　フランクは長く伸びた棒の上にカメラを設置し，そしてトレーナーがクジラを遊ばせている間に梯子を立てた．準備ができると，フランクはカメラを回し，トレーナーに大声で叫んだ．

　「フルスピードで，カメラの右下側に来させてくれ」

　トレーナーが手と声のシグナルで命令を伝えると，シャチはそれに従う．

　「やつはカメラの下に来ると，すぐにちょっとターンする，それをもう一回できる？」

　私は近くに立って，そこの光景をしっかりと記憶した．シャチは注目されて上機嫌のようである．この手順は普段とは違っているが，彼らも参加することを望んでいるように見えた．実際のところ，フランクの撮影に関わっていないあるシャチは，2つのタンク間の壁を越えて情景を見ている．トレーナーは，彼が無視されたと感じることを望まず，魚を放り投げる．シャチは潜って，黄色い楓の葉をタンクの底から拾い上げる．彼は葉を舌に乗せて，トレーナーに突き出す．トレーナーは葉を取り，また水の中に投げ戻す．"フェッチのゲーム"（訳注：スマートフォンやタブレットでのゲームの一種．子犬が登場する）がスタートする．トレーナーはシャチの舌をやさしく引っ張る．シャチは引き戻すが，すぐにまた突き出す．シャチは舌をマッサージされるのが好きなのだ．

犬かきから魚雷へ

　フランクはクジラとイルカの多くの種を研究した．彼らは皆同じように泳ぐ．まっすぐ進むとき，クジラとイルカは前肢（ひれ）ではなく，尾部を用いる[5]．尾部は水を上下方向に押すのだが，上方打（アップストローク）と下方打（ダ

ウンストローク）のいずれも，クジラの推進を助ける．それは人間の水泳とは異なっている．人間が平泳ぎを行うときは，両足を閉じるストロークが推進力をもたらす．それはパワー・ストロークと呼ばれている．足の動きのサイクルの一方は，リカバリー・ストロークであり，それは推進を助けないが，次のパワー・ストロークが開始できる姿勢に足を持っていく．リカバリー・ストロークのときはスピードが落ちる．クジラの尾の動きに，リカバリー・ストロークはない．移動するのに一段と効率的な方法であり，鳥の翼[6]や魚の尾びれ[7]の動きも同様である．クジラの尾部とは動きがかなり異なっているが，エンジニアは動物を動かす力を揚力と呼び，上昇させる面（アザラシの足ひれ，クジラの尾びれ）を水中翼と呼んでいる．特別な形態が，そのような方法で水中翼を再設定することを可能にし，そのサイクルを通して推進力が作られるのだ．また水を通しての動きも複雑である．このように，水中翼は漕ぎ船のオール，あるいは平泳ぎをする人の足によるパドルとは異なっている[8]．

　フランクは，クジラ類の運動方式を尾部オシレーションと呼ぶ．なぜなら，尾部は水中翼であり，また，それが上下に揺り動くからである．この動きのほとんどは，尾の基部領域で起こるが，正しくはボール椎骨が存在するところで起こり，そして，バシロサウルス科にそれが存在することが知られている（第2章参照）．それはまさしくドアの蝶番のように働いているのだ．

　私がフランクに協力すれば，新しい世界が開くだろう．運動に関する私の以前の洞察は，博物館と実験室の骨でいっぱいになった箱からの視点だった．その視点が洞察力を導くのだ．アザラシが，大きなひれとして短い肢を持つのは意味がある．彼らは短いが力強いストロークをすることができ，水のような濃い媒質の中で動くのに適している．しかし，動物全体を見るフランクの方法は，実際の動きと，新しい次元を追加する．

　フランクの仕事は，種々の哺乳類たちが非常に異なる方法で泳ぐことを示した．クジラとイルカ類，またマナティーとジュゴン類は（図12），まっすぐ進むときに，尾部の上下動で泳ぐ．体は固まっていて魚雷のように流線形である．アザラシ類は腰部オシレーター（pelvic oscillator）であり，尾部からの関与なしに，後肢は水中を左右に動く[9]．アシカ類は泳ぐときに背中を引き，大きな

8　人間はバタフライ泳法を行うとき，両足を持ち上げることはしない．

翼のような前肢によって推進される．前肢の動きは，鳥の羽ばたきと似ており[10]，その動きの方式は胸筋オシレーションと呼ばれている．クジラ類，カイギュウ類，アザラシ類，そしてアシカ類は典型的な水生哺乳類であるが，巧みな水泳を行う他の哺乳類もいる．ホッキョクグマとある種のモグラは，後肢を引いて，前肢で水かきをする（胸筋パドル）．ビーバーは前肢を体に引き寄せ，後肢で水かきをする（腰部パドル）[11]．水泳者の多様な世界は，なぜ過去の水泳者の化石がその方法を求めたかについての理解を助けてくれる．

　フランクは進化についても考え，水泳をする哺乳類のデータをたくさん集めた後に，すべてを1枚の図にまとめた（図20）．この図はどのようにして，効率の悪い水泳方法から，いっそう効率的な方法へ進化したかを示している[12]．クジラ類の尾部のオシレーションについては，カワウソとその仲間の水泳方式の理解が鍵となっている．

　新米の水夫としてのカワウソ類は，アナグマ，スカンク，グズリなどの肉食哺乳類と同じイタチ科に入っている．その中には洗練された体型のイタチやテンも含まれる．カワウソ類はすべて形態が似ているが（短い肢と長く細い体），四肢は非常に異なっている．カワウソは，短いが比較的筋肉質な尾と肢を持っている．ラッコは大きな体で，非常に大きく不均衡な後肢を持ち，他のどのカワウソ類よりもずっと長い小さなつま先と，小さな葉巻状の尾を持っている．最後に，南米のオオカワウソ（*Pteronura brasiliensis*）は淡水にすみ，ラッコほどの大きさだが，形態はかなり異なっている．小さな四肢，長く強力な尾を持ち，それは先から基部まで平たい．四肢と尾の違いのすべてが，これらの動物の泳ぎ方と関係している．

　例えば，ミンクはカワウソの近縁の陸生種だが，おそらく水生になる以前の祖先カワウソと似ている．ミンクは陸生動物だが，時々泳ぐ．彼らの長くなめらかな体は，茂みの下を枝に妨害されることなく，突進するのに適している．しかし，ミンクは遅い水泳者である．彼らは四肢でパドルする[13]．すなわち，この動物は同時に左肢を前方へ，そして右肢は後方へ動き，息をするため頭を水面上に保とうとする．河川のカワウソ類は異なっており，動物園で，彼らが本当の，あるいは想像した遊び仲間と，左右，上下に自在にダッシュしているのを見ることができるだろう．しかし，これはフランクが研究できる水泳の種類ではない．動きと水泳の速度を正確に測るためには，動物たちが直進するの

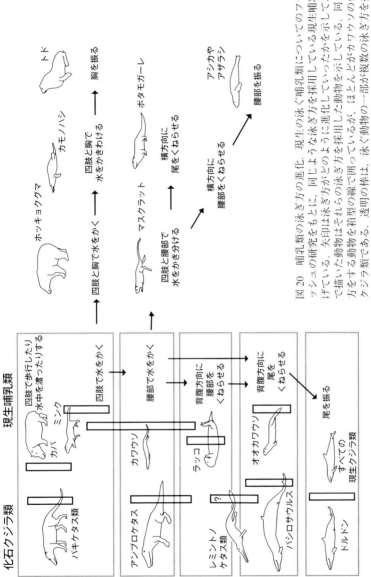

図20 哺乳類の泳ぎ方の進化。現生の泳ぐ哺乳類についてのフランク・フィッシュの研究をもとに、同じような泳ぎ方を採用している現生哺乳類の例を挙げている。矢印は泳ぎ方がどのように進化していったかを示している。輪郭線で描いた動物はそれらの泳ぎ方を採用した動物を示している。同じような泳ぎ方をする動物を絡型の線で囲っている。ほとんどがカワウソの仲間と現生のクジラ類で例外である。透明の棒は、泳ぐ動物の一部が複数のクジラの泳ぎ方を採用していることを示している。イヌチ類（カワウソやその仲間）はクジラ類の泳ぎ方の進化を知るためのよいモデルであり、絶滅したクジラ類の泳ぎ方を推測するのにイタチ類の体のプロポーションが用いられた。この図の中の化石クジラの一部につては後の章で述べる。一部の線画はリンダ・スパーロックが用に作成した。

第4章 泳ぎの技法 71

を見る必要がある．カワウソは，彼らがどれくらい速く泳ぎたいかによって，異なるストロークを用いて泳ぐ[14]．水面で泳ぐ場合，彼らは四肢で水かきをするか，後肢のみでの水かき（腰部パドル）を行う．水中でより速く進むには，背腹のくねり（dorsoventral undulation）を用いる．この背腹のくねりが最も効率的だ．脊椎柱を通した波の移行は最も尾を，しかし後肢も推進させる．ラッコは水中で肢を上下させることで泳ぐが，体のしなやかな動きで推進される．四肢は大きく，前後の肢が不均等で，それが揚力を提供する（腰部くねり）．クジラ類を見ていくうえで最も興味深いのは，南米の淡水にすむオオカワウソである．それは長い尾で推進される上下の運動で水の中を泳ぐが，これは尾部くねり（caudal undulation）である．フランクはそのことをすべて一緒にして提起した．クジラ類が進化の過程で行った運動器官の変化は，現生のカワウソグループの中に見られるということである．彼はこの指摘を，移行型が見られる化石が記録される前に文書化していた．

　化石は彼の結果をチェックする最善の方法となった．もしフランクが正しければ，アンブロケタスの運動器官の骨格は，これらのカワウソ類の1つとマッチするはずである．そして確かに，アンブロケタスは比較的カワウソに似ている[15]．クジラ類の陸生祖先は四足歩行のパドラーだったようだ．なぜなら，ほとんどの陸生哺乳類はそのような方法で泳ぐからで，そこから始まって，クジラ類における水泳様式は何回も変化したようだ．現生のカワウソ類に代表される段階から，交互の腰部パドル，同時の腰部パドル，そして脊腹くねり，尾部のくねり——最後に尾部オシレーションに行き着く．

　その仕事以来，化石クジラ類がさらに発見されている．インドで発見された始新世のクジラ類のクッチケタス（*Kutchicetus*，第8章で詳しく論じられる）はアンブロケタスより新しい．そして，平たい尾椎骨と短い肢を持ち，尾部くねりをしていたことを示唆している[16]．他の分析がこの仕事を入念にした．アンブロケタスよりも地質学的に若いクジラの骨格の複雑な数学分析は，後肢が支配する水泳の段階が，尾部を使う水泳に先行していたことをはっきりさせた[17]．しかしながら，おそらく尾部についてのデータを含んでいなかったので，この研究の結果は，イタチ科には見つからなかった．尾部は現生クジラ類の推進器官であるのでおそらく重要である．

　私たちは，ドルドンが尾部オシレーターであったことを示していることをす

72

でに見た．バシロサウルスはカワウソ間での類似性を持っていない．祖先の尾
部が保たれていたとしても，その脊柱は極端に柔軟である[18]．ヘビやウナギの
ように，おそらく泳ぐときに体がくねり，他のクジラ類とは異なっている．

　囲いに入ったときに私を見つめていたあのシャチは，フランクが研究したカ
ワウソとはあまり異なっていそうにない．皮膚の白色と黒色がくっきりとし，
滑らかで，ロボットのようで，ミニバスほどの大きさである．しかしながら，
水の中を動き回るときは，その違いはぼやける．カワウソ類とクジラ類はいず
れも水中で完全にくつろいでいる．優雅で，速く，アクロバティックでもある．
一方が尾部で，他方が大きな後肢だとしても，上下運動は両動物で明瞭である．
ここで，進化が表す隠れたつながりを見ることができる．現生カワウソ類の水
泳は，クジラ類における水泳の進化について私たちに教えてくれる．現在は過
去の鍵である．アンブロケタスは進化のケーキの上に乗った砂糖の衣である．
現生動物から得られる結論から予測される形が実際に存在したのである．

アンブロケタス科のクジラ類

　アンブロケタスは，発見された当時，バシロサウルスの基本的な後肢でもな
く，現生クジラ類の体内にある後肢でもなく，動物体を支える四肢を持つクジ
ラとして唯一知られたものだった．結果として，この新種に関する興味の焦点
は運動だった．しかしながら，アンブロケタスの骨格（図21）は，他の側面で
も中間形を表しており，クジラ類が陸生哺乳類から海の常在水泳者へ移ったと
きに変化した，そして他の器官システムの研究を許してくれる．アンブロケタ
スは他のすべての化石種，および現生クジラ類とは非常に異なっており，自分
自身の科であるアンブロケタス科（Ambulocetidae）に分類される．*Ambulocetus
natans* は10頭少々の個体が発見されているが，すべてが北パキスタンのカラ
チッタ丘陵からである．この科は他に2つの属を含み，2つともパキスタンと
インドからである（図22）．第1はガンダカシア（*Gandakasia*）であり，ほん
の少数の歯が発見されている．それらの歯は，アンブロケタスの産地からほん
の数マイルの場所で発見されたとき，クジラ類のものとは認められていなかっ
た[19]．第2はヒマラヤケタス（*Himalayacetus*）であり，1個の下顎がインドの
ヒマラヤ山脈で発見された[20]．ヒマラヤケタスは5350万年前の世界で最も古い

第4章　泳ぎの技法　　**73**

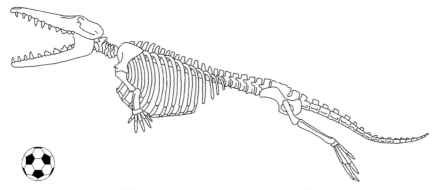

図 21 アンブロケタスの骨格．パキスタンから出土した 4800 万年前のクジラ．Thewissen *et al.* (1996) による．サッカーボールの直径は 22 cm（8.5 インチ）．

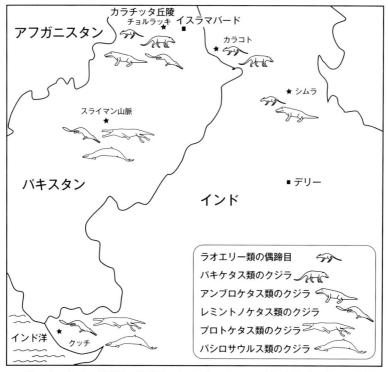

図 22 パキスタンとインド西部で始新世のクジラとラオエリー類の偶蹄目の化石が発見された場所．パキケタス類，アンブロケタス類，レミントノケタス類（8 章を参照）のクジラもラオエリー類（14 章を参照）も世界でここからしか出土していない．

74

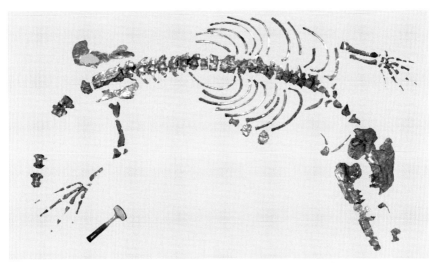

図 23　*Ambulocetus natans* の個体のよく知られた化石骨（H-GSP 18507）. 大きさを比較するためにハンマーを添えている.

クジラと考えられたが，より古い層から洗い込まれた付随した化石に基づいた時代測定であったようだ[21]. アンブロケタス科のすべては，約 4800 万年前に生きていたらしい.

　アンブロケタスとして知られているほとんどすべての標本は，1 個の脊椎骨，歯がある 1 個の下顎のようにまさに断片である. 私たちに骨格についてなにがしかを教えてくれる *Ambulocetus natans* の唯一の標本は，アリフ氏によって最初に発見されたものだ（図 23）. その骨格の大きさは，アンブロケタスが雄のアシカとだいたい同じくらいの大きさだったことを示している. この標本には多くの骨が知られているが，いくつかの重要な部分が欠けている. 例えば，吻の先端は発見されておらず，結果として，私たちはその体長を下顎（これは発見された）から推論しなければならない. そして私たちには鼻がどこに開いているかはわからない.

　現在の人たちに自然環境におけるアンブロケタスを想像してもらうために最もよいのは，熱帯気候の海岸湿地に行ってアリゲーターを研究することだろう（図 19）. アンブロケタスは，長い吻を持ち，体がしまっていて，短い前肢で，そして強力でまっすぐな尾を持つワニのような動物であったが，被っている皮

第 4 章　泳ぎの技法　　75

膚は異なっている．すなわち，アンブロケタスは哺乳類であり，獣毛を持っていたが（おそらく粗い毛皮），爬虫類は鱗を持っている．しかし，まさしくアリゲーターのように，アンブロケタスはおそらく待ち伏せ捕食者であり，陸上あるいは水中で獲物を追うためには動きが遅すぎるが，浅瀬や水を飲みにやってくる水辺で，近くに来た不運な獲物に飛びかかることができただろう．

摂餌と食性　吻の先端が失われているため，上部の歯がいくつあったのかを決める方法はないが，基本的な有胎盤哺乳類で期待できる3個の上部臼歯があったことはわかっている．下段の歯式では，切歯は前から後ろへ並び，1個の犬歯，4個の小臼歯，3個の臼歯がある．アンブロケタスの下段の臼歯はバシロサウルス科のものよりもずっと単純である．だんだん低くなる尖の列の代わりに，アンブロケタスは前の歯（トリゴニド）の中に1個の高い咬頭を，そして後ろの歯（タロニド）には1個のずっと低い咬頭を持っていた．歯のエナメル質の分析は，アンブロケタスが動物を食べていたことを示し，これはクロコダイルのような容貌と合致している．アンブロケタスにおける歯の摩耗は，始新世における他のクジラ類のそれと似ている．歯と歯の強い接触を示す急な剪断面があるが，歯の先端を削るような食物に起因した大きな摩耗ではない．私たちは第11章で，この問題に戻るだろう．

のみ下すこと（swallowing）

　アンブロケタスの頭骨の最大の謎は，喉の部分である．ほとんどの哺乳類では，口蓋の骨の部分（硬口蓋）は歯列の後ろ近くで終わっている（図24）．軟口蓋は口（口腔）の後部と少し前の鼻の後部（鼻咽頭管）から分かれていて，両方の少し前に喉に開いている[22]．食物は口から喉へ運ばれ，そして空気は鼻咽頭管から喉へと運ばれる．ヒトの場合，漫画でよく描かれるように，軟口蓋の背から小さな組織フラップが垂れ下がっている．しかし，ほとんどの動物はそれを持っていない．アンブロケタスの喉の様相は，多くの哺乳類のそれとは異なっている．硬口蓋は歯を越えてずっと後ろにある．耳への道のすべて，そして鼻咽頭管と硬口蓋は口腔の後部に（垂直に）垂れ下がる．軟口蓋は化石にならないので，私たちはその解剖学的構造を知らない．しかし，ほとんどの哺乳類よりもかなり後ろにある骨で，口と鼻は骨で明確に分かれている．

首の深い部分もまた異なっている．ヒトにはないが，ほとんどの陸生哺乳類では，軟口蓋の端は一片の軟骨が付いていて，それは弁（喉頭蓋）を構成し，息苦しくなるのを妨ぐ．動物がものを飲み込むとき，その弁が気管の入り口を閉じ，食物が気管の方に行くのを妨ぐ．ヒトでは喉頭は首の下の方についており，喉頭蓋は軟口蓋に達しない．口蓋——軟口蓋のふたがなければ，ヒトはほとんどの哺乳類よりもずっと簡単にむせてしまう．しかし，これらの構造によって増加したスペースは会話するのに重要である．

ヒトの喉頭は進化によって頸部の下へと降りていったが，ハクジラ類ではそれは上っている[23]．そして，現在では鼻咽頭管へと突き出して，しっかりとした蓋を作っている．これで空気流と食物流が完全に分離することになる．イルカでは，どんな食物も飲んだものも鼻には行かない．これは水中で摂食する動物にとって重要である．アンブロケタスの拡大した硬い口蓋もまた，食物と空気の流通を分離する働きを持つことが可能である．しかしながら，もしそれが本当にその機能ならば，そのメカニズムは現生のクジラ類が用いるメカニズムとはかなり異なっている．アンブロケタスにおける鼻咽頭管の機能の理解には，さらなる研究が必要である．そして他の機能を推測するのは難しくはない．おそらくヒトにおけるように，喉は音声を発するのに用いられたのだろう．

さらなる謎は，アンブロケタスの喉を取り巻く骨である．すべての哺乳類において，喉頭はいくつかの骨と軟骨片（cartilage）で支えられ，それらは合わせて舌骨（hyoid）と呼ばれている[24]．舌骨の骨は普通，化石の中に残らない．しかし，クジラ類において普通それらは大きく，そして舌骨の骨は多くの絶滅種で知られている．アンブロケタスでは，舌骨を形成している3つの骨が，まだ部分的に頭骨の該当する場所で見つかった（図18）．しかしながら，それらの深さは鼻咽頭管の奥行きよりかろうじて大きい程度だ．なおかつ，すべての食物は胃まで行くのに，この管と舌骨の間を通らねばならない．その有効なスペースはゴルフボール程度の大きさになっているらしく，それはアンブロケタスがそれより小さなものを飲み込むだけだったことを意味している．現生のハクジラ類は食物を咀嚼できない．彼らは大きな塊を飲み込む傾向にある．例えば，シャチはその胃の中に，たいていアザラシの全身が見つかる[25]．アンブロケタスの口と喉の構造は明らかに現生のクジラ類とは異なって働いており，彼らはより小さな固形物を食べたのだ．しかし，この類似性と異質性を完全に理解するためには，さらなる研究が必要である．

---

24 ヒトの舌骨は一本の骨であり，首の真ん中に位置しているが，発生学的には，それは3個の骨からなっている．ほとんどの哺乳類では，もっと多く，例えばイヌでは9個持っている．

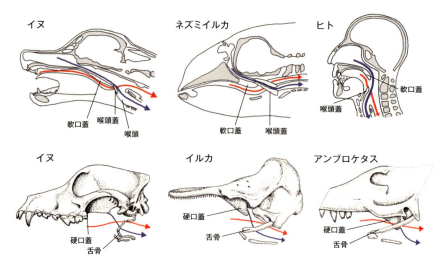

図24 哺乳類の喉では，食物の通り道（赤い矢印）と空気の通り道（青い矢印）が交差している．上段の図は正中面での断面を示している．すべての図で赤い矢印が青い矢印の横を（側面に沿って）通っていること，しかし軟口蓋と喉頭蓋の相対的な位置が異なっていることに注意されたい．下段の絵は同じ通路を頭蓋骨に重ね合わせて描いたもので，3種の哺乳類の舌骨や，アンブロケタスの口蓋が後方へ伸びていることがわかる．

視覚と聴覚 アンブロケタスの眼の位置は，バシロサウルス科とは異なっている．バシロサウルスとドルドンの眼は大きい．それらは頭の側面で横を向き，眼窩上隆起（supraorbital process）と呼ばれる厚い骨質の棚の下に位置している．アンブロケタスも眼は大きいが，頭の上の高いところに位置している．正中線に近く，そして部分的に横を向き，また部分的に上を向いている[26]．この位置はアンブロケタスが水面下に留まれることを示唆している．その眼は，空中の環境を見るために多くのアリゲーターがやっているように，水面上に出ている．アンブロケタスは明らかに，水面上のものに興味を持っていた．そして，このクジラは水面上の餌動物を見つけるのが可能である．

アンブロケタスの下顎の形態は，聴覚の進化について若干の手がかりを与えてくれる．すべての哺乳類では，下顎の後部に下顎孔（mandibular foramen）という小さな孔がある（図25）．この下顎孔を通じて，動脈，神経，そして下部の歯に供給する血管が通っている．歯科医は，患者の下の歯を麻痺させる必要があれば，注射でこの神経を狙う．ほとんどの哺乳類において，この孔はそ

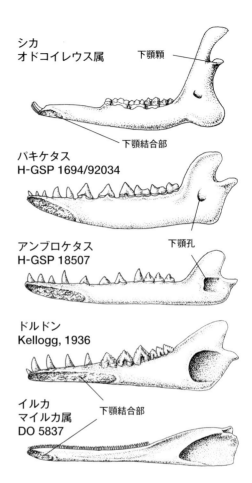

図 25 シカといくつかの化石クジラ類および現生クジラ類の下顎．クジラが進化するにつれて下顎孔は大きくなっていく．この孔は水中での音の伝達に関わっている．始新世後期のクジラ類（ドルドン）では，下顎の結合部が非常に大きい．それぞれの絵の縮小率は異なる．

れらの3つの構造が通じるために十分な大きさである．現生のイルカ類，他のハクジラ類，そしてバシロサウルス科においてはそうでなく，それらでは，孔は非常に大きく，脂肪体が入っている．この脂肪体は聴覚において重要な役割をしている[27]．アンブロケタスでは，ヒマラヤケタス（*Himalayacetus*）と同様に，その孔の大きさは中間で，陸生哺乳類よりは大きいが，バシロサウルス科とハクジラ類ほど大きくはない．この中間サイズは，耳における音の伝達メカニズムがこれらのクジラ類で進化したことを示唆している[28]．これは第11章でさらに議論する．

第 4 章　泳ぎの技法　　79

歩行と遊泳　胸と背の椎骨のほとんどは，アリフが発見した最初のアンブロケタスの1個体で見つかった[29]．この動物の頸椎の保存は不十分で，尾の多くは失われている．多くの保存された肋骨とともに16個の胸椎，8個の腰椎，そして仙骨に癒着した4個の椎骨がある．関節の接合がわかる状態で見つかったこれらの多くは，肉とともに埋まり，なお一緒にあったのだ．

　これらの数は驚くべきことである．鳥類や爬虫類だけでなく，ほとんどの哺乳類において，頸部，胸部，腰部の椎骨はおよそ26個である[30]．鳥類においては，多くの頸部椎骨があり，腰部椎骨は少ない．しかし，それらの合計はなお約26個である．哺乳類では，ほぼ常に7つの頸椎があり，そして胸椎と腰椎の数は反比例している．仙骨前の椎骨の数もまた合計で約26個である．アンブロケタスの31個は異なっていて，そしてバシロサウルス科はもっとある．明らかに，クジラ類は哺乳類の基本的な構造デザインの一部を変えている．第12章でそれについて戻ろう．

　私たちが見つけたアンブロケタスの骨格は，若い個体のものであった．椎骨の多くが，なお成長する領域を持っている．一生で，これらの領域は成長板（骨端軟骨）と呼ばれる軟骨板を含んでいる．それは，成体になって成長が止まると消失する．ほとんどのクジラ類では，成長板は頸と尾で最初に消え，そして，成長の途中で多かれ少なかれ椎骨の方に動く．実際，これはアンブロケタスにおける場合でもそうである[31]．

　アンブロケタスの仙骨を見つけたのは思わぬ喜びだった．4つの椎骨が融合して骨盤にしっかりとくっついている．陸生哺乳類と似ているが，バシロサウルス科を含めて他のクジラ類とは異なっている．ハムストリング筋がついている骨盤の後部も大きい．同様のことはアザラシ類にもあり，それらの筋肉は肢を後ろに蹴るのに用いられている．

　前肢は多くの陸生哺乳類に比べ柔軟ではなかった．橈骨と尺骨（肘と手首の間にある骨）は互いが動かないよう固定されている．それは，この動物がその手（supinate）を丸められないことを意味している．中手骨と指骨の普通の相補性を持つ5本の指があった（図26）．つま先と同様に，指は低く長い蹄で終わっており，シカの蹄と似ている．それはクジラ類が有蹄類と関係があったことを示唆している．アンブロケタスの四肢における指骨のきわにあるフランジは，四肢が水かきのあるつま先を持っていたらしいことを示唆している．

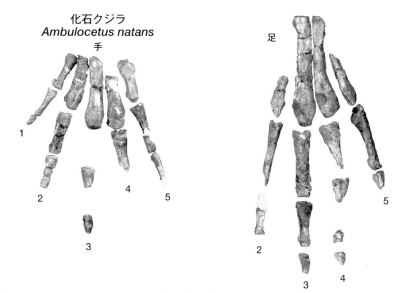

図26 *Ambulocetus natans* の手（前足）と足（後足）の骨（H-GSP 18507）．手の指は5本だが（1が親指），足の指は4本だけである（2～4）．足指は大きくなかった．空白部分の骨は発見されなかった．

生息地と生活史　たった1つの比較的完全な標本で，この種の生活史について多くを語ることはできない．しかし，これが若い個体だったとしても，ふつうではなく極端な歯牙摩耗がある．それは歯がかなり使用されていることを示唆している．各歯の前面と後面の間に多数の浮き彫りがあること，そして臼歯の先端が高いことから，一部の粗い食物が摩耗を引き起こしたというのはありそうにない．アンブロケタスは非常に特殊な方法で噛んだらしいが，それがどのようであったかはわからない．

　海の巻貝の殻とカイギュウ類の肋骨が，アンブロケタスが発見された場所の近くにあったが，それは海が近かったことを示唆している．アンブロケタスは暖かい気候，塩類が多様な水界にすんでいた[32]．しかし，淡水も遠くはなかった．そのことは岩石のそばに陸生哺乳類の化石があることによって示されている．アンブロケタスは，淡水と海水の境と同様に，陸と海の境にすんでいたようである．それは複数の方法に移行する形である．

第4章　泳ぎの技法　81

アンブロケタスと進化

　アンブロケタスはしばしばミッシングクリンクとして扱われる．ミッシングクリンクとは，関係のある2つのグループの特徴をつなげる決定的な化石であるが，そのような2つのグループはあまり多くない．創造主義者の見解ではミッシングリンクは存在しない．デュエイン・ギッシュは獣類に対する創造の問題に費やした．そして，アンブロケタスについて「おそらくアザラシに関係した動物である」と述べた[33]．彼はその水陸両生的な性質を認めたが，多くのクジラ類の特徴を無視した．ギッシュは，2つの異なる環境の間では，彼らは生存する望みがないゆえに，ミッシングリンクは存在できないと主張した．アンブロケタスが最初に記載されたとき，進化論の忠実な防衛者の鑑としてこの議論を鎮めた[34]．そのような勝利をおいて，すべての進化的移行の私たちの理解について謙虚でいるのは重要である．私の仲間のひとりが言った．「発見されたすべてのミッシングリンクは，2つの新しいものを造る．それは発見の両側にあるものだ」

　アンブロケタスは，クジラ類の起源の謎において重要な部分である．しかし，謎のほとんどは解明できていない．この新しい化石では，体の多くの部分が陸生哺乳類と十分に似ており，詳細に比較をすることで，陸生哺乳類のクジラ類が最も近縁であると決めることができる．それは科学の世界において醸成された論争に貢献するかもしれない．古生物学者はクジラ類がメソニクス（mesonychian）と呼ばれる蹄を有し絶滅した肉食哺乳類のグループと近縁にあると仮定する[35]．しかし，分子生物学者はクジラ類のDNAおよびタンパク質と偶蹄類（artiodactyl），特にカバ類でのそれらとが多くの類似点があることに注目する[36]．しかし，アンブロケタスは問題を解決しない．謎めいたパキケタスのような初期のクジラ類の化石がもっと必要とされている．パキスタンではそれらの両方が発見されており，クジラ類の起源の場所であると私は考える．私はそこに戻り，そして問題を解決する化石を見つけたい．もし私が研究資金を得ることができ，そして，もし旅行が安全であればできることである．それらは，大きな"もしやのこと"なのである．

第5章

山脈が隆起したとき

高いヒマラヤ山脈

パキスタン上空の飛行機，1994 年 5 月 インド亜大陸への訪問は，ずぶぬ れの秋雨から回復して夏の太陽の下でカラカラに乾燥する前，すなわち 12 月 から 4 月にかけての期間が最もよいとされる．この年，私はその教えに従わず， マンゴーの季節にパンジャブ平原に到着した．マンゴーは 5 月の旅における余 得である．私はこの時期に旅をしなければならない．なぜなら，降雪，なだれ， 泥流，厳寒などで冬季採集がすべて不可能な高山のヒマラヤ山脈に行こうとし ているからである．しかし，私たちがじきに着陸するインダス平原は，今はみ じめである．英国がインドを統治していた頃，平原を支配する際にチフスと赤 痢から逃れるため，政府のトップレベルは夏の間に山間部へ移動した．トップ レベルではない軍人と公務員は，現地の大衆を管理するために滞在していたが， 家族を避暑地と呼ばれる山の小さな町に送った．この避暑地はちょっと変わっ た英国の田舎風であり，植林された傾斜地に教会と英国風バンガローがある． これらの町における社会生活では，婦人たちと子供たちが多く，ビクトリア風 の茶会と舞踏会を中心に回っている．暑さによる休暇や一時的な配属で避暑地 を訪れた若い男たちは，退屈をまぎらすゴシップを供給し，禁じられた情熱を 満たすために，ここの需要が大きかった．多くの避暑地は英国風の建物が残っ ているが，今ではすべての住民がシャワールカミースを着ている．

　私たちは暗くなる前にイスラマバードに着陸した．飛行機のドアが開くとす ぐに，飛行機の排気ガスと熱帯の熱が混じり合って私を閉口させた．太陽は地 平から出ていなくても，数秒でシャツに汗がにじむ．イスラマバードにはほん の数日だけ滞在しようと思う．化石採集の用具とグループを一緒に得るにはそ れで十分だ．私の仲間のタッサー・ハッサンはすでにここにいて，赤色のジー プと古いベージュ色のランドローバーを車として用いるために準備している． タッサーはすべてを理解している．彼は皮肉屋の笑顔と，パキスタン人の陽気 さを持った紳士である．

　「ところで，ランドローバーは古くて，帰ってこられないかもしれない．ジー プも持って行ったほうがいい」

　私はランドローバーが好きだ．子供の頃にテレビで見た英国の自然ショーを 思い出させるから．私はランドローバーが荒々しい山岳域と戦っていくだろう

と期待する.

「いいね. みんなスカルズに行くかい」

「運転手が二人, ムニールとラザ. 彼らをご存じですよね. それから, コック頭のルークーン, アシスタントコック, そしてミスター・アリフ」

「それでは人数が多いね」

「みんなスカルズを見て, そして山の中で涼みたいのです」

私は自分が観光ツアーではなく, 化石採集探検の一員でありたいと思っているが, 何も言わなかった.

「あなたは行かないの？」

「はい, カラコルムハイウェイはあなたのような若い人向きです. 私はあなたが到着した後で, スカルズへ飛ぶでしょう. あなたは私を飛行場で拾えます」

私は"若い人だけ"について考えた. それが意味するところに戸惑うが, それは問わないと決める. さらに, 私はそこへ飛ぶことには興味はない. ドライブの方が壮観だろう.

「あなたがスカルズへ飛べるかどうかわからない」

「はい, 飛行機はまったく当てになりません. 飛ぶのは天気がよいときだけ. あそこは着陸がとても難しい. パイロットは着陸するのに回り込まなければならない. まっすぐアプローチするには谷が小さすぎるのです」

そう, 飛行機に乗らなくて私は幸せだ. スカルズはインダス河の谷間にある小さな町である（図 1）. その河の多くは山岳の狭い峡谷を流れているが, スカルズでは谷が広がり, 若干の農業が可能である. スカルズへのドライブは長く, 教師としての山岳があって素晴らしい地質学の勉強となるだろう. 私たちは, 南から北へおよそ 400 マイルを, ヒマラヤと呼ばれているいくつもの山脈を越えるだろう[1]. 異なる山系が非常に異なった地質学的歴史を持っているが, それらすべてが, 地球の最近の歴史の中で, 最も偉大な地質学的イベントと関係している. インド大陸がアジア大陸と衝突し, 間にあったテチス海が消失した. この海でクジラ類が起源し, そしてその底からヒマラヤ山脈が隆起した. すべての道に沿って, このプロセスの結果が現れている. いくぶん衰退したが,

---

1 ヒマラヤ（*Himalayas*）の用語は 2 つの意味を持っている. それはおおまかにインド, パキスタン, バングラディッシュの北方の山脈を指している. より特定すると, この地域の地史が他のものとは非常に異なっている 1 つの特別な山脈を意味するものを指す.

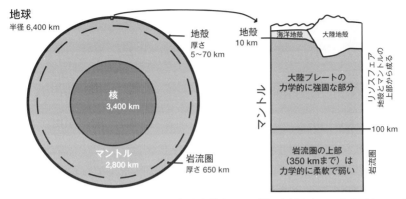

図 27 地球の断面図．表面付近のごく小部分を拡大して，様々な層があることを示している．数値はすべて概数である．

このプロセスはまだ続いている．ヒマラヤ山脈はまだ隆起しているのだ．

　もしも巨大なナイフで大陸を切ることができたら，私たちが上を歩いている薄い殻（大陸の地殻）を見ることができるだろう．（図27）．地殻には2種類ある．ひとつは大陸地殻であり，陸地の大部分，そして海岸近くの浅い海洋の下にある．もうひとつは海洋地殻であり，深い海洋底の大部分にある．大陸地殻は25〜70 kmの厚さがあり，一方，海洋地殻の厚さはほんの5〜10 kmである．地球上では，海洋地殻の方が大陸地殻よりもずっと広い．この2タイプの地殻は異なっており，共に影響して動く大きな独立した塊である．地質学者はこれらをプレートと呼び，動きの過程はプレート・テクトニクスと呼ばれている．地殻をプール上で凍った氷のようなものと考えてみよう．氷が破れると，それらの氷板は互いが関係して動くだろう．2つの氷板が衝突すると，一方が他方の下に行き，そして一方が氷の上に持ち上がるかもしれない．地球では，それらの一方が大陸地殻で，もう一方がより重い海洋地殻であれば，海洋地殻は下にもぐるだろう．このプロセスは沈み込みと呼ばれている．沈み込んだ地殻はより深いところに達すると，ゆっくりと溶けていく．溶けた岩石は拡張するので，周りよりも軽くなって上昇し，その上の層を破る．そして，沈み込みが起こったところの縁に沿って火山の列を形成する．2つの大陸地殻が衝突したときは，普通はどちらも沈まない．その代わり，それらの縁が摩損し，砕け，そして無秩序に一方が他方の上に持ち上がる．山岳はこうして形成される．

第5章　山脈が隆起したとき　87

プレートが動く原因のすべては，表層下のより深いところにある．地球の表面下約 100 km のところには，岩石が半固体，半流動体のゾーンがある．そのゾーンは地球の周囲に連続して存在し，岩流圏（astenosphere）と呼ばれている．この岩流圏が流動し，そして大陸プレートと海洋の地殻がこの層の上を漂う．私たちのプールでたとえれば，厚い氷の板が動くのは，それらが浮いている水が活発な流動をしているからである．

　地球の地殻は安定しておらず，互いに連動して動き得るプレートで構成されているという概念は革新的であり，また 1960 年代の地質学における見解の大変動につながった．そのきっかけを作ったのはドイツの科学者アルフレート・ヴェーゲナー（Alfred Wegner）だった．ヴェーゲナーは，天文学者として訓練を受け，ほぼ一生を気象研究に費やした．1911 年にヴェーゲナーは，大学図書館で，大西洋の両側の大陸で見つかった化石の動植物のリストを見つけた．重要な手がかりはイヌほどの大きさの爬虫類メソサウルス（*Mesosaurus*）である．もっと有名だが，無関係のモササウルス（*Mosasaurus*）と間違えないように．メソサウルスの化石はアフリカ大陸南部の西側と南米大陸南部の東側のみに見つかっている．メソサウルスは淡水中のみに生きていたが，どのようにして大西洋を越えたのかはわかっていなかった．ヴェーゲナーは他の学問分野からの証拠を探し，地質学的構造の中にそれを見つけた．例えば，スコットランドのハイランド地方はアメリカのアパラチア山脈と構造が似ている．それで，彼はスピッツベルゲンからのシダ類の化石のように，現在の気候では生きられない場所での化石記録を見つけた．このような証拠によって，彼は大陸が動いたと信じるようになった．そして，自らの理論を大陸漂移説と呼び，1915 年に発表した．このアイデアは他の学者に酷評された．シカゴ大学のロリン・T・チャンバリンは次のようにコメントした．「ヴェーゲナーの仮説は概して軽薄なタイプのものであり，それは私たちの地球にかなりの自由を与えていて，制約によって縛られていないか，あるいはライバル理論のほとんどよりも，ぎこちなく不愉快な事実によって結ばれている」[2]

　ヴェーゲナーの理論には問題があり，特に彼はどんなメカニズムがプレートを動かしているかを説明できなかった．その頃は，大陸のような巨大な物体が動くのは途方もないことと見なされていた．しかし，現在はプレート・テクトニクスは学者にも市民にも同様に広く受け入れられている．私は，ヴェーゲナ

ーの話は興味深いと思う．なぜなら，それが地質学内の大きく性質を異にする
事実を一緒に結ぶ大きな洞察を得るために，地質学外の学問から何ものかを得
たからだ．その時点での地質学者は，木を見て森を見ていなかったようである．
後ろに下がって森を見るには，部外者が必要だったのだ．

　インドでは，恐竜が地球上の優占動物だった頃の1億4000万年前にすべて
が始まった．アフリカの地中で半分溶けている深さでの流動が，硬い岩石を引
き上げた．2つの巨大な割れ目によってアフリカのプレートは分裂した．アフ
リカのプレートは西から東にかけて，アフリカ，マダガスカル，インドの3つ
に分離したのだ．割れ目が成長し，海洋がその間にあふれた．大陸が動いたと
き，その間で成長する割れ目は新しい海洋地殻で満たされた．溶けた岩石は上
昇し，海水に達すると固まり，そして新しい海洋地殻が形成される．それが中
央海嶺である

　アフリカとマダガスカル間の最初の裂け目は短命だった．成長が停止し，マ
ダガスカルとアフリカ間の狭い海峡となった．他方，第2の裂け目は開き続け，
今なお成長している．一方はインドプレートが北方へ移動しつつあり，他方は
アフリカとマダガスカルから離れていく．

　プレート・テクトニクスは，私たちがイスラマバードからインドプレートの
端に向かって北へドライブするとき（図1），私の心の中にある．カラコルムハ
イウェイが高い山脈の前域に入ると涼しくなってくる．インダス河が暴れ回り，
河に沿ってそびえる山脈の中にくいこむ．私が平原で知っている緩やかで，広
く，成熟したものとは異なる河である．

　ドライブの2日目，私たちがヒンズークシュ山脈のコヒスタン地域に入ると，
インダス峡谷は広い谷になる．そこは野蛮な地域である．外国人旅行者に対す
る追いはぎがいるのだ．私のグループにはパキスタン人がいるが，皆パンジャ
ブ州から来たいわゆるコヒスタニと呼ばれる人々で，あてにはできない．景観
は単調で色彩がない．これらの山脈の名前は"ヒンズー・キラー"を意味して
いる．数世代前，非回教徒は誰もここに旅し生きることができなかった事実を
意味している．山脈は広い荒野でベージュ色である．私はそれらを，ここにま
っすぐに埋まった巨人軍隊の肩と頭としてイメージする．小さな村が巨人たち
の肩の間にしだいに見えてきた．村は小さな谷の側面にあり，岩石で作られた
建物はすべて褐色とベージュ色である．山の流れは巨人たちの頭からインダス

河へと突進するが，これらも巨人の額を浸食し，褐色である．それらの流れに
もかかわらず，陸地は乾燥していて，植物を欠いている．ベージュ色のほこり
が，建物，人々，そして獣をおおい，まるで古ぼけた絵葉書のようである．赤
いジープはどこも赤くない．ランドローバーも，それがほこりまみれのアス
ファルト上をドライブしたので，以前よりもベージュ色である．

　コヒスタンはインドとアジアの衝突前は島であり，大陸から離れた海の中に
位置していた．衝突が起こり，コヒスタンはインドの北端とアジアの南端でな
された非行によって固定された．コヒスタンは大きい．私たちはそこを横切る
ために一日の大半をドライブに費やす．私は長くまっすぐな谷を遠く見下ろす
ことができる．しかし，山脈は私の視界の横にある．私の目はその色相に慣れ
始めた．それは安全でゆっくりしている．

　突然，私はショックを受けて起き上がり，瞬いてじっと見つめた．褐色の山
脈が地平線に合う谷の下，はるか遠くに，別の物体が現れた．そこには新しく
巨大な山があり，褐色ではなく，黒色の岩石からできていて，山頂には白い雪
がある．見慣れたヒンズークシュ山脈よりもずっと遠くにあるが，単純にそれ
らの上にそびえている．その色彩は心を乱し，また不調和である．

　それはナンガパルバットであり，それ自身が荘厳な優位性を示している．世
界で9番目に高い山で，そばの山々のおよそ2倍の高さである．登山者はほと
んどいない．天候が油断ならないからだ．嵐が非常に急速にやってきて，登山
者に避難する時間を与えない．ナンガパルバットの地質は魅惑的である．この
山はヒンズークシュ山脈ではなく，ヒマラヤ山脈の一部である．ヒマラヤ山脈
は厳密な意味でインドプレートの北部の山脈である．南にはヒンズークシュ島
があり，大陸の衝突は約5000万年前に始まった．前進するインドプレートが，
アジアとの間にある島群を捉え，それらを1つの陸塊に縫合した．この過程で，
インドプレートの北縁もまた押しつぶされ，ヒマラヤ山脈を作っている．イン
ド，アジア，島嶼などの，これらのすべての大陸塊は，大陸棚を持っていた—
陸塊を取り巻く浅い海は，地質学的には海洋というよりは，いっそう大陸のよ
うである．衝突の始まりは大陸棚を縫合し一緒にした．浅い海はまだ陸塊から
離れていた．衝突の進行は，2つの衝突した乗用車が砕け，潰されるというよ
りも，大きなトラックと乗用車が衝突し，乗用車のほとんどがトラックの下に
入ってしまったというような事柄である．インドは乗用車であり，そしておよ

そ 2000 km の北縁がトラックの下，すなわちアジアプレートの下に押し込められた．しかしながら，乗用車の強固な部分は下に入るのを拒み，そしてトラックの上に乗って行った．その部分がナンガパルバットであり，そこに立ち上がり，周囲とは異なり，威容を誇っている．私は見たものに謙虚であることはあまり多くないが，ここでは謙虚である．

地質は化石とかなり直接的に関係する．クジラ類はインドプレートの縁に沿う浅い大陸棚の中や，その周辺で生きていた．彼らが知っていた海であるテチス海は，数百万年以内に消えたが，それ以前に，彼らは絶滅し，地球のすべての海洋を征服したクジラ類に取って代わった．

コヒスタンは荒れた地方であり，そして私たち一行の気分をいらいらさせる．私は赤いジープに乗っている．運転手のムニールは，30 代の背の高いスンニ派回教徒である．彼は小さい村で止まった．私たちの後ろにはランドローバーがある．その運転手のラザは，より年とっていて，小さく，そしてシーア派である．彼も止まった．彼はストリートファイターのような体格だ．彼はムニールのところへ駆け寄って，声を上げ始めた．ムニールは叫び声を上げ，押し合いとなっている．ラザが殴り，ムニールがひょいとかがみ，そして逆に殴った．小さなアリフはずっと年取っていて，より小さく，非常にほっそりとした男であるが，このファイターたちの間に入った．彼らは拳を下げた．ムニールは「ボーチ」という言葉を何度も叫びながら彼の車に走る．ムニールにとり残されてしまわないように，彼の乗客であるルークーンと私も走る．私たちは茶色のほこりをまきちらしながら，穴ぼこを避けられないほどスピードを上げた．ムニールは怒ったようにルークーンと話すが，しだいに自暴自棄であるように静かになった．私は彼の話す言葉を理解できないので，車が停まるまで要領を得ない．数時間後，アリフが，私たちが停止した村は病気を媒介して刺すクロバエに対するパキスタンの宿り地で知られていると説明した．ムニールは腹が減っていた，ボーチはパンジャブ語で"肉塊"を意味する．しかし，ラザは刺されて，病気になることが怖かった．コヒスタンは互いに持っていた無言の嫌気を殴り合いに発展させたのだ．

ナンガパルバットは今や間近にあり，私たちにのしかかるように大きく現れる．それが征服した岩石の上を滑って行った場所に，私たちは近づいてきた．地質学的には，ここにはカオスがある．すべて異なる岩石タイプで構成された

家ほどの大きさがある岩塊群がばらまかれている．それらは沈み込むものと上昇するものという巨人の闘いの結果である．闘いは続き，そして，ナンガパルバットが空へと高く達したとき，インダス河の谷へと塊群が転げ降りる．褐色のインダス河は，障害物の周りに流路が行くと，怒ったように息巻く．それは，ヴァン・ゴッホの晩年の絵画を私に思い出させる．現実であるにはあまりに荒々しく，注意を叫ぶ旋律を外れた太い筆運びで，後ずさって目を細めないと見えないほど大きなパターンを描き出している．

　ナンガパルバットはインダス河の流路変更を押し進めてきた．この河は東西方向に流れていたが，ナンガパルバットがそれを北へ押し，今では，この河は西にいく前に，山の麓の3つの側面付近を流れている．私たちはカラコルムハイウェイを離れて，この河を上流へたどる．河は今，私たちをスカルズへ導くより狭い谷にある．私たちは第3の山岳セットであるカラコルム山脈に入ったが，元はアジアプレートの一部であり，高く鋭いピークを持つ，世界で2番目に高いK2があるところだ．その狭い峡谷に入ると，インダス河は絶え間なく激怒している．村々は小さく，小さな谷の斜面から転げ出た岩石瓦礫がつくる小さな扇状地に留まっている．家々は互いの上にできている．すなわち，ある家の屋根が他の家の床であり，それらが少しずつずれて，階段のようになっている．谷の南面にある村々は，常に崖の影の中にある．各村はテラスを切り出し，狭く急な道がそれらをつないでいる．私たちは停まると，子供たちに囲まれた．地質は地質学的には地形の混合であるが，子供たちは人種の混合である．一部はコーヒー色の肌を持つ南アジアの人，一部は中国人の特徴をもつ人，そしてアフガニスタン人のようにアーモンド色と緑色の瞳を持つ白い人などである．彼らはすべてパキスタン人であるが，これらの土地の征服者と支配者の気質を示している．北からのモンゴル人，西からのアフガニスタン人，南からのシーク教徒とムガール人である．この道はスカルズとそれに伴う村々へ着く唯一のものであり，多くのトラックが通っている．私たちの休息場は，彼らの休息停留所でもある．村から来た男たちが歩き回って，オイル交換を誘っている．運転手が同意すると，彼らはエンジンの下にもぐり，バルブを開ける．黒い油が砂の上を流れる．バルブが閉じられ，新しい油が加えられる．使用済みの油は砂の中の溜まりに留まる．数ダースの黒く輝く池がある．最終的に下に位置しているインダス河に，ギラギラした輝きが加えられる．この環境保全心の欠

如が，私を落胆させた．

　谷は狭く，道は上り，そして下る．対向車が来ると，私たちは相手が通過できるよう避けなくてはならない．岬付近の角を横切る人がいると，ブレーキを強く踏まなくてはならない．道が下っていき，あたかも激流のインダス河にまっすぐに向かうかのようであり，渦巻いた水の交響曲が耳をつんざく．車中の私の位置からは，空が見えない．山脈が高すぎ，谷は狭過ぎるのだ．私の周りは暗い．私たちはほぼ谷底にいる．私はパニックを感じ，地下世界に開いているステュクス川（訳注：ギリシャ神話で冥界を流れる川で，カローンが死者の魂を運んだ）をイメージする．

　スカルズは心地よい谷にあり，そして，人が行くことができる世界の果てに近い．1本の道はそこから北へ伸び，そして K2 の山麓で終わる．他の1本はインドの国境近くまで東を伸びていく．国境は紛争地となっているため，パキスタンの実際上のへりは停戦ラインであり，そこはインドとの戦闘を止めるラインで国連オブザーバーに監視されている．

　フィールドワークはほとんど破綻していた．道が浸食されているのだ．一日で多くの領域を調査するのは不可能である．地図で見られる場所を歩き回るには登山の技術を必要とするが，私にはその技術がない．軍隊が私たちを止め，そして敏感な場所から私たちを送り戻した．にもかかわらず，私はその山脈と地質について学び，景観と人々を楽しむ．化石に関する限り，このフィールドシーズン，私たちはカラチッタ丘陵を下り，暑いインダス平原の上で数日の間に行う必要がある．私たちはアンブロケタスの場所を再訪し，もし，まだ何かが埋まっているなら，貴重な骨格の残りを得るために，いっそう深く掘りたい．私たちがカラコルムハイウェイを平原方向に戻ると，高い山々がプレート・テクトニクスについて私に教えてくれた学習を強化する．私はまた，この地域での最初の地質学者について考えた．その人たちは，私がここで行った仕事の基盤を用意したが，彼らはプレート・テクトニクスについて何も知らなかったのだ．

丘陵の誘拐犯

　プレート・テクトニクスが，一般的に世界について考える方法になるずっと

以前に，クジラ類の起源に関連した最初の南アジアの化石は，カラチッタ丘陵地でT・G・B・デーヴィス（T. G. B. Davies）によって採集された．当時，この地域は英領インドの一部であり，デーヴィスはアトック石油会社の地質調査者だった．彼は石油が岩石から滲み出る場所についての報告を調査するために，そこに送られたのだ．1935年に，デーヴィスは石油探査が実現可能かどうかを判断するための地質図を描いた．現地でマッピングしている間に，デーヴィスはまたいくつかの化石を収集し，それらはロンドンの大英博物館で脊椎動物学者の机上に徐々に行き着いた．彼はガイ・ピルグリムといい，インド地質調査所の古生物学者だった[3]．1938年に第二次世界大戦が近づいて，ドイツのミュンヘンからリチャード・デーン（Richard Dehm）教授がインドの中新世（3500万年前とそれより新しい）の化石収集を見るために，英領インドに旅立ち，彼自身で収集する意図を持って，ピルグリムを訪れた．

　私は1990年代の半ばに，ミュンヘンの老人ホームにいたデーンを訪れた．デーンは，半世紀前に彼が採集した地域で私が研究していることを知り，興奮して話をした．ロンドンへの彼の訪問で，ピルグリムはカラチッタ丘陵地からのデーヴィスの中新世化石コレクションを見せた．ピルグリムがデーンにそこへ行くことを勧め，デーンは1939年に長い旅行を行ったが，喜望峰を通ってインドに行き，多くの場所で採集し，その後オーストラリアに渡った．戦争が彼に追いついたとき，彼はオーストラリアにいた．彼はドイツ人として捕らえられたが，ほどなく釈放され，そしてドイツに戻った．彼の化石はフランスによって没収され，フランスの港で係留中の船に残された．フランスで動いている戦争の前線とともに，ほどなくしてドイツはフランスの西海岸を占領し，やがてこの船を見つけた．そしてその化石は再びデーンのもとに戻った．デーンはナチではなかった．実際問題として，ナチは彼を嫌っており，バイエルンのナチの拠点であるミュンヘンの博物館の重要な地位から，フランスから新しく奪ったストラスブルグという地方の前哨地へ彼を移動させていた．そして彼はそこで戦争の期間を過ごした．

　デーンは戦後，ミュンヘンに戻り，さらなる化石を収集するために，英領インドに戻る計画を立てた．第2次大戦はヨーロッパに傷を残したばかりでなく，英領インドは1947年にヒンズー教が優先したインドと回教のパキスタンに分離された．カラチッタ丘陵は今やパキスタンとなり，デーンは1955年に，こ

94

の若い国に存在する古い産地を訪れた．収集物の量が増大し，1958年に公表された[4]．デーンは2つの歯がある顎の断片を見つけた．これはクジラ類に属していたが，彼は気づかなかった．バシロサウルスよりも古いクジラ類は知られておらず，デーンのクジラはクジラと認識するには違いが多く，また断片的過ぎた．彼はその動物の食物としてクジラ類に適したものを推測しながらも，奇なる説明を行った．彼はその動物をイクチオレステス（Ichthyolestes）と呼んだ．Ichthus はギリシャ語で魚を，そして lestes は強盗を意味する．それは，インド−パキスタンで最初に名前がつけられたクジラで，世界最古のクジラのひとつとして残っている．この標本はロバート・ウェストが30年後にクジラとして同定した顎を産出した岩石から数百ヤードの岩石からのものである[5]．デーンは，採集場所を，自ら彩色して作った地図に記した．彼は私がそこで研究していることを聞くと，その地図をくれた．

　私はアトックの町へとドライブしながら，デーンとウェストのことを考えていた．1987年，私はアリゾナ州ツーソンでの脊椎動物古生物学会の大会に飛んだ．機上で，偶然ウェストの隣に座った．私はパキスタンの中新世の研究に興味を持っていることを話し，そして，もし私が彼の古い産地を訪れたら，気にするかどうかを彼に尋ねた．多くの古生物学者によって守られたが，しばしば破られた不文律がある．それは誰かが研究したところに，許可なしに他人が踏み込まないということである．ウェストは長い間そこで研究していなかったので，私は確認したかったのだ．嬉しいことに，彼は私が研究するべきで，それらの領域になんら主張をしないと言ってくれた．

　私たちはヒマラヤ山脈を離れ，パンジャブ平原があるフライパンに入った．気温は華氏100度（37.8℃）以下であるが，湿度は高い．私たちはアトックの線路と駅の隣にある鉄道ゲストハウスに滞在した．この町は酷暑で，ほこりにまみれ，惨めである．腐ったごみとジーゼル燃料の臭いに満ちている．しかし，ゲストハウスには中庭があり，甘くにおい，鮮やかな色彩に満ちた花が至るところにある．世話人はこのゲストハウスにフルタイムで雇われている．そして，彼の主な仕事は，この目に見える天国に水まきをすることであるが，それで暑さが和らぐわけではない．私はサングラスをつけ，帽子をかぶった．しかし，なお頭が痛く，発汗のため脱水してしまう．電気の供給がない．アリフと私は部屋を共にするが，彼が最初にするのは，部屋の中心に自分のベッドを動かす

第5章　山脈が隆起したとき　　**95**

ことである．変わっているなと思いながら，私はベッドを壁に沿って置く．後
に電気が回復して，天井のファンが動き出す．それはアリフのベッドのまさし
く上にある．

　次の朝，私たちは午前4時にゲストハウスを発ち，日の出時にフィールドへ
到着し，そして，最も暑くなる前に離れることを望んでいる．アトックの町は
暗く，まだ睡眠中である．朝食もとれず，私たちは人も動物も見ていない．ム
ニールが赤いジープを運転する．私たちは疲れている．この暑さでは，熟睡も
できない．私たちはカラチッタ丘陵の最も高い場所を横切ったが，いまだ人っ
子一人見ていない．ここの丘は数日前に離れた山脈のいわば小さな従兄弟であ
り，北方への大陸動揺の最後の波といえる．そこには，海洋で形成された灰色
のジュラ紀石灰岩があり，クジラ類が起源したずっと前に，魚竜とプレシオサ
ウルスが生息していた．道路は灌木で被われ，地図上に“密なジャングル”と
記された地域を私たちは横切る．アンブロケタスの場所はちょうど1マイル先
である．この灌木林は人よりも丈が高く，密生している．茂みをよけて歩くの
は簡単だが，遠くまで見通すことはできない．ここは巨大な緑色の迷路のよう
である．ヘアピンカーブを回ると，突然，全員がショックで目覚めた．軍服の
警官が群れていたのだ．半自動小銃を持った地上軍隊を運んできたバス，迷彩
柄のジープ，そして装甲車両がある．警官が私たちを停め，何をしようとして
いるかを尋ねた．アリフは神経質な声で説明した．彼らはドライブを続けるよ
う私たちに告げ，私たちはこれらの丘で止まらず，丘の南のベーサルの警察署
まで丘を横切った．男性が誘拐され，誘拐犯がこのジャングルの中に隠れてい
るのだ．今日，警察は彼らを追跡して捕らえるだろう．私は困惑してぼうっと
しているが，ベーサルへ行くまでに考えをまとめようとしている．彼らの言う
とおりにはできない．私はここに戻るために2年間待った．私たちは諦めきれ
ない．ベーサルの警察は，私たちと面会する必要がある．私は論拠を述べるた
めに準備する．

　ベーサルの警察署は，中庭の周りに建てられている．私たちは車を外に停め
た．アリフが一人で警護所を通り過ぎたが，私を中に入れようとしない．彼は
外国人仲間の存在が問題をさらに複雑にすると心配しているのだろう．彼はま
ったくニュースを持たずに戻ってきた．私は彼に質問しまくるが，彼は沈黙し
たままである．彼は論拠を述べてくれたのか，あるいは私が主張したから中に

入っただけなのだろうか．私はイスラマバードのホテルにいるテッサーに電話をかけた．彼はイスラマバードに戻って来たという．次の日，イスラマバードの新聞は，誘拐犯は捕まらずに，4人の警官が掃討作戦で殺されたと報じていた．テッサーは私に家に帰って忘れるように，地表の化石は来年も安全だからと言うが，私は落胆した．

　人生は続く．まだ地中にあるアンブロケタスの部分は，4800万年あった場所に残る[6]．しかし，誘拐事件はパキスタンに関するより大きな問題の一部である．私が地図上で場所を指さすと，アリフが私にこの場所は安全性の理由で立入禁止であると告げることが多い．パキスタンはとにかく研究資料の調達場所として危険過ぎる．そこで，私は別のところを探すことにする．インドには化石クジラがある．加えて，インドは政治的に開放されつつあるのだ．

インドのクジラ類

　インド古生物学における歴史上偉大な人物はアショカ・サーニ（Ashok Sahni）であり，彼はいわばこの国の脊椎動物古生物学の父である．何年か前，私は彼に，インドにおける始新世クジラ類の歯のエナメル質に関する彼の研究について手紙で尋ねた[7]．一通の手紙がやってきて，エナメル質についてほんの少しだけ言及し，代わりに，彼の研究室への訪問を私に呼びかけている．それは嬉しい驚きである．

　クジラ類における歯のエナメル質の研究は，非常に興味深い．なぜなら，アンブロケタス科とバシロサウルス科における奇妙な歯の摩耗について手がかりを用意してくれるからである．そして，これらの動物が何を食べていたかを理解する助けとなる．もちろん，エナメル質を研究するために，歯をダイヤモンドカッターで切断し，電子顕微鏡で切断面を見なければならない[8]．それは貴重な標本を破壊する．より多くの化石を持っていれば，切断し傷つける被害が少なくてすむ．インドのクジラ類からの歯は，パキスタンからの歯に加えて歓迎されるものである．私はサーニ博士の招待を受けようとしている．

第 5 章　山脈が隆起したとき　　**97**

第6章
インドでの旅路

デリーでの立ち往生

パキスタン，イスラマバード，1992年2月　パキスタンにおけるフィールドワークの1ヵ月後，私は機上の人となった．インドの首都ニューデリーに向かっているのだ．飛行便数は，両国の敵対的な状況によって週にたった2回だけである．スカルズ近くでは，兵士が日常的に停戦ラインごしに銃を撃ち合っている．私はこの新しい国でアショカ・サーニとその同僚に会い，そしてグジャラット（インド洋に面した西インドの州）からのクジラ類のコレクションを研究できることに興奮している．最初の手配は，すべて航空郵便のやり取りによって数週間でなされた．パキスタンからアショカに電話してみたがまったく通じない．私はよい方向に考える．エア・インディアのインド行きの飛行機には，パキスタンの親戚を訪れるインド人の回教徒が詰め込まれている．着陸すると，祈りの時刻であり，彼らの多くが祈禱マットをエアポートの廊下に敷き，通行の流れを妨げる．単調な軍服を着たエアポートの係官はほとんどがヒンズー教徒とシーク教徒で，恩着せがましい態度ではあるが，このような回教徒の行動を止めることはない．デリーでエスカレーターを降りると，私はガネーシャの大きな木製像を見る．それは象の頭をし旅行者と商人の神であり，歓迎を望むすべての人を歓迎する．神を表現することが冒涜となる回教国パキスタンから来て，こうした露骨な偶像崇拝に面食らったが，私は風変わりな新しい世界に入って高揚している．アメリカではデリーからチャンデガルに飛ぶチケットを買うことができなかった．それでこのエアポートで翌朝の航空券を買うことになったのだ．私はチャンデガルへの航空券を買うために，エア・インディアのチェックインデスクで尋ねた．

「チャンデガルへは行きませんよ」

私は戸惑った．確か便はあったはずだ．彼女の言葉が本当に信じられない．

「どこでチケットを買えますか？」

「外に行ってください」

私は歩いてターミナルビルを離れた．そして，チャンデガルへの航空便はエア・インディアではなくてインディアン航空だということを知る．私は向きを変えて，ターミナルビルへ歩いて戻る．男が「両替かね，だんな？」と私を止める．ここには外貨交換の大きな闇市がある．私はその誘いを丁重に断った．

警官が私を止め，チケットを見せろと言う．
「まだ持っていません．中で買いたいのです」
「有効チケットを持ってないと入れないよ」
「どうしたら買えますか，チケットカウンターが中にあるのでは？　私は中に入らねば」
「有効チケットを持ってないと入れないよ」
　顔を見て，彼が本気であることがわかる．私は向きを変えたが，いくぶんショックである．
「だんな，ホテル？」男は私のバッグを強くつかんでいる．彼はそれを引っ張る．私は後ろにぐいっと引き戻して，怒鳴る．「だめだ」
　私は他の男に，どこでインディアン航空のチケットを買えるかを尋ねた．彼はターミナルの外にある小さな事務所を指さす．途中，4人の異なる男たちが，タクシー，ホテル，そして外貨交換を迫ってきた．事務所に着くと，そこは閉まっている．なぜなのだろう？　まだ午後3時なのに．
「だんな，タクシー？」ターバンを巻いたシーク人は期待に満ちた顔をしている．私は頭を振る．しかし彼は納得しない．「ベリーグッド，だんな，ホテルはどう，連れて行ってあげる，とてもいいよ」．呼び込み屋にタクシーに押し込められ，デリーのどこかに連れて行かれるという事態は遠慮したい．
「だめだ」
　私は他の男のところへと歩く．「どこでインディアン航空のチケットを買えるかい？」
　彼は私がまさしくさっき来た事務所を指さす．
「あれはやっていないよ」と，私は言う．
「そうだ，閉まってる」と，彼は言い，そして歩く．
　私は戸惑う．私はどうしてよいのかわからなくなる．警官が私のところにやってくる．「外貨の交換はだめだ」
　これはこわい．なぜならイエスと言うと，闇市場で外貨交換したとして，彼は私を逮捕できるだろう．仮にノーと言っても，彼は何か理由をつけて私を逮捕できる．なぜなら，私が動揺しているからだ．私は引き下がるが，おびえている．
　今やこの地方の下層の者たちは，私が何をしているかをわかっていないこと

を理解している．彼らのすべてが，私ができることについて素晴らしいアイデアを持っている．

「だんな，タクシー？」

「ここに来な」

「ホテル，だんな，ベリーナイス，プリーズ，来な」

私の神経はぴりぴりしている．すべてがうまくいかなくなっており，好転させる方法がわからない．私はチケット購入をあきらめ，命と正気を守ることに専念しようと決めた．大衆を取り除くためには断固とした態度を示す必要があるので，私は列を作って並んでいる人々のところまで歩き，そこに加わる．私は彼らがなぜ列を作っているのを知らないが，それはなにか合法で可能なことに違いない．そして，私が心を決め，彼らに関係ない何かを行っていると思われるように望んでいる．時間を稼いで，私の神経は少し安定する．近寄って話しかけられることなく考えることができる．ホテルに行き，フロントでフライトについて助けてもらえるかどうかを知るのがベストだ．しかし，どのホテル？　私は，金を狙わない誰かに助けてもらう必要がある．目の前にいる男は身なりがよく，そして私には目もくれない——よい徴候だ．

「近くのよいホテルを教えていただけますか？」

彼は私をチェックして微笑むが，間違いなく私の顔のストレスを気にしている．「アショカパレスに行くといい．とてもいいよ」．

アショカパレス，そして“ここに行こう”よりも“ここに行くといい”．この言葉は音楽のように聞こえる．それは私の第一歩を可能にし，私に勇気を与えた．

「どうもありがとう．インディアン航空の事務所は何時に再開しますか？」

「あれは開かないよ」

「なぜ？」

「あれは明日開くよ．今日は共和国記念日だ」

これで問題が明らかになった．共和国記念日は独立記念日と同様，国の祝日である．なにもかもが閉じているのはそのはずだ．私が尋ねたインド人にとって，事務所が今日閉じていて，そして私の質問が未来についての照会だったというのは明らかだった．彼らは決して私をあざむこうとしていたわけではない．それで実際，何もすることは残っていないので，ホテルへ行って，朝を待つこ

第6章　インドでの旅路　**103**

とにした.

　私は，前に自分を取り囲むことをしなかったタクシー運転手を求めて歩く．料金をめぐる小競り合いの後で（デリーではメーターが動かないことがある），彼は私を“パレス”へ連れて行く．私はヒンズー寺院を通過する際に運転手がハンドルを離して両手で祈りの姿勢をする習慣に穏便に対処する．そしてさらなるトラブルなしにアショカパレスに着いた．一生の中で最も精神的に痛ましい45分を終え，私は密かに人生を祝う．36人の異なる異邦人と関係したが（実際に数えていた），ほぼすべての関係が緊張と混乱の中にあった．部屋の中で，私はバックパックを床に下ろし，ベッドに倒れた．そしてすぐに眠りに落ちる——数分後，受付の男に起こされ，よい交換レートで両替しないかと聞かれる．私はぶっきらぼうにしないと告げ，電話をガチャンと切った．

　次の日，私は空港に戻り，さらなる出来事なしにチケットを手に入れ，そして，パンジャブ（Panjab）の州都チャンデガルに飛んだ．昔，両国が分かれる前は，パキスタンにある異なるスペルの州（Punjab）と一体だった[1]．サーニが私を空港で拾い，私たちはパンジャブ大学に行った．彼はデリーでの私の経験を笑い，列車による旅がインディアン航空よりもずっと好ましいと言う．生きものたちのことを考えなければ，ドライブは楽しい．チャンデガルはまっすぐな大通りがあり，まっすぐに並んだ白く磨かれた家々，そして多くのロータリーの交差点がある現代的な都市だ．しかしながらこの組織化の試みは，インドを支配するカオスの女神を鎮圧するには，すべてが不十分である．インドの他のすべての町のように，牛，犬，凧を持つ少年たち，そして兄弟を世話する少女などが道にあふれているのだ．紅茶売りが木枠で店をセットし，果物売りが彼らの商品をぐらぐらする押し車に高く積み重ね，1本の交通レーンを完全に塞いでいる．そして成人の男たちが，あたかもモールのティーンエイジャーのようにブラブラし，喫煙し，おしゃべりし，紛争のない世界を見ている．それは人間がアリ塚のアリたちを見ているようなものである．

　チャンデガルはパンジャブ州の州都であり，この亜大陸において目立った風采をしているシーク教徒の祖国でもある．男たちはりっぱな鬚をはやし，色と

1　Panjab はインドの1つの州である；Punjab はパキスタンの県の1つである．英国がインドを支配したとき，それらは1つであった：その国が2つに分かれた時，その地方も2つに分かれた．

りどりのターバンをしっかりと巻いて髪の毛をまとめている．宗教ルールに従って，毛を切ってはならない．シーク教徒は反乱を起こすことがある．一部のシーク教徒たちはインドから独立しようと試みているのだ．インド政府は彼らを厳しく取り締まっている．大学のキャンパスでは軍服を着た男たちがあふれ，機関銃を振りかざして抵抗者を脅している．キャンパスのそばで，赤十字の看板が高らかに唱える．「血を流さないで，寄付してください」．キャンパスを歩いて，私はデモにぶつかる．読めない看板，そして抗議スローガン．しかし彼らは単に給料の値上げを求める従業員だとサーニが説明したので，私の心配事は四散した．反乱か否か，声を上げることも重要である．

　サーニが彼の学生を紹介する．彼らの間でスニール・バイパイは，私と同年代の静かな人で，口髭を持ち，そしてすでに禿げている．ここのクジラ類の化石は，パキスタンのものより 500 万〜1000 万年ほど新しい．そして，スニールの博士論文の題材である．その化石はインド地質調査所による調査[2]の期間に，ここで最初に発見された．インドはまだ英国の植民地だったが，サーニの研究室は化石クジラ類を精力的に探し始めた最初の研究室である[3]．最も重要な出版物は，1975 年に出されたサーニとミシュラのモノグラフで，ほんのわずかな部数がアメリカにある[4]．私は今，そのオリジナルをはじめて見たが，それを薄暗いところで開けるときは，海賊の宝地図のように感じる．およそ 2 フィートの高さの洞穴のような実験室——そのページは，カビ臭い黄褐色の紙に印刷されており，縁がほつれ，汚れた親指の指紋とカビの汚れで被われている．化石の写真はすべて焦点がずれていて，ひどくコントラストがきつく印刷されている．化石が，黒い海に浮かぶ白い島のようで，解剖学的な特徴を示す点線は埋まっている宝物を導く秘密の通路のようである．私はここに来たことを喜んでいる．化石は海賊の金と同様のものだ．

　サーニとミシュラの仕事は注目に値する．ミシュラは車がなくても多くの化石を発見し，そして地質を記載した．また彼らは，これらの化石は初期のクジラ類の代表であり，パキスタンの化石が認められる前に，貴重なものと認識していた．確かに，これらのクジラ類は現生のクジラ類のようには見えず，化石は単なる断片であった．それらをクジラ類として同定したのは彼らの研究の成果だった．その後，有名なスミソニアンの古生物学者レミントン・ケロッグ（Remington Kellogg）がその初期のクジラについて次のように書いた．「明ら

かに始新世にインド洋に達したのではない」[5]

サーニは私にそれらの化石を見せてくれる．ほとんどは黄ばんだ新聞紙に包まれ，そして化石の象牙とアンテロープの頭骨の後ろに隠されている．インドのクジラ類は今や私のために生き返る．長い吻とビー玉サイズの眼を持つ黒ずんだ頭骨がある．両耳は大きくそして遠く離れており，アンブロケタスとパキケタスとは異なっている．サーニとミシュラは，スミソニアンの仲間にちなんで，このクジラにレミントノケタス（Remingtonocetus）と名前をつけた．

サーニと私は，これらのクジラ類があった場所で一緒に仕事をする暫定的なプランを作った．それはグジャラット州のインド洋に近いクッチと呼ばれる場所である．インドのクジラ類とパキケタスとアンブロケタスとの組み合わせは，数百万年離れて急速に進化する3つのスナップショットを研究させてくれるだろう．比類のない機会なのだ．

クッチはチャンデガルから約600マイルのところにあり，今回のインドへの短期間の旅で見て回るには遠過ぎる．しかし，インドのヒマラヤ高地にはドライブできる距離内で始新世のクジラ類が出るいくつかの産地がある．そこでは他のクジラ，アンブロケタス科のヒマラヤケタス（Himalayacetus）が見つかっている．それで，次の日にサーニは，彼の3人の学生とともに小さなバンで3時間ドライブして，私をその山に連れていった．

ヒマラヤ山脈にあるその化石産地は，パキスタンとは異なっており，雨がよく降る．美しく静寂なマツの森林が斜面を被って音と光を減衰させるが，化石を採集するにはよくない．岩石は松葉や下草で被われてしまう．裸岩と化石が見える露頭は，小さな渓流地にしかない．しかし，露頭は急で滑りやすく，足場にすると草が足にからむ．ここの化石は泥が圧縮された頁岩から見つかる．頁岩は砕けやすく，安定しておらず，表面が滑りやすく，そしてほとんどが緩い岩石である．私は化石を探すのと同じぐらいの時間をかけて，足を置く場所を探している．さらに悪いことには雨が降り始め，そして，この村の人々が共同の洗面所としてこの谷を使う．サーニと私はレインコートを持っているが，3人の学生は毛のセーターなので哀れである．サーニは慈悲心を見せず，彼らに「コートを持ってくるべきだった」と告げる．学生の一人はこの地域の出身で，斜面をよじ登ることに慣れている．彼は歯の部分を見つけた．それはクジラの化石で，私はその片側に明らかな割れ目があるのに気がつく．歯の残りは，

106

まだ岩石の中にある．私は化石が見つけられるとは思っていなかったので，それを取り出す道具を持ってきておらず，断片をくっつける糊もなかった．私はポケットのナイフで，周りの頁岩を削り取る．それは無傷で出てきて，私はハンカチに両方の破片を包み，シャツのポケットに入れた．素晴らしい——1つのクジラの歯が非常に悪い条件のもとで，非常に困難な場所からなのに採集できたのだ．

　ある学生が私たちに，彼の村と家を訪問するように頼む．サーニはしぶしぶ同意した．行かないというのは何か侮辱であり，そしてチャンデガルから教授を迎えるのが家族にとって名誉であるらしい．家々は急な丘に沿って建てられ，そして，ちょうどパキスタンの山々におけるように，屋根は頭上の隣人の床となっている．家々はほとんどが木でできており，灰色に風化し，塗装されていない．ガラスの窓は小さく，木製の格子がかぶさっていて，絵のように美しい．私たちは急な山道を競って歩む．そして予告なしに彼の家族を訪れる．母と妹が家にいて食べ物を出してくれる．再びサーニは渋る．ここは貧しい村だから，彼は押しつけたくないのだ．彼女が料理を持ってくる．それを3人の青年，教授，そして外国人ゲストが早く食べる．別の料理が来ると，また食べる．さらに別のもの，そしてまた別のもの．料理は連続してやってくる．大規模な食事が誰かのために準備されていて，そして今それらのすべてが出される．サーニはかなり当惑している．彼のグループは明らかに意図していなかったごちそうをたいらげた．しかし他に方法はなかった．極端に客に敬意を表すこの文化では，食事を拒否するのは非常に無礼になるのだろう．

　車に戻る道で，村の低い部分を歩くが，私は野良犬が何かを食べているのに気がつく．私は道路での死体に職業的な関心をもっている．なぜなら，それらの骨は化石と比べるのに役立つからだ．私はそのイヌを追い払って，彼が落としたものの方へ歩いていく．それがなんであるかを見たとき，心臓が止まる．**そのイヌは切断された手を食べていたのだ**．ショックは1秒だけ続く．その手は毛だらけで人間のものよりずっと細いと気がついた．サルの手だった．私の心臓はまだドキドキしている．そしてすばやく歩み去る．後で，その道に戻ると，マカクサルが道路際に座っているのを見る．私たちが多数のヘアピンカーブを通ってヒマラヤから下ったところで雨が強くなり，フロントガラスは雨で曇ってくる．サーニは，ワイパーの動きをほんの1回か2回オンにする不可解

第6章　インドでの旅路　　**107**

なクセを持っている．視界がすべて失われた後のみにワイパーを動かし，そして再び止めるのだ．私は唇を噛み，そして座席に沈みこむ．しかしすべては首尾よく終わった．インド訪問の際に最も危険なのは交通なのだ．

　チャンデガルに戻り，私はクジラの歯をきれいにするために縫い針を使った．サーニが航空機模型のためのインド産の接着剤 "クイックフィックス" を少しくれた．この箱には次のように書いてある．「壊れた心臓以外はなんでも接着します」．この接着剤のはかない糸は押さえきれずに浮いている．それはまったくのところ付着しないのだ．次回は自分の接着剤を持ってこようと決心する．さらに悪いことに，糊付けのための小さなブラシの上にメタリックな銀色のペンキが乗っている．私が接着した歯は銀色の光沢を持ち，この忘れがたい旅を永久に思い出させる[6]．

砂漠でのクジラ類

　インドへの最初の訪問に続けて，スニールと私は，1996 年にクッチで採集するプランを作った．私は経験から学び，アメリカからインドに直接飛んで，グジャラットで彼に会った．昔々，スニールはここに頻繁に来て，細々と働いていた．朝，彼は砂漠の村までバスに乗る．運転手はバス路線上の産地で彼を下ろす．バスは村人にとって主な交通手段である．人々は自家用車を持つには貧し過ぎるのだ．ここの道路には，バスとトラック以外の自動車はまれである．バスは 1 日に 2 回だけ村へ来る．そしてこの時刻表は化石採集者の要望を考慮していない．結果として，スニールの採集地のほとんどは，バス路線のそばにある．彼はしばしば太陽が昇る前に産地に到着し，明るくなるのを待つ．そして午後の早い時間にバスが来たとき，帰路につく．彼にはわずかな時間しかなかった．そして彼が持って行ける道具の量と，持って帰る化石の数は限定されていた．彼の採集の回数は驚くほど多い．

　私たちは今やナショナルジオグラフィック協会からのささやかな研究資金を持っており，車を借りることができる．インドでは，車は常に運転手とともに借りなければならない．ナビームは静かで礼儀ただしい男である．そして私にとって重要なことは，彼が慎重な運転手であることだ．車はインド製のアンバサダーで，四輪駆動車ではない．ナビームは舗装道路をはずれて，流水地，き

つい斜面を運転することに誇りを持っている．それはよい面もあって，一度だけ，溝を渡ろうと試みたとき，車が立ち往生してしまったことがあった．彼は苦笑いして，もうそのトラックを使うことはないだろうと言う．

　ナビームは私たちをバビア丘に降ろした．斜面は激しく風化しているが，平らな天辺を持った丘である．ナラ（乾燥した川床）はすべて，年の初めには完全に乾上がっている．それらは秋のモンスーンの季節にのみ水を運ぶ．スニールはそのようなナラの壁から，いくつかの風化した肋骨を見つけた．それらは一列に並んでいて，ほうきの柄のように太い．とげのある大きな灌木が，その上に不規則な影を作っている．私はこの太い肋骨を直ちにカイギュウ類と同定し，とげ灌木の向こう側に，きれいに一列に並んだ他の骨があるのに気づいた．これは胸であり，完璧な形で埋まっている．私はとげ灌木の下にある肋骨の間の椎骨を見るのを待ちきれなかった．ナイフでその灌木を切り，発掘を始めた．動物の頭側がナラに向いていることを，椎骨が示している．頭骨はおそらくモンスーン期の流下水で洗われてしまったであろう．それは昨年だったかもしれないし，数千年前だったかもしれない．最近だった可能性は万にひとつだが，私はカイギュウ類の胸のところにバックパックを置いて，ナラを歩き下った．少し下ると，1本の骨の棒が土手から突き出ている．私はハンマーの背で土手の中を掘った．これは顎だ——私は歯の腔所を見る，より深いところに歯がある！　しかしながら，それはカイギュウ類の歯ではなく，美しいクジラの歯である．私は2番目の歯を私のポケットナイフで見つけた．それはゆっくりと行う．なぜならより適切な道具は私のバックパックにあるからだ．顎はまだ壁の中のより深いところに続いている．それを得るために，私は自分の作業道具を持ってくる必要がある——カイギュウ類の胸と頭の探求を，早く終わらねばならない．私は優先順位に悩む．スニールがやって来て，何か他のものを見つけたと話した．私はハンマーを目印として顎のところに残した．そうすることで，私は曲がりくねったナラの中の，その場所を簡単に見つけることができる．そしてスニールについて行った．少し歩くと，ナラの脇にある割れ目から突き出した白い物体を指さした．私は今ポケットナイフしか持っていない．私は赤茶色の泥を切り除こうとする．その化石は明るい白色で，石膏であることを示している．石膏とは水に溶ける鉱物であり，それが豊富にあるときは，しばしば分子が化石骨や歯の分子と置き換わる．それが起こる環境は，かつて海水が満

ちていたが乾上がった内湾である．水が蒸発すると，石膏の濃度が上がり，し
だいに石膏が結晶を作り，動物の骨と置き換わる．石膏に置き換わった化石は，
元の化石の形態を非常によく保つものがある．しかし，それと認識できないほ
どに変形するものもある．それで石膏は多くの古生物学者に嫌われている．ポ
ケットナイフを用いて，この化石の周りの堆積物を切り除くと，見えたものは
状態がよい．非常に細い骨で，2列の小さな丸い孔が，フルートの孔のように
縦方向に並んでいる．他のクジラ類の顎であり，その孔は歯のソケットなの
だ！

　圧倒され，私は泥土のうえにしゃがみ込み，頭を抱えた．どのように進めて
よいのかわからない．道具とバックパックは第1の発掘場にある．ハンマーは
別のところにある．そして，私自身とナイフは第3の場所だ．2つの顎は取り
出すのにそれぞれ1時間かかり，そして胸には半日かかるだろう．多すぎる化
石を持つのはよいことではあるが，問題を残してしまう．

　最終的に，私はそれらが発見されたのと反対の順序で化石を取り出した．ど
の化石も私が今まで知っていたパキスタンからのクジラ類とは似ていない．そ
のフルートに似たものは，サーニの実験室にある頭骨と類縁のレミントノケタ
ス科に属している（第8章で議論される），他の顎はプロトケタス科のクジラ
からのものだ（第12章で議論される）．

　もし，アンブロケタスが陸生哺乳類とクジラ類間のギャップを埋めるのなら，
これらのインドの化石は，パキスタンのクジラ類とバシロサウルス科間のギャ
ップを埋めることができる．もしクジラ類の起源がパズルなら，私たちは以前
にいくつかの興味をそそる破片を持っていたのだが，パズルのイメージを理解
することができなかった．インドからの化石の追加で，私たちは十分な破片を
見つけることができ，その結果，採集のための時間と資金を持つ限り，そのイ
メージがはっきりと姿を現すだろう．

150 ポンドの頭骨

　1年後，私たちは古い産地に行くため，そして新しい産地を探すためにクッ
チに戻った．ラトナラで，道がハルジ累層の露頭を含む浅い急斜面を上って行
く．その露頭は300ヤードの幅がある岩石のベルトで，道路に直角である．こ

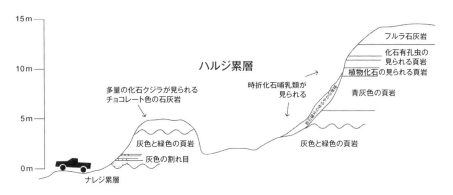

図 28　インド西部クッチの始新世の岩石の地質断面図

こは 4200 万年前には海岸地帯であった．色合いは多いが単調だ．緑色，褐色，黄色，ほとんどが色のついた泥である．近くでながめると，若干のより明るい脈が見える．明るい黄色の硫黄を含む岩石，ガラス質の白い石膏層，そして石炭の黒っぽい薄い層．指より厚いものはない．この石炭は，水辺の湿地での旺盛な植物の成長を示している．見た目には，最も多い岩石はチョコレート石灰岩で，明るい白色の巻貝と二枚貝がたっぷり入った茶色の層であり，ここが海底であったことを示している．

　ハルジ累層を越えた北方を見ると，不毛な月面のような景色が見える．数マイルにわたってレンガのような赤色，血のような赤色，そして黒色の砂岩と泥岩が不規則な形に浸食されており，その上を歩くのを難しくしている（図 28）．これはナレジ累層であり，始新世の激しい風化の時期に形成された．雨が土壌に達したが，ほんの少量の水溶性鉱物を残している．黒色はほとんどが酸化鉄で，基本的に錆である．すべての栄養が去ってしまっており，現在の植物はそこに生育するのが難しい．ナレジ累層はハルジ累層以前に形成されている．南を見ると，ハルジ累層が急斜面の最上面で終わっている．そこには，フルラ累層が明るい黄色の石灰岩からなる持ち上がった平面として現れている．石灰岩には硬いブロックと，多数の二枚貝とウニ，そしてフットボール大の巻貝を含んでいるが，脊椎動物の化石はない．ナレジ累層の岩石は，この土地が風化にさらされたときに形成されたものである．その後に，海水準が上昇し，そして泥性の海浜，カキ礁，沿岸湿地，そして島々などの海岸線がここにあったとき

にハルジ累層が形成された．海は上昇を続け，そしていっそう陸地へと浸水した．またフルラ累層の岩礁に記録されているような，浅く，暖かく，そして非常に生産的な海がここにあった．地質学者は，あたかもその場所の歴史を記載した本のように，岩石を読む．クッチにおいてこの本は，どのように大陸の縁がゆっくりと低下し，海が陸地に進出したかを記述しているのだ．

チョコレート石灰岩は，低い平原に並ぶ丘を形成している．平たい丘の頂きは高さが 60 フィートに達し，長さが半マイルほどで，クジラの化石を探すのによい場所だ．私たちはほとんどの時間を，その平原の縁に沿って歩いたが，そこは浸食された化石が見えてくる．斜面の上にある一片の骨が，厳しい膝歩き調査の引き金となる．頭を地面に向けて，地表を磨くのだ．この地域が豊かだと言っても，一日に 3 つの化石をバックパックに入れて持ち帰るのがせいぜいだ．化石の豊富さとは相対的な概念である．

私はこの場所が非常に遠隔地であることが気に入っている．道路から離れて歩くと，数マイル先まで，いかなる人工物も見ることができない．この静けさはまた素晴らしい．日中の暑さの中で，数分間は何の音もまったく聞くことができない．そして，遠くを飛ぶ昆虫のかすかな羽音や，稀に風のそよぐ音によって静けさが微妙に壊される．この雰囲気はクジラ類が泳いでいた過去を，私に想像させる．

突然，はるか遠くからスニールが叫び，私を物思いから覚ましてくれる．彼は私に向かって走ってくる，私のところに着くと，ヘトヘトで，顔が赤く，息がはずんでいる．

「ハンス，ハンス，頭骨を見つけた．見たことないほど立派なものだ」

私はその場所に急いだ．標本は完全にチョコレート石灰岩に埋め込まれており，頭骨の頂部しか見ることができない．それは頭骨の峰にある骨の筋（矢状稜）だ．石灰岩の中に埋め込まれているところは，頭骨の左右の側面上には同じパターンでうねっている骨があり，眼があるところはより幅広く，そして約 3 フィート前方に鼻がある．あたかも，海洋のボート上に立っているように，そして始新世のクジラが私のすぐ隣に浮上して，彼の頭頂部が海水から出ているように感じる．スニールは正しい．これは素晴らしい頭骨だ．石灰岩に突き出ている部分は完璧である．私たちのハンマーは焼けたほこりを緩め，そして洋服用ブラシがそれを一掃する．足下の石灰岩は大きな層ではなく，その代わ

112

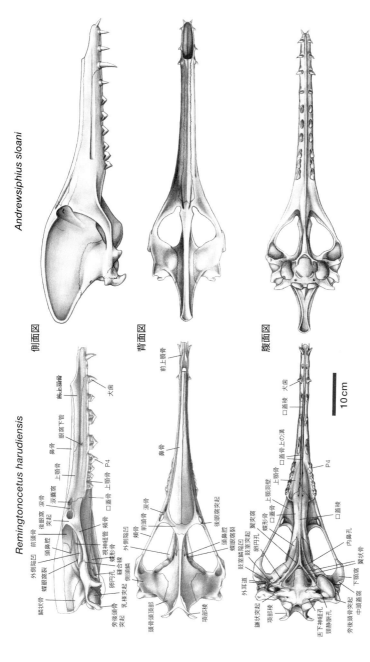

図29 化石クジラ Remingtonocetus harudiensis と Andrewsiphius sloani の頭骨を3つの異なる角度から見たところ。レミントノケタスの絵はたった一つの化石をもとにしている（(IITR-SB 2770, from S. Bajpai, S. J. G. M. Thewissen, and R.W. Conley. "Cranial Anatomy of Middle Eocene Remingtonocetus (Cetacea, Mammalia)," Journal of Paleontology 85 (2011): 703–18)。アンドリューシフィウスは4つの化石に基づいている（IITR-SB 2517, 2724, 2907, and 3153, from J. G. M. Thewissen and S. Bajpai, "New Skeletal Material of Andrewsiphius and Kutchicetus, Two Eocene Cetaceans from India," Journal of Paleontology 83 (2009): 635–63)。絵はいずれも古生物学会の承認を得て使用している。

第6章　インドでの旅路　113

り，壊れていくつもの大きな塊になっている．クジラの頭骨のある塊は，他の
ものよりも大きい．それはミルクチョコレート色をしていて，白い巻貝と二枚
貝がマシュマロのようにある．しかしこれはチョコレートよりよいものだ．

　私たちはその周りを掘った．数時間後，ブロックを1人で持ち上げて2マイ
ル先の道路まで運ぶには重過ぎることが明らかになる．私たちは分割して運ぶ
ことにする．しかし，石灰岩は不規則に割れ，絶え間ない打撃によってできた
亀裂が運搬の間に容易に化石骨を粉砕する原因となる．だめだ．それを1つの
かたまりとして持ち出さねばならない．私たちの第3のメンバーであるB・
N・チワリ博士がこの輸送の問題を解決した．彼は2本の小さな木を切り倒す．
私たちはブロックをロープでつり上げる．運転手が曲がりくねったルートで，
車を私たちの方へ持って来る．平らなところを見つけるクロスカントリーであ
る．化石から車までは，今や200フィートほどである．私たちは化石をハンモ
ックの中に入れて運んだ．斜面はきつく，滑りやすく，そして岩が散らばって
いる．酔った船乗りのように，4人はよろめく．荷物は，誰かがステップを踏
むたびに揺れ動く．それを持ち上げて車の後ろに入れるのも容易ではない．車
は重さで危険なほど沈む．しかし，私たちは町までたどり着き，地方の大工が
その化石を保つための救護箱をこしらえる．私たちは堅く栓をした空っぽのミ
ネラルウォーターのボトルを，緩衝材としてブロックの周りに詰め込む．私は
アメリカに出荷する標本を準備し，その応急処置の結果に満足している．

　請求書はありがたくない．発送には1000ドル以上はかかるだろう．あまり
お金を持っていないので，標本をスニールのもとに置いていった．最終的に，
化石は数年後にアメリカへ到着した．そして，化石処理者は，ペンサイズの削
岩器で岩石の小さな破片を落とし，その塊から化石を取り出すのにほぼ1年か
かった．結果は素晴らしいものだった．これは確かにクッチが今まで生み出し
たもっとも美しいクジラの頭骨である（図29，左の頭骨）．

114

第7章

浜辺に出かけて

砂州の付近

サウスカロライナ海岸へのドライブ，2002 年　私は休暇旅行で家族とともに
サウスカロライナ州のキアワ島をドライブしながら，遠い昔に絶滅したインド
のクジラ類のことを考えていた．キアワ島の主要部は草の多い森林におおわれ
ており，パキスタンの地図の"密なジャングル"と似ていた．森林は突然，平
たい沼沢地の湿原へと開き，また海岸のくねった川筋となる．橋は長いが，そ
こを通るときには，島の向こう側に海を見ることができる．

　地質学者たちはキアワのような島をバリアー島と呼ぶ．基本的に海から上っ
た砂州であり，波や流れで砂を止めて成長する．風はむきだしの部分を砂丘に
変える．植物は，成長して砂の上に定着すると，大きな嵐がきて根こそぎ持っ
ていかれるまで，砂丘の砂を固定する．バリアー島は長く狭く海岸に沿って広
がっている．これらのバリアー島の陸側は沿岸内水路であり，地質学者は低い
ところをバックベイ（backbay）と呼ぶ．バックベイに淡水を流す河川は，バ
リアー島によって海から遮断され，島と大陸との間に湿原をつくる．最終的に，
河川は島との間の潮の水路を切って，水を海へと流す．海の方は高潮のときに
水を戻し，海水を島間の切れ目に押し込み，バックベイを圧倒する．低潮時は，
流れが再び逆になる．このようにして淡水と海水がまざり合い，潮汐路付近の
塩分濃度は非常に高かったり，ほとんど塩気がなかったりと様々である．また
河川の流れが大きく減少すると，沈殿物を運ぶ能力を失う．河川は泥を運び，
泥はバックベイの中に捨てられ，植物にとって豊富な栄養土壌を作る．塩分濃
度，水深，そして植生の違いが，非常に異なった動物がすめる多数の生息地を
導く．橋をドライブすると，私は泥の中に潜っている始新世のクジラを想像し
た．それはビュッと音をたて私の車を見上げている．

　この島で，私たちは海へ行くため自転車に乗った．島はバックベイとは非常
に異なっている．キアワの土壌は多数の二枚貝と巻貝の殻を含んでおり，浜辺
の砂のようである．海底だった頃に生息していた動物たちであるが，その殻は
今や異なる環境で見つかる．この島は幅が 1 マイル以下であるが，多数の野生
生物を支えている．浜辺を歩いていると，アリゲーターを見かける．彼らはこ
の島が自分たちのものであり，人間を恐れる必要がないと考えている．彼らは
日光浴を島の池の中で行うが，池は砂丘のすぐ後ろにあることも多い．それら

第 7 章　浜辺に出かけて　　**117**

の池は雨水を集めたもので，塩気はない．アリゲーターは淡水にすむのだ．

　このアリゲーターは，クッチで見つかるクロコダイルの骨を思い出させる．クロコダイルの骨は，海の貝類と一緒であることも多い．私はいつもそれらが海生クロコダイルの骨であったと考えていた．貝類と一緒に出るからだ．しかし今，推論を急ぐべきでないことに気づく．もし，未来の古生物学者がクッチの土壌を掘ったとしたら，淡水生のアリゲーターの骨は，アリゲーターが海生の無脊椎動物とともに生活していなくても古代の海岸に近くにあり，そして海の二枚貝と関連づけられるだろう．

　私たちは自転車を引っ張って，砂丘を横切り，ハイイロギツネの骨を見つけた．昼間は隠れているこの哺乳類は，砂丘植生の中にいる．キツネはおそらく砂丘のすぐ後ろの森林域にいるネズミ類と小鳥類を捕食していて，この昼行性ウォッチャーが見過ごすのは夜行性動物の類いである．砂浜には多くの貝類があるが，すべて半分開いている．嵐は死んだ貝類の殻をかき回し，砂浜に投げ出したに違いない．それはインドでの私たちの化石調査地のひとつであるゴッドヘイテッドを，私に思い出させる．この砂浜では，平たいウニの仲間のスカシカシパンもいる．インドでは，私たちはいつもこのウニを，そこが完全な海であることの指標として用いる．なぜなら，このウニは淡水に耐えられないからである．しかし，これらのスカシカシパンもアリゲーターの池からほんの50ヤードのところに存在している．この海岸は非常に異なる四角のパターンと色彩からなるキルトパッチワークだ．クッチについても同じように考える必要がある．

　このバリアー島に来た理由のひとつは，イルカ類を見ることだった．長い間，私はイルカ類の化石を見てきて，そして何回も死んだイルカ類を解剖したが，野生のイルカ類を見たことがなかったのだ．私たちはこの島の南端へ向けて砂浜を自転車で走った．このバリアー島は，隣のバリアー島とは潮の水路で分かれている．海水がこの水路を速く流れて潮がこのプロセスで動く．海水レベルが高潮ぐらいに来ると，海水がバリアー島の後ろにある泥性の平らなところに流入し，水路を通じての海水をそこに満たす．潮位が低下すると，すべての海水が再び出ていく．あたかも巨人が干潟を持ち上げ，そして海水を海へと注いでいるかのようである．イルカ類は賢い動物である．彼らは潮について知っており，流入する海水とともに多くの魚類が干潟に入るのを知っている．イルカ

118

は潮の水路にとどまって，そこに押し込まれてくる魚を捕らえる.

　私は，8歳の息子が楽しみにしているイルカを見れないのではないかと心配している.

　「イルカはいつでも見られますか？」私は制服のレンジャーに聞く.「息子には長い旅です」

　「イルカたちはそこにいるでしょう」彼女は確信的に言う.「この潮が逆のときは，ちゃんといますよ」

　私たちはショーを見るためにちょっと早く到着し，そして水路の縁に沿って歩いた. そこには何十個もの大型巻貝の殻があり，私たちはそれを採集した. それらは大きく，美しく，オレンジ色，黄色，褐色で，灰黒色の斑点がある. そしてクジラが埋められたように臭う. 実際，この大型巻貝たちは，生きていたときに潮の水路に埋められたのだ. 動物が死んで，肉体がすべて消えるとそれらは現れてくる. 私たちはこの砂浜のどこでも大型巻貝を見ることはなく，それらは潮の水路に近いここだけにあることに，私は再びショックを受けた. 私たちは運べるよりも多く，いくつか拾い上げた. 私が見て，より大きく，より美しいものを選び，前に取った1つを捨てる. 私たちは多くの大型巻貝を持ち帰ることができない. それらを自転車で運ぶことができないからだ.

　私は目を地表に向けて，両腕で大型巻貝を運び，前に後ろに歩き，水路に注意を払わなかった. 突然のヒューという音を聞くまでは. 大声でそして突然，それは私を驚かせた. そしてバスケットボール大の膨らんだ灰色の物体が姿を消した. それは私から30ヤードほどの水の中だ. イルカがやってきた——その前頭は私が見たものだ. 私は大型巻貝を置いて，砂の上に座った. レンジャーは正しかった. イルカは水路をパトロールし，息をするためにやってくるのだ. その水はとても濁っており，いちばん近い個体の体も見えない. しかし，私は前頭の噴気孔を見ることができた. それは水から出て来た唯一のもので——両目と耳は水面下にある——ちょうど灰色の膨らみだ. インドのクジラ類もまた，濁った水の中でねらった魚を襲撃するために，浅いところでたむろしていただろう.

　私たちは半時間ほどイルカを見張った. 太陽が沈んでいく. 湿地はオレンジ色になり，そして自転車で帰るころには灰色の影となった.

　私はクッチに戻ろうと思う. ある丘の場所には，石膏とカイギュウの肋骨が

あるだろうし，他の丘は壊れたカキの殻で成り立っているだろう．すべては異なる化石環境を表している．そして互いの場所は目と鼻の先である．海岸であった4200万年前と同じように，ハルジ累層の向こうにもオレンジ色の太陽が沈む．

化石化した海岸

　クッチの化石産地は約70マイルの長さで，始新世の露出した土地の中心部をぐるりとC字型の帯状に広がっている（図30）．この帯に沿って多様な生息環境がある．現在と同じように，インド洋はこの場所の南にあり，大きな入り江が半島付近の西から北へ広がっていた．現在，この入り江は一年中乾燥しており，クッチ湿地帯と呼ばれている．しかし，モンスーン時には水がいっぱいで，クッチの砂漠はずぶぬれとなる．

　始新世においては，この場所の南側周縁は海に近かった．化石産地のラトナラはこの地域にある．大きな藻場があり軟体動物が優占していたが，それは浅く澄んだ海水であったことを意味している．藻類は炭酸カルシウムを沈着させ，それで藻類礁を構築し，それがチョコレート石灰岩として化石化した．藻類の中で生活する軟体動物はそれらによって包まれて埋められ，クジラ類とカイギュウ類の死体も海底に沈むと藻類によって包まれた．ミネラルは藻類食の死んだ哺乳類から出て行った．しかし，それはラトナラにおける1つの環境であった．そこには多量の小さな水草が生えた泥性の浅海もあった．この水草は，現在は植物化石として認識できる．そこには黄色い硫黄の脈を持つ灰色の泥もあるが，それは明らかに嫌気環境で形成されたものだ．

　ラトナラの15マイル東は，始新世陸地の南であり，ヴァガパダールの化石産地である．そこには多量の大きな海生巻貝とカイギュウ類がいたが，クジラ類は比較的少数である．カイギュウ類は化石環境の良い指標である．彼らは水生植物，とくに海草（アマモなど）の摂食者である．始新世では，ヴァガパダールはおそらく海草の牧場であり，速く泳ぐクジラ類にはあまりに不適で，まさしくゆっくりと植物を食むカイギュウ類にふさわしい．

　古代の海岸線に沿って北へ移動して入り江に入ると，キアワ島を訪れたときに思いをはせた化石産地ゴッドヘイテッドがある．そこは，開けた海から遠く

120

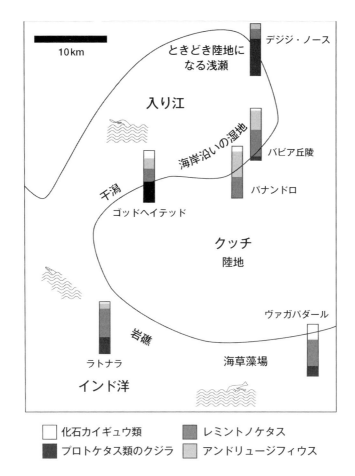

図30 クッチ西部（インド）の始新世の地図．化石の産地とその環境を記している．様々な種類の海洋哺乳類が様々な生息地を選んでおり，様々な化石産出地で様々な海洋哺乳類が豊富に出土している．モノクロのグラデーションになった四角い棒は海牛類と様々なクジラの産出の割合を示している．

て，海洋の波と気候から守られていた．しかし，海と続いたままだった．沈下物と化石植物によって，ゴッドヘイテッドが始新世には干潟とラグーンだったことがわかっている[1]．そこはまた，環境のパッチワークであり，最も印象的な場所は，ほとんど完全に壊れたカキの殻によってできた長い丘で，始新世の嵐によってできた堆積物である．嵐がカキを殺し，その殻を壊し，大きな堆積場

第7章 浜辺に出かけて 121

を作ったのだ．どちらにも明らかに軟体動物が存在しているとしても，チョコレート石灰岩の軟体動物との違いは明白である．ゴッドヘイテッドでは，殻が閉じたカキはない．チョコレート石灰岩のカキのほとんどは殻が閉じているのは，生きているときに埋められたことを示している．ゴッドヘイテッドでは化石クジラ類が発見されるが，それらは同じ嵐で殺されたか，嵐がクジラの死体をここに運び，それらがカキとともに埋められ，4000万年以上後に古生物学者を喜ばせるものになったかである．

　ゴッドヘイテッドの北東は，品質のよくない褐炭の大きな堆積層がある．この堆積層はパナンドロ褐炭鉱山とバビア丘陵地で見られ，塩性の沼沢地か湿地で形成されたものだ[2]．植物は死んでも腐らず，その代わり繊維がよりいっそうの植物で被われ，そして埋まったものだ．ハンマーでその岩石を砕くと黄鉄鉱と同様の硫黄の臭いがすることから，嫌気的環境が普通であったことがわかる．パナンドロは，南に存在する陸地によって海の攪拌から守られていた．それは森林性の淀んだ水の湿地で代表され，そこでは多くのクジラ類がすんでいた．

　さらに北へ行き，海から一番遠いところは，デジジ・ノースの化石産地である．ここには石膏がたくさんあるが，これは塩水の窪地が乾上がって形成されたものである．化石の多くが石膏に被われており，クジラたちが，彼らのラグーンあるいは内湾が乾上がったときに，ここで死んだことを示唆している．このプロセスは今も続いている．クッチの湿地帯が夏に乾燥したときに，宇宙から見えるほど著しい量の塩を堆積する．キアワからの教訓をクッチに適用すると，私はここでの4200万年前を想像することができる．海岸線の数マイルに沿って，異なる植物，無脊椎動物，そして哺乳類などが生息した多数の異なる環境が存在するのだ．クジラ類はある場所では普通であるが，他のところではまれである．堆積学が，私にクジラ類の生息地を，そして逆にクジラ類が生きていくのに必要なことについて教えてくれる．

第8章

カワウソクジラ

手のないクジラ

インド，クッチ，2000 年 1 月 12 日　クッチの砂漠は，少数の牧畜者を除いて，ほとんど無人である．彼らは家畜の群れとともに平原をさまよう．しかし，パンドロの褐炭鉱山には牧畜業でない人たちがあふれている．ここはインドで最大級の大きな露天掘り地だ．台所のブレンダーの隣に立つアリたちは，ブレンダーの大きさに恐れおののき，その機能に困惑しているに違いないが，鉱山での巨大なマシンの存在はあなたをそのような気分にさせるだろう．数百人がそこで働いているが，地方の村ではこんなに多くの人を支えられないので，鉱山会社は彼らとその家族のための町を作った．この会社町を彼らはコロニーと呼び，まっすぐな街路，均一な家々，ショッピングセンター，学校，遊び場，そして海水の脱塩プラントを持っている．バスが労働者を鉱山へ運び，技術者たちが均一の白い SUV で移動し，色彩豊かなトラックのところで命令を発している．トラックは褐炭を積み，約 3 時間離れた最寄りの本当の町へ向かう道をふさぐ．鉱山の人々の好意によって，私たちはゲストハウスに滞在することが許されている．それで私たちは，砂漠においてどこで食事するか，どこで水を得るか，どこで用品を買うかといった物流の問題の多くを解決できている．

　朝方に，私たちはフィールドへとドライブした．ヒツジほどの大きさだが，もっと軽快な小型の偶蹄類インドアンテロープが道路を横切る．そして，たまに出現する車のない村や舗装道路，少年たちが飛び込み遊びをする池に浸っている水牛，一方，彼らの家に水瓶を運んでいる姉妹たち，そんな風景を通過するとき，私たちは時代感覚を失う．

　ゴッドヘイテッド村に近づくと，私は小型犬のような動物のジャッカルが道路を横切るのに気づいた．「あれは狂っているようだ．だんな」と，運転手が物騒なことを述べた．

　その動物がこんな時間に出歩いていることからそう考えたのだろうと思い，私は心配になった．私たちは化石を探すために，車から遠く離れた場所で，一日中そこにいなくてはならないのだ．もし誰かが咬まれた場合，病院が狂犬病予防ワクチンを接種してくれるだろうか？　ともかく，どこに病院があるだろうか？　あの会社町がそれを持っているだろうか？

　黄色いフルラ累層の棚の上から，私はゴッドヘイテッドを見下ろす．20 軒か

第 8 章　カワウソクジラ　　**125**

そこらの家屋は，壁やベランダを共有し，あるいは抱き合っているかのように互いがくっついて，熱が入らないように一緒に群がっている．そして，明るい紫がかった青色に塗られている．助手はそれをツルニチニチソウと呼んでいる．このツルニチニチソウは，周りの単調な岩から突き出している．ゴッドへイテッドは回教徒の村であるが，半マイルほど離れたところに，似たようなヒンズー教徒の村がある．しかしモスクを見たわけではないし，ここから人の姿が見えるわけでもないので，なんとも言えない．また，ここの回教徒は大部分がヒンズー教徒と異なる衣服を着ていない．婦人たちは顔を被っておらず，ヒンズー教徒と同様に，明るい赤色とオレンジ色の衣服を着ている．それは単調なツルニチニチソウの周辺とは著しく対照的である．そしてほとんど誰でも，男たち，婦人たち，回教徒，ヒンズー教徒は，日光とほこりを避けるよう頭を被っている．

　私たちは自動車が通れるような谷を横切る道を探した．村のまわりをドライブするが，私たちが行きたい場所へは急斜面が下っていて，明確な道はない．小さな子供たちが私たちを見るために来ている．自動車がここに来るのは稀であり，飲料水を運ぶための政府のトラック，そして1日に1度か2度だけ町に人々を運ぶおんぼろのバスのみである．白人が来るのは，7月における降雨ぐらいの稀なことである．子供たちがトラックについていく．それはインドの人が言うように"死ぬほど遅い"．でこぼこの家畜道の上で進路を探している．運転手は村へ入ろうと決め尋ねた．家々の間の通りは狭く，牛車のためのものであり，私たちの車はターンすることはできない．自動車の音を聞くと人々が出て来て壁のあたりで，またフェンス越しに私たちを見ている．運転手が誰かを呼んだ．すると2つの重い金色の飾り鋲をイヤリングとして付けた男が近づいてきた．彼らは会話をする．私は特別な目的のため，いつも持っている飴玉のバックを取り出す．そして，子供たちに向けて飴玉をかざし，合図すると，年齢が6〜9歳の3人の少年がやってきた．彼らに1個ずつ飴玉を与えた．大きな笑顔になり，1人は家族に見せるため離れ，もう2人は留まる．何人かの少女が遠くに立ち，近くに来ようとしない．私は少年の1人に，まだ私の手にある飴玉を身振りで合図し，そして少女たちを指す．私は彼が飴玉を少女たちに渡すのを望んだのだが，彼はそうしない．私はここで少女たちに合図することをあえてしない．ここは回教徒の村で，一人は少なくとも9〜10歳である．パ

キスタンでは，見知らぬ者が少女と話すのは不謹慎であり，私はクッチの人々が，それについてどのように感じているかがわからない．私は哀れみを感じた．仲間は皆，今は行き先について関わっているので，助けてもらえない．1 人の老婦人が近くに立っている．私は手にしている飴玉を少女たちの方向に向け，そして非常に限定されたヒンズー語を用いて老女に「ティーク・ハエ（OK?）」と尋ねた．彼女の年取った皺の顔が友好的に見えたが，よくわからない．いらいらする．

　皆，自動車の中へと戻る．私もまた発つ必要がある．また悪いことに，彼女たちには今は飴玉がない．私は少年たちの一人に一握り与え，少女たちを指し，「どうぞ，分けなさい」といった．彼は再び微笑む．私が望むことは見当はずれなのだろうか．おそらく，彼の母親が，姉妹と従兄弟たちに分けるよう彼を仕向けるだろう．あるいは彼がたくさん食べ過ぎて，腹痛を起こすかもしれない．

　自動車に戻って，私たちは丈の低い灌木域を横切り，そして車を停めた．私たちは泥底のあるナラに降りた．こんな場所はクッチではかなり珍しい．密度が濃い灌木の背丈は，私よりも高い．そしてあたりからガサガサと動物の音がする．

　「野ブタだ」と，運転手が何の気なしに私に知らせた．草の葉を嚙んでいるのだ．

　私は見上げる．野ブタは凶暴であり，赤ん坊を連れているときは非常に攻撃的である．私は，それらが今年のこの時期に赤ん坊を連れているかを知らず，知りたくもない．灌木下でのその動物音が近すぎて，気持ち悪い．私はハンマーを見る．それは私が恐怖している母イノシシに対しては，不十分な武器のように見える．私はあわてて，林内から再び砂漠になっているところまで急いで歩いた．私は砂漠が好きだ．化石がある岩石を見つけられるし，そして，狂犬またはイノシシを，彼らが襲ってくる前に見つけられるからだ．

　私はイノシシに汚染されたナラを後ろにして，そしてゴッドヘイテッドを向こうに見る．砂漠とインドの人々の平和が，再び私を囲んでいる．黄色の石灰岩崖を後にして青く雲のない空，赤いタイルの屋根を持ったツルニチニチソウ村，水牛が体を冷やす小さな池，そして緑色のナラなどが単調な丘に対置している．化石だろうが，そうでなかろうが，私はそれらが好きだ．

　ゴッドヘイテッドでは，大きな嵐によって破壊されたカキ殻の堆積を含むハ

ルジ累層が多く露出している．私たちは化石を求めて，そのカキ層の上を，地面に目を向けて歩く．私はバックパックを，化石処理者であるエレンのバックのそばに置く．彼女は同じ斜面のいっそう高いところで収集している．このバックパックは1ガロンの飲料水で重く——クッチは暑い——，また昼めし，チゼルハンマー，接着剤，歯科道具，ブラシ，ナイフ，運搬のため化石を包む漆喰などで重い．スニールはバッグを岩陰に置くが，私は決してそのようにしない．それは岩の陰に余りによく隠れてしまうので，私のバックパックを探すのに，1時間は過ぎてしまうからだ．熱いバックパックの方が，それがなくなるよりはよい．

　突然，私は化石を見つけた．1個の椎骨である．非常によいとはいえないが，よい出だしだ．私は他の椎骨へと通じている溝を縦走する．エレンが来て助けてくれる．彼女は他の椎骨を見つけ，そしてまた，見つける．やがてスニールが現れる．「ハンス，なにか見つけた」

　私は少しいらいらしている．彼は，私がやっていることを中断し，その場所に行くことを期待している．

　「それはよいものかい？　私はここでちょっと運を摑んでいるんだ」

　「骨がたくさんあるよ」

　「同定できる？」

　彼は微笑む．「あなたならわかる」

　私はバックパックを取り戻し，およそ百フィート離れた平らなところに行った．複数の椎骨がその場所に散らばっている．また，ほとんどが10セントコインより小さな多数の骨片もある．私たちはそれをチップと呼ぶ．よくはないが大きく，そして完全なものである．

　「たくさんの骨，たくさんの椎骨．何か他のものをここで見た？」と私は尋ねる．

　彼はポケットから化石を出して，私に見せる．1個の大腿骨以外は，ほとんどが椎骨片であり，認識するにはあまりにも断片的ないくつかの小さな骨片である．椎骨のひとつは尾部からであり，彼が持っている他の椎骨の2倍ほどの長さがある．面白い．私は動物をイメージしようとする．アンブロケタスのようではない非常に長い尾，バシロサウルス科のようである．これは新しいクジラであり得る？

128

「スニール，よい椎骨だ．たくさんあるが，長い骨の全部と頭骨はどこにある？」

この時点で，これがクジラであると言うにはまだ不十分である．私たちはこの場所を掘って，もっと骨を収集する必要がある．

エレンと私は広く円形の中を歩き，どこが最も骨が集まっているかを見つけようとした．私たちは目印のために，骨のある領域の周りに大きな石を置く．そして，その領域をセグメントに分け，それぞれが這って，種々の骨片を拾い上げる．私たちはすでに部分的に埋まっている2つの椎骨を，そしてさらに大きい化石も見つけた．後にそれらを掘る計画だし，粗い地面での発見物はすでにバックにあるので，埋まっている化石には触れない．小さな堆積がしだいに大きくなるが，それらはまさしく椎骨と確認できない断片である．私はこの動物がなんであるかを知ることができないだろう．私はパキスタンにおける以前の経験に関するビジョンを持っている．アンブロケタスでは頭骨を発見する前にいらいらした4日間を要し，そしてようやく動物が同定できるようになった．あの大腿骨の半分以外は，私たちは1時間後に肢の部分を持つことがない．膝パッドもよいものらしい——地面の全表面は砂利サイズの小さな岩石で被われている．地質学者はこれを"砂漠の舗装"と呼ぶ．風が細かい物質を吹き飛ばし，砂利と岩石が残されたときに形成されるのだ．最終的に，すべての細かい物質は吹き飛ばされ，そしてそれらの大きな物体が全表面を被うと，風が浸食から地表を守る．この砂漠の舗装は植物と膝にとって，そして収集のためのモチベーションにとっても，硬すぎる．

これらの1ダースあるいはそれ以上の椎骨は，削片とともに明確な可能性を持っている．尾の椎骨はすべて大きいようである．エレンと私は，まだ埋まった骨がたまっている領域に戻った．彼女は掘って，さらに椎骨をあばき出す．私は埋まっている1つの大きな骨にとりかかる．エレンは泥と砂粒などを歯科道具で取り除き，歯ブラシとペイントブラシできれいにし，小さな台座の上に細かな化石を残して，より深く埋まっている化石を露出させる．さらなる椎骨が出てくる．私はこの動物からの完全な脊椎柱を得ることを優先するが，これが何であるかを知ることはいっそう大事である．すでに1時間が過ぎ，そして，小さな発掘場所は数インチの深さになっている．スニールは別の化石探しに取りかかっている．この砂漠は静かで暑い．

エレンと私は黙々と作業を続けた．この大きな化石は印象的であり，単なる

化石ではない．岩石中の骨はもっと印象的である．指の爪サイズの少数の骨片がまだそれにくっついている．その印象的なものはＹ字形で，非常に長い柄を持っている．これが下の何かよいものにつながっていることを私は望んでいる．私はこれが何であるのか，あるいは，むしろ何が以前に浸食されたかを描けていない．仰向けになって手足を伸ばす．背を曲げると痛い．エレンが沈黙を破った．「これは何？」．彼女は，この骨が私をイライラさせているのに気がついたのだ．

　「どれも非常によくない．この骨が私を悩ましている．これが何であるかわからない．肢の骨あるいは椎骨であるには長過ぎる」

　「頭骨の一部ですか？」

　「わからない．頭蓋ではあり得ない．吻でもあり得ない．顎でもあり得ない．それらはずっと後ろで分離しない．歯か，歯槽を探さないと……」

　私の頭には，哺乳類の全解剖構造が何度もくり返して出てくる．このばかげたＹ字形の物体がどこに当てはまるかを試みる．私はそれを描き出せない．その代わり，私はその写真を撮り，そして，それを私の頭の外に置こうとする．「頭骨の断片，非常によくない，収集しなかった」．私はノートブックにそう書いて，その骨を置き去りにした．

　スニールが大きな肋骨を持って帰ってきた．カイギュウ類だが，大きなものだ．その肋骨はバナナなどの大きさと形態をしている．私はエレンを残して，彼とともにそのスポットを歩く．その肋骨は胸のものである．そのカイギュウの残りはそこにはない．そこで，私は１時間後にエレンのところに戻った．彼女は欠片の大きな堆積を作っているが，そのほとんどは同定するには小さすぎる．彼女が掘った穴は，今や２フィートの幅になっている．そして彼女が見つけた欠片は，どれもが認識できない骨の部分である．私はがっかりして，そしてノートブックに書いた．

　「３時間後，何ら進展がない」

　私はこの作業に疲れている．「つるはしを使って，もっとボリュームをかせごう．私たちはより深く掘ることができる．そして，もし得ているのがほんの骨の小片なら，何も壊してはいない」

　私はツルハシをとり，その岩石を緩めるためにそれを振る．２回振った後，エレンは化石を手で探すため，その粗いダートをふるい分けた．彼女がより大

きいものを見つける．それは上腕骨の部分だ．それは重要である．潮目と私の気分が大きく変わった．

「すばらしい，肢の骨だ」これらのインドのクジラでは，肢の骨は知られていない．そしてどれも脊椎骨と結合されていない．もちろん，これが本当のクジラなら，私たちは歯と頭骨を見つけなくてはならない．私はその土壌を再びツルハシで打つ．そこはその骨が出たところだ．両手で荒い砂と岩石を篩にかけた．

「ワォ，遠位の脛骨だ，他の長い骨も．おそらくここに完全な頭骨があるよ」私は今やこの発掘に熱中している．そしてさらなる肢骨，もっと小さいものを探す．しかし静かだ．時間が過ぎて行く．太陽が長い影を投げている．スニールがこの場所に戻る．そして私は手短に述べた．

「さて，わかっているのは，この動物が短く，頑丈で，しゃがむ肢，特に胴体に近い部分に肢があることだ．ちなみに，強力な泳ぎ手，掘り手，そして登り手たちは，密度の濃い媒体中で動くために，彼らの肢を梃にしている．また大きく，強く，そして長い尾を持っている」．私は上腕骨の次に，尾の椎骨を確保した．その骨は椎骨の長さの2倍弱である．

「素晴らしい——こいつはほとんどが尾であり，短く太い肢を持っている．これは私たちにこの動物における動きについて多くのことを告げるだろう．強力な尾，確かだ」

「それで，これは何なんですか？」スニールのコメントは，私の泳ぎについての考えを地表レベルに持ってくる．

「そうだ，私たちはこの獣が何なのか知らなくてはならない」

私たちは肢の部分のみを持っている．手首と足首の先はなにも持っていない．私は決めた，私たちはそれをもっと掘るべきで，そして手や足の骨のようなもっと小さなものを見つけるために，その堆積物をすべて篩にかけるのだ．

出発すべき時間だ．私たちは，小さな贈り物の白い包みを作るようにして，私たちの骨をトイレットペーパーで包む．実際，これはクリスマスプレゼントよりよいものなのだ．

会社町に向けてドライブしながら，私たちは計画を練った．堆積物を篩にかければ，汚く小さな岩石はそれを通過するだろうが，豆より大きなどんなものも篩に残り，速く分離できるだろう．会社町の隣にある小さな市場で停まり，

第8章　カワウソクジラ　　**131**

そして金物店に行った．その店は大きな浴室程度の大きさで，シャベル，鉄線の巻物，また麺棒と平鍋などで屋根が覆われている．スニールは，私が必要としているものを翻訳する．行ったり来たりがあるが，その男は万能で熱心に見える．そして，私はインドの金物工業に大きな信頼性をいだいてこの店を発った．

夕方に，私たちは化石を包みから取り出す．エレンが参加し，そして浴槽の中の化石を洗う．今や，きれいになったたくさんの化石であり，いくつかの破片が上腕骨と大腿骨へしっかりとつき，2個の完全な肢骨を作っている．非常に満足だ！

また，エレンがサイコロサイズのいくつかの破片をあばき出す．それは黒灰色で，他の骨のように日焼けしていない．それらはエナメル質——歯の部分——であり，クジラの歯だ！　四肢と強力な尾のあるクジラのもので，アンブロケタスとバシロオサウルスとはかなり異なっている．新種だ，そして明らかに素晴らしいものが見つかっていたのだ．

翌日の夕方，金物屋で篩をひきとる．オーナーが外で私たちに会う——その篩は彼の乱雑な店には大きすぎて合わない．私が指定した寸法は，車の中に入らないことが，今やはっきりしている．また，それは篩ではなく，その代わり，製作者が枠に一片の金属板をつなぎ止め，その中に数百の孔をあけたものだ．会社町には篩がないので，これは独創的な解決である．この完成品は45ルピー，およそ1ドルだった．

ドライバーが私の問題を解決した．車の屋根にその篩を縛り付ける．ゴッドヘイテッドの山地に戻り，篩の中へ，シャベル3杯の堆積物を入れる．エレンと私はそれぞれの側をつかんでリズミカルにゆするが，これは重く，ほこりまみれの仕事である．ゆする作業は私たちのバランスを失わせる．ほこりが私たちのブーツに入り，また，風がほこりを目に吹きつける．私たちは希望していたよりは少ない骨片を見つける．私は帽子を忘れたので，耳が焼けている．エレンはしばらく彼女の帽子を貸してくれる．私は飛行機で風邪を引いていたため，まだしわがれ声である．それで咳止めドロップをなめる．スニールは私に「繊細だね」と言った．

洗濯とフィッティングという夕方の儀式が繰り返される．さらなる椎骨と長い骨片だが，どれもよくはない．椎骨の1つはだいたい完全であるが，その端

には三角形の欠損部がある．他の椎骨は奇妙な三角形の塊が突き出している．私がその2つを付けると，驚いたことに，つながることがわかった．これらの椎骨が生きているときはつながっていたのだ．エレンはそれをする私を見て，「仙骨？」と尋ねた．

「あぁ，しかし残りはどこだろう？」

私たち2人はバッグ中の残りをさらに必死に探す．

地質学的な時代測定法で，私たちの新しいクジラは，アンブロケタスとバシロサウルスの間に落ちる．これらの2系統の仙骨は非常に異なっている．前者には4つのしっかりと結合した椎骨があるが，後者ではすべての椎骨は結合していない．陸上で重さを支えられるかどうかの違いを，それは示している．これは私たちの新しいクジラを理解する時に大変重要である．エレンと私は，さらなる骨片を見つけるため，化石を調べ続ける．私は成長しつつある仙骨の上に，白色のエルマー糊で，それらをくっつける．乾燥にはしばらくかかる．私はせっかちであり，すでに糊で結合されたものが乾く前に，もっと多くの脊椎を探し，フィットするよう試みる．いくつかは，私の化石の扱いのせいで接着がはがれてしまう．エレンはせっかちな私を見て，なにも言わないで私から仙骨をしっかりと，しかし優しく取り上げる．私は反対するよりよいと知っている．彼女は化石調整者なのだ．事の進行はより遅くなるが，今や私は各関節を一回だけで糊付けすることのみを望む．最終的に，彼女は連結した4つの椎骨，骨盤への大きな関節，ほぼ完全な仙骨へとつなげた．この動物は確かに陸の上に立てたのだ．

仙骨に関する再構成手術の成功よって私は興奮しており，袋の中の化石断片をまだソーティングしている．私の目は金平糖ほどの大きさのある骨，そしてまたその色彩に引かれる．それは4面の3つが壊れているが，なにか大きなものの一部であることを示しており，この破損が，なぜ以前に私がこれを無視したかを説明する．しかしながら，この第4面は2つの穴を示している．これらは歯だ！　震えが私の背中に走る．「スニール，顎があったよ」

彼は見上げる．左右の歯群を保持するそれらの空洞（歯槽）は，非常に近くにあり，顎が非常に狭いことを示している．私たち2人ともこれが意味することを知っている．つまり，これは細い吻を持つクジラ類の1種であり，私たちは頭骨断片を持っている．この標本をレミントノケタス科であると同定するこ

とができるのだ.

　最終的に, この新しいクジラは *Kutchicetus minimus* と名づけられたが, その意味は“クッチからの最も小さなクジラ”である. (図31)[1]

　時間がとともに, また, 大きな Y 字形のものが何だったかが明らかになってきた. 下顎の下部の痕跡, その長い軸は, 左右の顎が触れている部分であり, 短い腕はそれらが伸びている左右の部分である. バビア丘からのフルートのようなものは, 第6章でふれたが, ちょうどその痕跡なのだろう. そして, 確かに, それらは同じ種を表している.

　クッチケタス (*Kutchicetus*) についてよくわかるようになってくると, 博物館の展示物を作る会社であるリサーチ・キャスティング・インターナショナルは, それらをすべて一緒にし, そして, 博物館の展示で用いるために, いくつかの奇態なプラスチックを模造した. その監督のピーター・メイと私はすべての骨を一緒にし, そして私たちが片側のみを持っているのに対して, 彼のチームは骨の鏡像を作った. 四肢に対しては, 私たちは何の骨も見つけていないので, 鏡像のための資料がない. 私は四肢を復元 (再構築) してもらいたくない. なぜなら, 私はそれらがどのように見えるかを知らないのだ. 私たちは, 足指の部分を持っていないことを明確にするため, ワイヤーを用いることを決めた.

　その後, 私は科学イラストレーターのカール・ブエルに, この動物の絵を作ることができるか聞いた. 私はカールを知っている. 彼はうるさくて几帳面である. 彼は, この姿, あの骨, 私が考えもしなかった事柄など, 詳細な点を問う.

　「唇はどのよう?　イヌのようにばたばたする?　クジラのように硬い?」. カールは, 若くないその割れた声で問う. 彼は解剖学, 機能学のスタッフを知っていて, また情熱的である. 私は彼の問いに答えられない.

　「この動物は, 長く細い吻をもっている, クレージーだ. 私はその周りに鉛筆を巻きたい——それはガビアル (魚食の大きなアリゲーター) みたいなクジラだ」. 彼は正しい. このクジラはインドとパキスタンにすんでいる吻の長いクロコダイルのように見えるのだ.

　「それで, 四肢はどう見えます?」

　「私たちは肢を持っていません. それを発見できなかったのです」

　1秒間静かである. 彼は明らかに失望している.

　「あなたは四肢のどんな骨も全く持っていないのですか. 指骨, 手根骨も全

図 31　始新世のクジラ，*Kutchicetus minimus* の生態復元図．およそ 4200 万年前にインドに生息していた．クッチケタスや他のレミントノケタス類のクジラはおそらく魚食性で，陸上を歩き回ることができた．

第 8 章　カワウソクジラ　　**135**

くないの？」

「私は半分の骨を持っている．おそらく指骨です．役には立たなそうですが」

再び静かだ．私はその沈黙を破った．「あなたは復元の際に何をしようとしているのですか？」私は問い，彼がこのプロジェクトがうまくいくと思ってなさそうなことを多少心配していた．

「おぉ，何かを作り出すよ」この言葉はよいとは言えない．私は彼が計画していることを知りたい．

「私はそれらを作り上げることをあなたに望まない．オーケー？」

「あなたはそれが好きなのだ，わかりますよ．」

彼の声が，心配している患者を慰める医師のトーンに変化するが，説明することは欲していないようだ．私はカールを信じ，それで彼に押しつけない．彼は大きさの尺度として，何を用いられるかを知りたがっているのだ．そのものがあれば，人々はこの動物がいかに小さいかを知るだろう．彼は尺度として海鳥を提案した．人々はそれらがどれくらいの大きさかについて，だいたい想像がつく．そしてカールはそれらが始新世にいたことを知っている．

数日後，カールは上からと横からの何枚かのスケッチを私に送ってきた．彼は明らかにその作業にあがいている．それは他の哺乳類とは非常に異なっている．しかし，そのボディの復元はなかった．私は依然として，どのように彼が手と足の問題を解決しようとしているかを知らない．そして，私は知ることをあきらめていた．結局，私は動物全体のスケッチを手に入れる．私がそのファイルを開くと，彼はそれらを海岸線に置いていた．水中にある四肢は見えない．水上にある動物の残り部分は見える．素晴らしい．そんな簡単な解決があるのだ．私はそのような考えを持っていなかった．背景の鳥もよいようだ．

レミントノケタス科のクジラ類

カールの復元は，レミントノケタス科のクジラの骨に，いくらか肉をつけたものである．このクジラは，アショカ・サーニと彼の学生のＶ・Ｐ・ミシュラによって最初に発見されたものだ[2]．サーニはさらなるクジラ類を収集するために他の学生キショール・クマールをクッチへ送った．キショールの滞在のほとんどは，悪天候のためフィールドワークが不可能だったが，彼はその時点で

知られていたレミントノケタス（*Remingtonocetus*）の最も完全な頭骨を発見した[3]．彼はまた，ミシュラが発見した他のクジラの新しい標本を収集した．それはアンドリュージフィウス（*Andrewsiphius*）で，エジプトで働き，多くのバシロサウルス科を記載した英国の古生物学者アンドリュー（C. W. Andrews）にちなんでこの名前がつけられた．アンドリュージフィウスとレミントノケタスは，クジラ類のユニークなインド–パキスタン放散の系統であることを理解し，クマールとサーニは，レミントノケタスとアンドリュージフィウスを新しい科のレミントノケタス科（Remingtonocetidae）に入れた．それ以来，インド亜大陸以外ではレミントノケタス科は発見されていないが，3つの追加の属が記載された．中央パキスタン[4]とクッチ[5]からの標本に基づいたダラニステス（*Dalanistes*），クッチからのクッチケタス（*Kutchicetus*），また，アンブロケタスと同じ北パキスタンのクルダナ累層岩石から由来しているアトッキケタス（*Attockicetus*）である[6]．

　レミントノケタス科は，長い吻，小さな眼，そして大きな耳を持っており，他の始新世クジラ類とは異なっている．クッチケタスとして知られているものに基づくと，その体はカワウソに似ていて，小さな四肢，そして長く強力な尾がある．逆に，細長い吻が，インドワニ（ガビアル）のような頭部を作っている（図33）．クッチケタスはレミントノケタス科の最も小さなものであり，そのサイズはラッコ程度である．ダラニステスは最も大きく，重さは雄のアシカと同じくらいである．インドのレミントノケタス科は4200万年前から知られている[7]．アトッキケタスがより古く，アンブロケタスと同じぐらいで，およそ4800万年前，そして中央パキスタンからのレミントノケタス科は3800万年から4800万年前の間である[8]．

摂餌と食性　レミントノケタス科が魚を捕獲するのを，その長い吻が助けたと想像するのは容易である．もし，アンブロケタスがワニと同じような生活していたなら，大きくもがく獲物を捕らえるため，レミントノケタス科はいっそうデリケートであり，魚が近くに来たら，鋭い歯で素早くはさんだろう[9]．クッチケタスの前歯は細長く，突進して滑りやすい魚を貫いて押さえるのによい．臼歯は小さいが，歯の摩耗は，レミントノケタスが現生のクジラ類とは異なっており，その食物を咀嚼したことを示している．その歯はバシロサウルス科と

第8章　カワウソクジラ　**137**

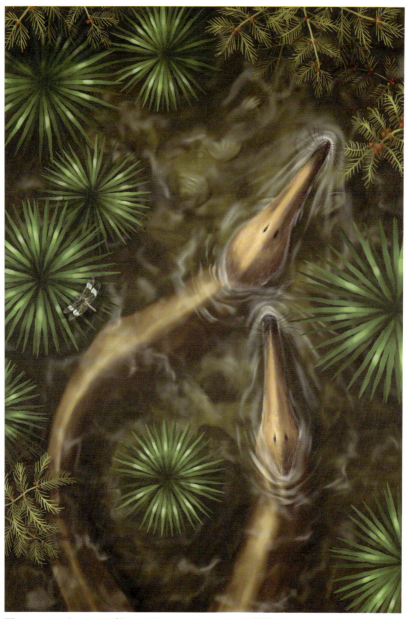

図32 レミントノケタス類のクジラ，クッチケタスの生態復元図．このクジラの手と足の化石は発見されていないため，復元図の作製には創造力が求められる．

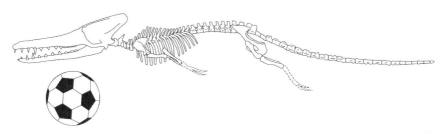

図 33　始新世のクジラ，*Kutchicetus minimus* の骨格．サッカーボールの直径は 22 cm（8.5 インチ）．

　アンブロケタス科のように働いた．これらの臼歯は，鋭い剪断刃を持っていて鋏のように物体を切る（図 34）．これらの歯は食物を砕くのに，どの部分も関わっておらず，アンブロケタスのようではない．その歯の安定同位体分析は，魚を食物としていたと示すが，それと合致する．そしてさらなる研究が，これを確かにするだろう．

　第 6 章で触れたフルートのような姿は，バビア丘からのクッチケタスの顎である．それのすべての歯が，死んで埋まる前に落ちたが[10]，歯に対応する歯槽がその歯式がどうであるかを示している．ほとんどの初期のクジラ類と同様，上顎と下顎両方における 3 個の切歯，1 個の犬歯，4 個の小臼歯，そして 3 個の臼歯がある．つまり，歯式は 3.1.4.3/3.1.4.3 である．レミントノケタスとダラニステスの顎はまだ歯を持っている．そして驚くべきことに，下の臼歯はバシロサウルス科のそれらのように見える（図 34）．サイズが減少していく複数の先端部が前から後へと並んでいる[11]．しかしながら，これらの歯はバシロサウルスとは違っていて，細く繊細であり，硬い食物を切り刻むようにはできていない．アンドリュージフィウスでは，下の臼歯に 3 つの低く平たい先端部があり，列をなしている．真ん中の先端部が，他のものよりも少しだけ高い．この珍しい形態が，なにか特別な機能と関係しているかどうかははっきりしない．

　レミントノケタス科の臼歯は特殊化している．アンブロケタス科のようではなく，古風な陸生哺乳類の形を保っている．高い前部（トリゴニド）と低い後部（タロニド）．レミントノケタスの小臼歯は単純で，三角形の先端を持っている．アンドリュージフィウスとレミントノケタスでは，ほとんどの臼歯は根

10　もし歯が一生の間で落ちたなら，顎においてその歯があったスペース（歯槽）は新しい骨で満たされる．

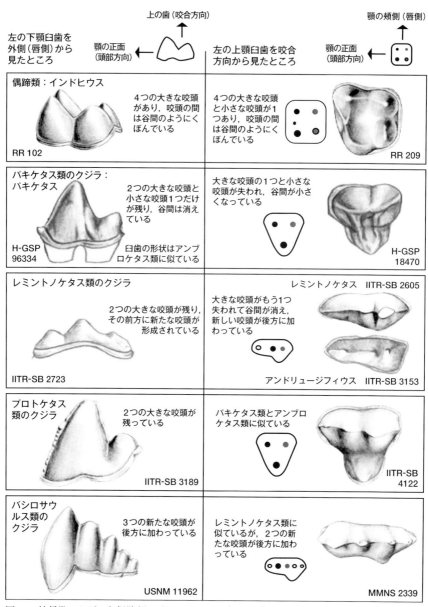

図34 始新世のクジラと偶蹄類のインドヒウスの左上顎（左の欄）と左下顎（右の欄）の臼歯．歯の形状に非常に大きな違いがある．上顎臼歯の線画を見れば，進化の過程で咬頭の位置がどのように変化したかがわかる．インドヒウスについては第14章で述べる．

を持っている．しかし，クッチケタスでは，歯あたり1個の歯根しかない．現生のクジラ類では，1個の歯に1個以上の歯根はない．

　レミントノケタス科の下顎で最も変わった姿は，左右の下顎間の接触域である．この域は顎癒合部と呼ばれている（図25）．アンブロケタス科とバシロサウルス科では，左右の下顎は靭帯によって結ばれており，顎の癒合部を越えて骨の癒着はない．これはほとんどのレミントノケタスにおいても同様である．古い個体では骨の結合はあるが，アンドリュージフィウスとクッチケタスでは，左右の顎は骨でつながっている．これは融合した結合（fused symphysis）と呼ばれている．非融合の結合（unfused symphysis）では，食物の咀嚼時に顎が独立して動く．そして，ほとんどの小型哺乳類は非融合の顎を持っている．例えば，イヌ類，ネコ類，ウサギ類，そしてネズミ類など．ウマ類，ウシ類，ゾウ類，サイ類，そしてカバなどの植物食の大型動物では，融合した結合を保有する傾向にある．長い結合は，融合であれ非融合であれ，顎の強さを与え，顎が閉じるときは，不正確に合わさること（不正咬合）から歯を守っているのだろう．

呼吸と嚥下　レミントンノケタス科の鼻の開口部は，吻の先端近くにある．それは陸生哺乳類においても同じである．長い吻のおかげで，クジラ類はより深い水の中で獲物を待っていられるであろう．水の上に鼻の先端を出して，そして，狩猟するときに呼吸のため水面に揚がる必要を避ける．しかしながら，ずっと前方での鼻の開口は，他の理由を持っているかもしれない．レミントンノケタス科にとって，淡水の保持は，彼らが生息した塩性の海洋に際して，重要であっただろう．現生のアザラシ類は，呼気からの水を回収するために，彼らの鼻腔を用いる．肺から来る水の蒸気が鼻腔中で濃縮し，そして鼻の中の組織で取り込まれるのだ[12]．レミントンノケタス科の長い鼻腔はこの機能を行ったのかもしれない．

　頭骨の残りはその特性も持っている．レミントンノケタス科の硬い口蓋は，アンブロケタスと同様に耳の領域近くへ広がっている．そして，アンブロケタスと同様に大きく下（腹側）には到達していない．硬い口蓋の上に突出した中央の稜がある．おそらくその側面にくっついた咀嚼筋肉の付着場所である．つまり，左右の中央翼状突起の筋肉である．この中央翼状突起は強力に口を閉じる筋肉である．魚食動物において，それは歯をすばやく餌の上に下げるのを強

いる際に有用である．口を閉じたとき，中央翼状突起は咬筋と側頭筋という他の2つの筋肉で作動していて，側頭筋は頭骨の側面にくっついている．頭骨の天辺の溝（矢状縫合，図29）に対すると同様である．そして，レミントンノケタスとアンドリュージフィウスにおけるそれらの骨の付着部は，非常に大きな筋肉であったことを示唆する．咬筋は顎の外側また頬骨のアーチにくっついており，部分的に頬骨で形成されている．レミントンノケタスでは頬骨アーチは小さく，咬筋が小さかったことを示唆している．これは奇妙である．なぜなら，ほとんどの哺乳類において，中央翼状突起と咬筋は同じくらいの大きさであり，彼らが顎を閉じる時に一緒に働くからである．他の哺乳類と同じく，レミントンノケタスの喉の構造は，咬む，飲み込む，そして息をする機能と結びついている．しかしこの化石クジラにおいて，これらの相互作用はあまり理解されていないが，アンブロケタスとは明らかに異なっている．

脳と嗅覚　図29の中にあるレミントンノケタス標本の頭骨は，例外的によく保存された化石である．そのため標本をCTスキャンして，頭骨の鼻腔と脳室のような内部腔だけでなく外側も研究することができた．高度なスキャナーで，標本を半ミリ間隔でおよそ1000回ものスキャンをした（図35）．特別なコンピュータプログラムがそれらのスライスを読みこみ，まとめる．断片を除いたり，追加したりした結果，仮想的な断片の除去を可能にする．図35では，頭骨は除かれている．そして，まさにその中の空洞が示されている．このCTスキャンは脳が小さく，またその側面は大きな領域であることを見せている．第2章で議論した現生クジラ類のように，そこはおそらく血管の束があった．すべての哺乳類において，脳の外側は2つの大きな部分で構成されていて，前部に大脳が，後部により小さい小脳があり，両方とも図35の仮想的なエンドキャストの中に見ることができる．前部にある大脳の下から発生している管は非常に変わっていて，鼻腔に達している．生活の中で，鼻に向かう神経（cranial nerve I）は，この管の中を走っているらしい．しかし，普通この神経はレミントンノケタスのものほど長くはない．この管と鼻腔の接触は，レミントンノケタスが臭いの感覚を持っていたことを示している．しかしながら，それがなぜこのように長いのかは明らかでない．現在では，頭骨の外部形態は，頭骨の構造と内部の構造に影響されるというのが大変もっともらしい説明だ．頭骨の外側の

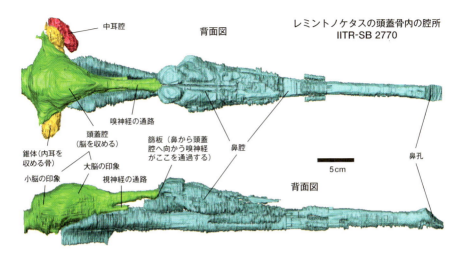

図 35　CT スキャン画像から復元したレミントノケタス（IITR-SB 2770）の頭蓋骨の内部構造．頭蓋腔（脳が位置する）を緑，鼻腔と副鼻腔を青，中耳腔を赤で示している．聴覚器官と平衡器官（黄色）を収める骨は錐体と呼ばれる（第 11 章を参照）．S. Bajpai, S., J. G. M. Thewissen, and R. W. Conley, "Cranial Anatomy of Middle Eocene *Remingtonocetus* (Cetacea, Mammalia)," *Journal of Paleontology* 85（2011）: 703-18 による．この図は古生物学会の承認を得て使用している．

この領域にある咀嚼筋の位置は，内部の構造が伸びることを要求したのだ．

視覚と聴覚　レミントノケタス科の眼の位置は普通ではない．レミントノケタス，ダラニテス，アトッキケタスでは，眼はドーム型の前頭の下側面についている．そして頭の上部にとまってはいない．アンドリュージフィウスとクッチケタスの眼もまた側面にあるが，頭の上部により近く，いっそうアンブロケタスのようである[13]．この眼の小さなソケットは，レミントノケタス科が貧弱な視覚を持っていたことを示唆している．これらの動物は湿地環境の泥水の中に生きていた．それで，おそらく視覚に大きく頼ってはいないなかった．逆に，耳は大きい．中ぐらいの耳腔に取り巻かれた 2 つの大きな耳骨が，頭骨の基底から突出している．もちろん，クジラ類では，これらの骨はインボルクラムを持っている．聴覚が重要であるという他の証拠は，現生のハクジラ類と同様に，顎の厚さとほとんど同じくらいに，顎の孔が大きいことである（図 25）．しかし，アンブロケタスよりは大きい．クッチからのいくらかの標本は

第 8 章　カワウソクジラ　　143

耳小骨を含んでおり，それらは現生クジラ類のものと非常によく似ているようである．そしてパキケタスとは似ていない．明らかに，聴覚は速い進化的変化が起こる器官システムであり，これは第 11 章で議論される．

歩行と遊泳　レミントノケタス科の骨格は，現生哺乳類の中のカワウソ類に最も似ているが，これらのクジラ類はおそらく敏捷な捕食者であったことを示唆している．カワウソの運動の進化に関するフランク・フィッシュの概念で（図20），クッチケタスはオオカワウソ（*Pteronura*）と合致している．強力な尾で泳ぎ，おそらく後肢で水をかくことで補足されている（クッチケタスで四肢は知られていないので，私たちは確かめられない）．レミングトノケタスの脊椎骨格は，それが比較的硬い背中を持っていたことを示しており，おそらくクッチケタスより硬かっただろう．そして，この種が腰部パドラー（pelvic paddler）であった可能性がある[14]．しかし，レミントノケタスでは尾も四肢も知られていないので，運動の説明は仮定的なものである．一般に，レミントノケタス科はおそらく巧みな水泳者だったが，陸上での運動は下手だったに違いない．

生息地と生活史　クッチにおけるレミントノケタス科は，ほとんどすべての化石産地から知られている．それらはラトナラの藻類礁，バガパダールの海草原，ゴッドヘイテッドの嵐で掃かれた泥性の浜，パナンドロの湿地，そしてデジジ近くの乾上がった入り江である（図30）．レミントノケタスはすべての場所で普通であり，明らかにその特定の環境に向けた選り好みがない．他方，アンドリュージフィウスとクッチケタスは海洋に開けた場所は稀であるが，パナンドロとデジジのような泥性の水があり，また流れが制限されている場所では普通である[15]．

骨から獣を作り上げる

クラーク・ブエルがクッチケタスに四肢を描かなかったことは，私を喜ばせた．私たちはクッチケタスの四肢について，形態を推測するほど十分に知らないからだ．他方，カールがその動物に茶色の毛皮を与えたのを，私は問題視していない．私はいかなる色であったかについてアイデアを持っていないが，そ

の動物は毛皮をすべて持っていたと推測することしかできない．復元というものは，興味持っている見学者に，それが何に似ているのか，そしてどのように生活しているのかという直覚的感覚を与えるという点で有用である．専門家でなければ，何本の指がそこにあるのかというような細かいことには注意しそうにもないので，その領域における芸術的許容は，学者，芸術家，そして読者間の信用を損なわない．もちろん，復元には，いつも一定の水準の推測がある．もし，シマウマが絶滅し他のウマもいなければ，シマウマの体の形態をその化石骨から精密に描くのは簡単だろうが，いかなる芸術家もその色彩パターンを正しく知ることはできそうもない．

　少数の骨のみから知られている動物の復元をどの程度行うことができるかについて，古生物学者の間には意見の相違がたくさんある．クジラの芸術性においては，1980年代初期に記載されたパキケタスが古生物学者の研究室で身近な概念になっていった．その時点で，下顎，頭蓋，そして少数の歯のみが知られていた．しかし，権威ある週刊サイエンス誌の表紙では，水から飛び出し，頭，胴体，四肢，そして尾が丁寧に描き示された．動物を記載した論文には，わかっていることについて明示していたが，そのニュアンスは，自然史博物館で人気のある書籍やイラストといった，サイエンス誌の表紙に基づく多くの副産物の中で失われていった．このような過度な芸術的許容は，創造主義者のコミュニティーで見過ごされるはずはなく，進化主義者が"少数の骨のスクラップ"に基づいて物事をなす例としていわれてきたのだ[16]．

第9章
海洋は砂漠である

法医学的な古生物学

ミシガン州，アナーバーの居酒屋，デル・リオにて，1992 年秋 友人のルイス・ロエと私は大学院生であり，ある居酒屋で談話していた．彼女は，ヒマラヤが隆起した 1500 万〜500 万年前の魚類の化石を採取するためにパキスタンへ行った．しかし，一行は多くの化石を発見できなかった．彼女は今，持っている標本を最大限活用するために，化石の多寡に依存しない問題を探求している．彼女は教授とともに働いている．その教授は魚についてはごくわずかしか知らないが，岩石と骨の化学について多くのことを知る同位体地球化学者である．

同位体地球科学はホットな研究分野であり，いくつかの目覚ましい問題に取り組むことができる．それは，同じ化学元素の異なる様態（同位体）間の微小な差異の研究である．例えば，酸素は最も一般的には 1 つの同位体 "^{16}O" である．16 という数字は酸素原子の重さを表現している．$H_2^{16}O$ は ^{16}O を持つ水分子であり，自然界で最も多い．しかしながら，世界には微量の $H_2^{18}O$ もある．これは安定同位体であり，崩壊しないことを意味している．つまり一度も変化することなく，放射能を生産しない．ウラニウムのような放射性同位体とは異なっている．

「自然では，^{18}O は酸素のおよそ 0.2 ％です．それらの同位体には化学的な差異はないけれど，物理的性質が異なるの」とルイスが説明する．私はビールを飲んでいる．

「どのように？」

「物理的性質に従って分画されるのよ」

「分画とはどういうこと？」．私は同位体地球化学について何も知らないし，自信過剰ではない．

「物理的プロセスは同位体の 1 つに選択的に働くの．例えば，蒸発は軽い同位体の方が多くなる——これはシステムを通して水の動きを追跡するのに使える．私はこれを博士論文の研究で使おうと思っているの」

「^{18}O を持つ水の分子はより重いため，^{16}O を持つ水分子よりも蒸発しにくい．それで水の蒸気は海洋の水よりも $H_2^{18}O$ が少ないんだね」．彼女が言わんとすることを私は理解する．もし，水の中にある ^{18}O と ^{16}O の比率を測定できたら，持っている水が水蒸気から由来したのか，海洋から由来したのかがわかる．す

べての淡水は降雨由来なので，その差はすべての淡水にも保持されているのだ．

　私は彼女に問う．「それらの比率における差は小さく，そして同位体の重さの差も小さいに違いないが，本当に測定できるのかい？」

　「できるわ．質量分析計を使うのよ」

　私は古生物学教室の建物から通りをはさんだ向い側にある実験室のひとつに，その大きな機械があるのを知っている．私は漠然と，2つの大きな金属製の腕が奇妙な武器を持ち，大きくでこぼこした胴体と頭が伸び上がった，巨大な鎧のスーツの上半部を思い出す．機械は，騎士の手から分子を打ち出し，腕を通って胸に入る．分子はそれらの重さに従って，異なる場所に偏って行く．そして鎧内部のどこかで衝突したときに計測される．この機械は衝突した酸素分子のすべてを計測するのだ．そして同位体の比率を決める．

　「素晴らしい．だが，あの機械は魚について何を教えてくれるのかい？」

　「大気の水は，ヒマラヤに昇るときに分別される．重い方の同位体は雨で出て行くので，だんだん少なくなっていく．つまり，同位体値の測定を行えば，水サンプルを採取した場所がどれくらいの標高かを決めることができるのよ．もちろん，地域の地質を知る必要があるけど」

　「しかし，あなたは水サンプルではなく化石の魚骨を持っているだけだ．どこから水を得るのだい？」

　「魚は彼らが泳いでいたところの水を飲み，そして骨を作るのにその水の中の酸素を使うでしょう．骨はアパタイトからなり，酸素を含んでいる．同位体間は化学的には異ならないので，骨の中の同位体を測定することができれば，魚たちが泳いでいた水の同位体を決められるのよ」

　「わぁ，それで同位体は飲み水を追跡し，死んで2000万年経った動物が何を飲んだのかを知ることができるし，また，低い平地の河川か，あるいは高い山脈の渓流なのか，どこでその魚が生きていたのかを決めることができるのだね」

　「異なる淡水間での違いは，比較的小さいのよ．それはまた，あなたがどこの流域にいるかといった，別の事柄にも依存している．測定が容易ではるかに大きな違いは，例えば，淡水と海水のように他のシステムに存在している場合なの」

　「うーむ，それで動物が淡水を飲んでいたか，海水を飲んでいたかは，塩類濃度を測定しなくても，その動物の骨の中にある酸素安定同位体を見ることで

決められるというわけだね」．私はビールを飲み終わり，そして，私の組織における同位体を調査することで，その水がどこから来たかを，誰かが決められると考える．もし，私がこのデル・リオのビールから私の全液体を得たのなら，私の血液か骨のサンプルから，それを知ることができるのだ．いわば，法医学居酒屋科学だ．この考えはいささか不適切だが，科学的な可能性を見ることができる．

　2人ともミシガンを離れた後も，私はこの会話を記憶していた．そして私の研究はしだいに化石クジラ類に集中していった．数年後，引き出しにアンブロケタスとパキケタスの歯がたくさん貯まったので，私は彼女に電話をした．

　「ルイス，ぼくたちは化石クジラ類をパキスタンで見つけた．パキケタス科のみが淡水性の岩石から，アンブロケタス科は海岸の堆積岩から出ている．これらのクジラ類は，パキスタンで仕事をした場所で陸から海への移行をしたと，ぼくは考えているんだ」

　「ええ．あなたの論文を読みました」．ルイスは当然のことのように言う．

　「現生のクジラ類は海水を飲んでいる．そして，彼らはおそらく淡水を飲む陸生の祖先を持っていた．私たちは化石クジラ類の骨と歯を分析できるかな？彼らが何を飲んでいたのか，そして淡水から海水への切り替えがいつ頃だったかを調べるのだ」

　「もちろん，条件がたくさんあるわ．前後関係を調査するために関連する動物相が必要で，体の大きさを知る必要があり，現生のクジラ類のサンプルが必要で，それから——」

　ルイスは複雑な免責事項を連発しているが，私は勢いを失いたくないので，それをさえぎる．「それはすべて用意できると思う．必要とするサンプルの大きさは？」

　「まあ，およそ5グラム必要ね．欲しいのは，歯のエナメル質，象牙質，それから——」

　「それは大丈夫．骨片はどれくらいの大きさになる？」

　「厚さによるわ」

　「指爪を切り取ったものは，どれくらいの重さがある？」

　「わからない．それよりもっと必要でしょうね」

　私は少しむっとしている．気が散る細かい点から移りたいのだ．どれくらい

第9章　海洋は砂漠である　**151**

の歯数が実験の犠牲になるのかを知りたいのだが，ルイスは曖昧なアナロジーに引き込まれない．淡水から海水への転換を追跡することができるのなら，それは素晴らしいことだ．このような重要な進化の転換を化石から見つけだすことができるなんて，誰が考えるだろうか？ もし，クジラ類が淡水源を必要とするなら，明らかに海洋を横断して長距離を旅することはできない．海水を飲む能力が，彼らが広い海洋に分散することを許す独創的な契機だったのだから．

最終的に，試す価値があると，私たちは決めた．私はいくらかのエナメル質のサンプルを持っているので，彼女にそれらを送る．彼女は歯のエナメル質から化学的に酸素原子を分離する．そして，それらを私の歯にあったと同様の ^{16}O と ^{18}O の同じ比率を持つもっとずっと大きな分子の中に閉じ込める．彼女は質量分析計の一方の腕を通してそれらの分子を燃やす．そして，2つの分子の多さの割合を決める．私たちは，その比率が淡水に近いか，あるいは海水に近いかを確認することができる．その理論が実際に現実の世界と一致するかどうかを見るために，彼女は現生クジラ類とイルカ類からのエナメル質を分析し，そして河の中で一生を過ごすイルカのものと比較する．

飲水と排尿

ルイスがこの方法の背景にある大量のデータを私に送ってきた．興奮したが，私は悩んでいる．これは本当に作動するのだろうか？ ルイスとの会話にもかかわらず，私はまだ懐疑的である．飲水のような束の間の行動が，本当にこれらの化石からわかるのだろうか？

その間に，私は現生の海産動物と，海水を飲むことについての知見を調べた．喉の乾いた動物にとって，海水を飲むことの問題点は，その中に大量の塩類があることだ．実際，海水には哺乳類の血液と体液よりも，塩類が多く含まれている．結果として，もし，動物が水を補給するために海水を飲んだら，その動物は塩類を取り出して排出する必要がある．そのため，新しい水の塩濃度は体液の濃度と合致するのだ．鳥類と爬虫類においては，塩類が排出される眼の近くに分泌腺がある．哺乳類はそのような分泌腺をまったく持っていない．陸生哺乳類は汗を出すとき塩類を失う．しかし水の中にすんでいるときは，彼らは汗をかけない．なぜなら，この過程は皮膚からの蒸散によって働くからである．

クジラ類の塩類排出を担当する器官は腎臓である.

　摂取した水から塩類を取り除くために，この動物は尿塩を作って，尿の中にそれを溶け込ませて排出せねばならない．それで腎臓における濃縮能力は決定的に重要である．ネズミのような多くの小型哺乳類では，高度に濃縮された尿を排出することができ，それで海水を飲むことができる[1]．人間の腎臓は尿を強く濃縮することはできない．実際，人間の腎臓で十分に人間の体液に適するまで塩類を取り除くには，大量の水が必要である．必要とされる水の量は，そこから塩類を取り出す海水よりも多い．あるまとまった量の海水を飲んだ人間は，その海水中の塩類を出すのに，その海水を飲んだことで追加されたよりも多くの水を尿で失ってしまうだろう．人間の腎臓に対しては，海は砂漠のようなものであり，そこに飲料水はない．

　海生哺乳類は，このような淡水の欠如に対して異なった方法で対処している．ちょっと厄介な実験で，デイブと名づけられたアシカがケージに入れられ，飲み物として海水ばかりが与えられ，食物は塩の丸薬でまぶされた[2]．デイブはその水を飲んではいけないことを知っていた．塩類を排出するのに，彼の体の貴重な水を失うだろうことを直感していたのだ．1カ月以上，この動物はまったく水を飲まず，幸いなことにこの実験が終わるまで，まあまあ健康な体のようだった．明らかに，アシカはそのような脱水に対処できるのだ．対照的に，もし，フロリダの海の中に流水ホースを下げると，それからの水を飲むために，マナティーが泳ぎ上がって来るだろう．海にすんでいるにもかかわらず，彼らは淡水源を必要とするのだ．それとは正反対に，太平洋岸のラッコは海水を自由に飲むことができる[3]．クジラ類は海水を飲むことがオプションになるレベルまで，尿を濃縮できない[4]．彼らはいくらかの海水を飲むことが知られているが[5]，ほとんどの水は食物から得ていて，また非常に水を倹約して使っているのだ．

化石化した飲水行動

　この同位体の方法は，クジラ類がいつ頃に淡水の欠如対処することを学んだかという問題に答えることができるかもしれない．ルイスは最初に現代のサンプルを分析した．ある種の海産イルカ，シャチ，そしてマッコウクジラの歯片，

現生のクジラ類	生息環境	酸素同位体値（δ¹⁸Oₚ）
海洋性のイルカ（n＝11） シャチ（n＝1） マッコウクジラ（n＝2）	海	
インドカワイルカ（n＝1） ヨウスコウカワイルカ（n＝1） コビトイルカ（n＝1）	淡水	

←淡水生的特性　　海生的特性→

始新世のクジラ類	堆積物	
プロトケタス類のクジラ（n＝3） レミントノケタス類のクジラ（n＝2）	海底	
アトッキケタス（n＝1） アンブロケタス（n＝8）	沿岸部	
パキケタス類のクジラ（n＝11）	川床	

図 36　現生のクジラ類と始新世のクジラ類の酸素同位体値．現生種について知られている生息環境から，同位体値によって淡水生か海生かを決定できることがわかる．大洋性のイルカやシャチやマッコウクジラは海生で酸素同位体値が高い．様々な大陸に暮らすすべてのカワイルカ類では，より低い値となっている．したがって，同位体値（2 つの同位体の比を参照サンプルに比較して，同位体地球化学者によって δ で示されている）を用いれば，始新世の化石種の摂水行動を特定することができる．化石の同位体値は，それらが発見された岩石（海底，沿岸部，川床）の堆積学的調査から得られた証拠と一致している．この企ては Roe *et al.*（1998）のデータに基づいており，得られた結果は Clementz *et al.*（2006）のより新しいデータによって裏付けられ，より精確なものになっている．プロトケタス類のクジラについては第 12 章で述べる．

同様にアマゾン，ガンジス，揚子江からのカワイルカ類のサンプルである．うれしいことに，海洋性と淡水性の種の間にきちんとした違いがあり[6]，そして，それは私たちの予測と一致していた（図 36）．

　今や化石の仕事が始まる．同位体サンプルを得るために，素晴らしい歯の化石からかけらを取らねばならないので，私の心臓はそのたびにドキドキしている．私はそれらの歯を得るために，そしてダメージを与えないために，非常に辛い仕事をしたのだ．ところが，今はその輝くエナメル質にねじまわしを差し込んでいる．私はかけらを小さなバイアルに入れ，ルイスに送る．彼女はそれらを砕き，粉にするだろう．ルイスは私にデータを送り，それらの数値が意味するところを丁寧に説明してくれた．

　「パキケタス科について，明瞭な淡水性であるサインが出ているわ」と，彼女は言う．

　「サイン？」

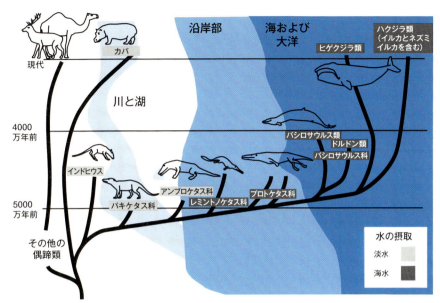

図37 化石クジラ類と偶蹄類の系統関係を示す分岐図とその生息地（青い影の部分が水中，白い部分が陸上）．摂水行動は名称の入った箱形の灰色の影で示しており，同位体データに基づいている．プロトケタス類については第14章で述べる．またインドヒウスは偶蹄類であるが，偶蹄類についても第14章で述べる．

「サインは，そのデルタ ^{18}O 値が淡水であった兆候を意味しているの」

私はこのデルタ値について知っている——それは基本的に ^{18}O と ^{16}O の比率である．低いデルタ値はより軽い同位体を意味している．かっこいいが，驚くことではない．彼らは淡水中に生きていたのだ．そして，それは彼らが飲んでいたものである．自分で対処できる陸生動物のように．レミントノケタス科のようなインドのクジラ類は，海に生活していた値である．かっこよくはないが，驚くべきことだ．それらのクジラ類は海岸近くの海にすんでおり，同位体値は，彼らが淡水から独立していたことを示している．海に入って数百万年以内に，クジラ類は，淡水を必要とせず，海洋を横切って移動できたことを示している（図37）．これは現生のマナティーとは興味深い対照をなしている．彼らはクジラ類と同じ頃に起源しているが，まだ海水のみに生活する方法を見いだせていないのだ．

もちろん，ここに歴史的な内容がある．クジラ類とマナティー類は異なる陸

第9章　海洋は砂漠である　155

生動物から由来している．同位体は，この動物が何を飲んだかのみを示している．必要なときに何を飲みうるかではない．パキケタス科の体は海水の処理を可能にしたかもしれないが，彼らは淡水生態系に生息していたので，それを必要としなかった．少なくともある種の現生の偶蹄類が海水を処理できることを考えると，淡水資源がなくても生活していける能力は，すでにクジラ類の祖先で存在していたのかもしれない．

　数年後に，ルイスは学問を離れていき，マーク・クレメンツが同位体の仕事を継いだ．マークは私よりも世代が下だが，非常に精力的で，クジラの新しいサンプリング配列と同位体分析技術を身につけている．私の立場からいちばんありがたいのは，同位体の分析にほんの小さなエナメル質だけですむことである．マークが1個の歯全体にドリルをかけるのを，めったに見ることがない．また，現在では技術が改善され，ずっと高度な質問に答えられるようになった．例えば，マークはその動物の一生で初期に生えたか，あるいは後期に生えた歯を用いることができる．そして，それらの歯がその動物が産まれる前に（顎の中に）形成されたのか，いつ保育され，そして，いつ独立した摂食者になったのかを識別することができる——すべてはそれらのステージでの同位体の分画における違いに基づいているのだ[7]．

　詳細は，興味深いアンブロケタスの同位体データを研究する中でわかってくるだろう．その同位体サインはあらゆる場所にあるが，淡水域が最も多い．それは海水と汽水が多い海岸の生息環境とは異なっている[8]．もし，クジラ類の祖先に海水を扱う能力がなかったなら，アンブロケタスは岸にすみ，塩類の過剰摂取を防ぐ淡水を飲むために，河川を泳ぎ上がらねばならなかった可能性がある．しかし，別の説明もできる．おそらく彼らは（歯が形成された）幼体のときには河川にすみ，後に（私たちが化石を見つけた）海岸へと移動したのだろう．あるいは，キアワ島のアリゲーターのようだったかもしれない．彼らは海に囲まれた生態系の中で，生息地として淡水を選んだ．もし，それらのアリゲーターが化石になると，彼らはその生息地にかかわらず，海貝とサメの歯の間で発見されるだろう．おそらくアンブロケタスはまったく水を飲まなかったが，その代わり，餌からすべての水を得ていた．そして食物は淡水魚か陸生哺乳類であった．もちろん，私たちはまずアンブロケタスの乳歯を調べる必要があるのだが，まだそれは発見されていない．

アンブロケタスと歩く

　アンブロケタスにおける私たちの同位体研究は本格的になり，クジラの生息地問題はフィクションへと転じる．BBC が哺乳類の進化についてのドキュメンタリーシリーズを作った．彼らはタイトルを“獣と歩く”として，クジラ類が主役を演じるのだ．アンブロケタスは泳ぎ，歩いて，さらにエピソードのひとつに狩りをしている場面がある．制作者は動物を正しく描くために優秀な仕事をしている．彼らはスクリーンを横切って動く動物の小さなムービークリップの後の動画を私に送ってきた．最初は棒の姿で，段々とリアルになり，最後は毛皮があって，じろっと睨む．制作者は私の意見をしっかりと取り込んでいる．吻の長さを固定し，背骨の柔軟性を加える．結果は見事である．私はその容貌に魅了される．4800 万年前に撮影された野生の獣のフィルムを見ているようだ．しかし，その魅力はアンブロケタスの背景のセットを加えると，突然の終焉となった——彼らはその背景をドイツの化石産地メッセルに置いたのだ．始新世，メッセルは森林の中のほとんど死んだ湖で，毒性の火山ガスで満たされていた．湖に近づいた動物はほとんどがガスで死に，そして化石になるのが一般的だった．なぜなら，その場所は腐食者にとっても，生きて，死体を摂食するには毒性が強過ぎたからである．私は制作者とこのショーについて議論した．アンブロケタスは，砂漠の海岸と生命にあふれる水の中で，世界を半分に分けて暮らしていた．ドイツの森の中ある活気のない，死んだ池の中ではない．私の不平は感謝されつつ拒否された．よいストーリーをつくるために，クジラは森の林床をネズミ大の生き物を追って，あの毒性の泥穴を通って楽しく闊歩する必要がある．あなたはテレビで見るもののすべてを信じてはいけない．

第 10 章
骨格のパズル

パキケタス化石頭骨の発見

パキスタン，パンジャブ州，化石産地 62，1999 年　私たち 6 人は化石産地 62 に戻ってきた．この場所はロバート・ウェストが最初にパキケタスを発見したところである．そのわかりづらい最初のクジラ化石をさらに掘った．硬い赤みがかった紫色の岩石でできた垂直の壁が，地面から 5 フィートほど立ち上がっていて，私たちのためにモンスーンがそれを洗い，デリケートで美しく保存された化石を露出してくれている．数年前に私が見た脳室はまだ底辺にある．この壁は最初から垂直だったのではなく，昔は水平だった．ヒマラヤ山脈を造成した運動がそれを押し上げ，縦横の割れ目パターンを重ね合わせ，しっかり結合したギザギザの岩石のように見える壁を作っている．化石は明るい白色で立っており，所々で亀裂が横切っている．要するに，化石は岩石が割れる前にここにあったのだ．私たちは隣のブロックの跡を守りつつ，壁をブロックごとに取る．そうすると化石の 2 つの部分が分離されずにすむ．私たちは化石を運ぶために，若干のコンベアベルトを持っている．私たちの 1 人は壁の中にあるときにすべてのブロックに番号をつけている．次に同じブロックを取り，ブラシでよごれを取る．そして私に渡す．私は重いハンマー，チゼル，ハンドレンズを持って座っている．私は化石がどこにあったのかを記帳し，マークを付ける．他の人がフィールドブックの更新を行っている．「五つ星：上腕骨，ブロック 23 の五つ星に該当」．別の 2 人がブロックにラベルを付けて包む．この作業はうまく行っている．空港で支払う荷物の超過料金は結構な額になるだろう．ブロックの外側に化石が見えなくても，内部に何かあるかを見るために壊す．化石があれば，ブロックの角を削って不必要な重量を取り除く．それで発送費用を節約するのだ．

　私たちが見つけた歯のほとんどは，パキケタス科クジラの歯であるが，少しだけ他動物のものもある．それはキルサリア（*Khirtharia*）と呼ばれる小さな偶蹄類であり，私たちはその顎を少数持っている．偶蹄類，すなわち偶数のつま先を持つ有蹄哺乳類にはブタ，ラクダ，ヒツジ，ウシ，カバ，キリンなどがいるが，キルサリアはそれらよりはずっと小さくアライグマの大きさで，肉食獣とはまったく関係がない．実際上，歯は偶蹄類の診断に最も役立つ部分ではない．すべての偶蹄類は，足首にある特殊な骨（距骨，astragalus）の形態の方が

特徴的である．距骨は，全哺乳類の足首軸に存在する骨である．その骨は滑車（trochlea）と呼ばれるちょうつがい関節を持っており，その上の脛骨とくっついている．距骨の別の側は頭と呼ばれる域である．それは足に面し，哺乳類によって異なる形態を持っている．多くの哺乳類では球形である．ウマでは平らで，偶蹄類では別の滑車の形をしている．2つの滑車がある距骨は非常に独特であり，最小のネズミジカから最大のキリンまで，化石種を含めてすべての偶蹄類で特徴的である．キルサリアの距骨はデーヴィスによって採取された骨の間にあった．そして大英博物館のピルグリムに送られた．私が生まれるずっと以前に，デーンがパキスタンに行き，最初のクジラを採取したのだ．

　私たちは多数の四肢骨も見つけた．それらを脛骨，大腿骨，上腕骨などと同定するのは容易であるが，どの動物に属しているかを同定するのは容易ではない．歯の大部分はクジラ類なので，骨格の大部分はおそらくクジラ類であるが，明確ではない．歯のサイズ差が大きいことを考えると，大きさは何かを助ける．キルサリアの大腿骨とクジラのそれとを混同する可能性はない．しかし，歯がまだ発見されておらず，骨のみというぼんやりとした種であるため，複雑である．私たちの問題はここにある．2つの滑車を持つ距骨は，この化石産地に多数ある．形態を考えると明らかに偶蹄類であるが，キルサリアよりもずっと大きい．この種はかなり普通だったに違いなく，私たちはその偶蹄類の骨を非常にたくさん持っているにもかかわらず，その歯を発見していない．これは謎であるが，私はそれについて悩んでいない．この場所からの収集物は増えていき，やがてこの問題は解決し，私たちは最終的にすべての動物を代表する歯と骨を持つだろう．

　私はブロック7に着いて，その問題についてじっくりと考える．私が抱えている問題は非常に大きいが，いくつかの化石骨の部分は，外見から直ちに明らかである．私のハンマーはブロックの隅を打つ．もう一撃し，私は息を弾ませる．岩石が割れ，その割れ目は頭蓋（braincase）の部分を露出した．それはフィリップ・ギンガーリッチが1981年に発見したパキケタス科の頭蓋のようである（第1章の文献2）．よい化石だったが，眼，鼻そして顎の部分が失われている．結果として，私たちはパキケタスがどんな顔であるかを知らない．頭蓋の前の領域を見ることはやはりできないが，まだ壁の中にある次のブロックに存在する可能性がある．

私は水と歯ブラシを用いて，新しい頭骨の割れ目から屑を取り去る．その結果，それを乾燥でき，また弱い部分を接着できる．この作業は時間を食う．他の者たちも働いている．砕くためのブロックが私の隣に山をなしている．私は他の者たちに，隣にあったブロックを見つけるよう話し，それを洗った．案の定，その頭骨は次のブロックの中にある．これは素晴らしい．私の頭にアドレナリンがやって来て，次の一撃が慎重に行われる．ブロックは2つに割れる．私の心臓が止まる．割れ目は，クジラの頭骨の上部にある眼窩（eye sockets）を見せているのだ．このクジラは4900万年を越えて私をまっすぐ見つめている．あたかもその岩石が泥水にあり，クジラが獲物としての私を見つめているようである．私は座り，ハンマーを置き，そして，ここに来て見るよう他の者たちに呼ぶ．人々に知られている最初のクジラの最も良い頭骨があるのだ．私はそれに丁寧にブラシをかけ，骨の残りがこの場所にまだあるだろうと考える．岩石からそれらを取り出すのに時間がかかるだろう．

いくつの骨で骨格を作っているのか？

　私たちがH-GSP化石産地62からの化石について，答えを知りたい重要な質問は，次のことである．なにがクジラ類と関係しているのか？　さらなるパキケタス科の化石がその質問に答えるだろう．そしてこの頭骨は答えの重要な部分である．20年以上にわたり，古生物学者の間で論争はなかった．クジラ類はメソニクス（mesonychian, Mesonychiaはラテン語）と呼ばれるずっと前に絶滅したグループに関係がある．輝けるそして風変わりな古生物学者レイ・ヴァン・ヴァーレン（Leigh Van Valen）によって，あるアイデアが提出された[1]．彼はメソニクスの歯が初期のクジラ類のそれらと非常に似ていたことを観察した．小臼歯は1つの咬頭のある高いトリゴニドを，そして1つの咬頭のある低いタロニドを持っており，哺乳類として非常に変わっている（図34）．多くの化石がメソニクスとして知られているが，それらは北米，ヨーロッパ，そしてアジアからの歯列，頭骨，そして骨格である．彼らはクジラが登場したのと同じ頃に生きていた[2]．彼らの歯式は肉食だったことを示唆し，体はなんとなくオオカミのようであるが，蹄を持つ哺乳類である．すなわち，肢に5個の趾，そしてそれぞれの末端に小さな蹄がある．しかしながら，このメソニクス－クジラ仮説の古生物学

的ロマンスは，タンパク質と DNA の点で，分子生物学者からのトラブルに遭遇した．現生クジラ類は現生の偶蹄類に非常に似ているのだ．実際，クジラ類は偶蹄類に含められるべきもののようである．彼らの最も近い親戚はカバであり，カバは他のどんな偶蹄類よりもクジラ類に密接に関係している．それは姉妹群の関係と呼ばれている．もちろんメソニクスは絶滅しているので，タンパク質とDNA は研究できない．クジラ類とメソニクスが姉妹群である可能性は残っているが，これら 2 つは，カバの姉妹群である 1 つのグループを形成する．しかしながら，それは古生物学者にとっては座りがよくない．カバを含め，すべての偶蹄類に，2 つの滑車のある距骨が存在するが，メソニクスにはないのだ．それはメソニクスを偶蹄類グループから除外するように見える．クジラ類では，距骨が何に似ているかを告げるのは不可能である．なぜなら，すべての現生の，そしてほとんど全部の化石クジラ類は後肢を失っているからである．バシロサウルスでは，足首の骨は未確認の塊にくっついていて，そしてレミントノケタス科においては足首の骨は知られていない．アンブロケタスはこの点について失望させる．私たちは距骨の半分を見つけたが，この問題を解ける部分ではなかった．

　これが，なぜパキケタス科の骨格が必要なのかの理由である．それはおそらく十分に原始的なクジラ類の骨格を用意し，偶蹄類とメソニクスの直接的な比較を私たちにさせてくれるのだ．足首はこの偶蹄類とメソニクスの謎を解くのにとりわけ重要である．

　そして，これがアメリカに戻って私たちが行っていることである．エレンが産地 62 のブロックからその骨を取り出している．パキケタス科の骨格を作るためで，それらから十分なものを見つける望みを持っている．この産地の難点は，そこにあるのが 1 体の骨格のみではないことだ．多数個体と多数種の骨が，ここには混ぜこぜにある．エレンは産地 62 の全部を入れる引き出しを用意した．そこには多数のクジラがある，歯と頭骨，しかしどの肢骨と背骨がそれらの歯に行くのかを，私は直接には認識できない．

　私はそれらの引き出しを頻繁に開けた．橈骨の上に上腕骨を，そしてくるぶしの上に脛骨を合わせる．私がこのユニークなジグソーパズルをしていると，なくなっているピースが私を悩ます．私は引き出しから最も普通の骨を取り出す．それらはパキケタス科と似ているに違いないサイズの動物に属している．私は骨をテーブルの上に置く．肢の骨は一緒でプロポーションのよい肢を作る

図 38　始新世のクジラ，パキケタスの骨格．多くの異なる個体の骨を集めている．およそ 4900 万年前のもので，すべて，パキスタンのカラチッタ丘陵の産地 62 で浸食によりまとまって洗い出された．これらの骨のすべてが初期のクジラ，パキケタスの骨であることは，安定同位体の調査によって裏付けられている．脚の間に置かれたサインペンの長さは 13.5 cm．

が，それはクジラのものではなく，他の偶蹄類である．それは 2 つの滑車のある距骨を持っている．2 つの中間のつま先は長さが似ており，横のつま先よりもずっと長い．それは別の偶蹄類の姿である．各々の肢は同じ大きさのつま先を同じ数持っている（通常，2 つの長いものと 2 つの短いもの，あるいは同じ長さのちょうど 2 つのつま先）．この肢は化石産地 62 の一般的な獣に属し，それはまさしく偶蹄類だ．私はここからどんな大きな偶蹄類の歯も持っておらず，それでいらいらする．エレンは毎日，岩石から骨を取り続けるが，大きな偶蹄類の歯はなかった．

　これらの骨は強迫観念を起こさせた．私は脊柱，肩，前肢，後肢をテーブルの上に置いた．しかし，そこには頭骨と歯はない．私はパキケタス科の頭骨を 1 つ取り，骨格の前に置いた．それは第 1 椎骨（第 1 頸椎）に非常によく合っている．そして大きさもその骨格に合致する（図 38）．ミステリアスな偶蹄類の問題が解決したらしい．謎の偶蹄類は，まさにクジラなのだ．エレンが岩石から取り出したばかりの新しい骨を，私に見せるために歩いて入ってきた．彼女は私が行ったことを見て紅潮し，それを簡単に行った．テーブル上の骨格は，クジラの進化について大胆な陳述をしている．その獣が 2 つの滑車のある距骨を持っているとすれば，クジラ類はメソニクスから由来したというヴァン・ヴァーレンの偉大な洞察は誤りとなりそうである．不穏にも，歯が私たちに嘘を

ついている——メソニクスの歯とパキケタス科の歯の間の詳細な類似性は，収斂のようであり，共通の祖先を保有している関係ではないことを意味している．

　そのアイデアを化石証拠が支持するかどうかを見るために，次に何をしたらよいだろうか．エレンと私は考え込んだ．この分子生物学的アイデアにチャンスを与えるために，私たちは最初に化石産地62における化石の相対的な数量を研究しなければならない．私たちはすべての骨と歯を数えた．疑いなく同定できた歯は，パキケタス科クジラに関連して61％である．骨は数えるのが難しい——非常に多く，そして異なる種のすべてが分けて数えられなくてはならない．すべてを数えた後に，あの謎の距骨に合う偶蹄類の正しいサイズの骨は，他の骨よりもいっそう普通である．クジラの歯は，他の動物の歯よりもいっそう普通である．最も普通の歯は，同じ化石産地で最も普通な骨としての同じ動物に属すると，人は期待する．それはクジラの頭骨と偶蹄類の骨格との間の一致を支持する．

　それで，私たちは産地62で知られている他の動物を見た．最初はアライグマのサイズの偶蹄類キルサリアであり，同定できた歯の化石の14％に上り，二番目にふつうな獣である．私たちはそれらの歯と，ドイツの毒の池メッセルからの偶蹄類の歯とを比べた．そこでは完全な骨格が残されている．あたかもその持ち主が岩から飛び上がり走れるかのごとくしっかりしたものである．謎の偶蹄類の骨はメッセルの偶蹄類の骨よりずっと大きく，それはキルサリアのサイズの歯を持っている．明らかに，クジラ類はキルサリアとは混同され得ない．クジラ－偶蹄類仮説は，他のテストを通過した．

　産地62の顎と歯のおよそ11％は，アンソラコブ亜科（anthracobunids）に属している．これは推定上のゾウ－マナティー系統であり，最も多い第3の哺乳類である．彼らの顎はパキケタス科のそれよりも大きい．そして産地62にいくつかの大きな骨がある，謎の偶蹄類の骨よりもずっと大きい．カラチッタ丘陵地の異なる場所で，私たちはアンソラコブ亜科の部分的な骨格を見つけた．歯，頭骨，そして多くの骨，すべてが1個体からである．これらの骨は小さく，ずんぐりしており，産地62の骨のプロポーションと合致している．それらは謎の偶蹄類の長くほっそりとした骨とは全く似ていない．もうひとつの障害が解消された．

　私はこの結果に上機嫌だが，他の証拠系列でそれを確かめるのがよいだろう．

同位体地球化学が助けにやってこよう．産地 62 におけるパキケタス科の歯と顎の中にある炭素安定同位体（^{12}C, ^{13}C）は，他の哺乳類の歯のそれらとは非常に異なっている．それらは骨にも当てはまるだろうか？　私はルイスの同位体研究の結果を熱心に待った．それらは合致した！　パキケタス科の歯の同位体サインは，謎の偶蹄類のものと合致し，他の哺乳類の歯とは異なっていた．この結果は今や逃れ得ないものである．エレンと私はその骨格をもう一度置く．それは同じ骨格だが，今や不快感は驚愕へ，そして勝利の感覚へと変わって行った．

クジラ類の姉妹群を探す

　距骨（図 39）の発見と同定は，クジラ類の近縁動物に関する私たちの考えにおいて，生産的な時間をもたらすだろう．しかし，世界を納得させるには十分ではなく，クジラ類とそのすべての潜在的な近縁動物の全形態について明確に考察する必要がある．分岐学的解析では，動物間のすべての差異が，形質マトリックス（character matrix）と呼ばれる表に集められて，それらの差異のすべてがはっきりと記述される．例えば，距骨の形態は関連性のある形質である．そして 2 つの状態を持つ形質として記述できる．"距骨頭は球状の顆を持っている"と，"距骨頭は滑車のような形である"．これらの状態に数値が与えられるが，普通は 0 か 1 である（複雑な形質ならもっと多い）．そしてコンピュータがそれらを異なる分岐図に描いて，何回の進化的変化があるかを計算する（図 40）．クジラの研究における形質マトリックスは，私たち自身の研究からだけでなく，羅哲西，マーク・ウーヘン，ジョナサン・ガイスラー，モーリーン・オリアリー[3] のような仲間のものからも採用している．分岐学的解析へのパキケタス科の骨格の追加は，メソニクスがクジラ類の拡張された科から外されるべきであることを明確に示していた[4]．

動物たちがどのような類縁関係にあるかを決める

　私たちの形質マトリックスは 105 個の形質を持っているが，それは桁数であり，ほとんどが 0 か 1 である．研究された 29 種がこのマトリックスの行である．それ

らはカバからネズミジカまでの偶蹄類とともに，パキケタス科とアンブロケタスそしてメソニクスを含んでいる[4]．コンピュータは提案された関係の可能な組み合わせを試すことで，このマトリックスを理解し，またいくつの進化的変化がそれぞれで起こっているかを計算する．例えば，コンピュータはアンブロケタスとパキケタス科が姉妹群であり，そして，それらの次に近縁動物は偶蹄類のひとつであると提案する．これは分岐図としてまとめることができる（単純なバージョンが図 40 の上にある）．それに分岐図で提案されている特定の系統関係を与えると，各形質は分岐図上のどこで変化するかをコンピュータが決める．それはすべての最も遠いグループの中にある．例えば，私たちは図 40 の分岐図のトップに，距骨形質をプロットできる．下等な偶蹄類におけるそれをルーティングし，それは顆（丸みをおびた突出部）の形態をした距骨頭を持っている．それで分岐図の基部において，距骨形質はゼロ状態である．分岐図の次の枝に動くと，偶蹄類は滑車のように見える頭を持っている，それは，その 0 から 1 までの線区分で，進化的変化が起こったことを意味している．短いダッシュ，そして 0 と 1 の間の矢印で示されるのである．パキケタス科は偶蹄類に似ているので，次の枝，あるいは別の枝では変化がない．

　1 つではなく複数の形質でこれを通して理解するのは，人間の脳にとっては難し過ぎるが，コンピュータは関係の他の仮説を試みてそれを行う．例えば図 40 の次の分岐図のように行うわけである．そこでは偶蹄類ではなく，メソニクスがアンブロケタスとパキケタス科の姉妹群となっている．この分岐図では，滑車の形態での距骨頭を導く変化が，下等な有蹄類と偶蹄類の間の枝で起こっている（0 から 1 への変化），そして，偶蹄類とメソニクス間の枝では，形態は元の状態へ戻っている（1 から 0 への変化），メソニクスとクジラ類間の枝ではもう一度（0 から 1 へ）現れている．この進化の仮説には 3 つの段階がある．もし進化の変化が稀なら，この分岐図によって示唆される関係は，最初の分岐図のもの（1 段階のみの変化）よりもありそうもない．

　しかし，私たちは第 2 の分岐図の関係を保つことができ，それでは進化的段階の数が減少する．第 3 の分岐図は，メソニクス，パキケタス科，アンブロケタスの共通祖先の代わりに，メソニクスへの系列上において顆状の再登場が起こり得ることを提案している．第 2 と第 3 は分岐のパターンが同じであるが，それらは距骨の形態の進化について異なる主張をしている．そして第 3 は進化のステップが 2 回のみである．それは第 1 の分岐図の配列よりまだ多い．コンピュータは，実際の生活において何が起こったかを最も反映しそうなものとして，第 1 の分岐図を示すだろう．もし私たちがすべての可能な分岐パターンを 29 種について求めねばならないなら，これがいっそう複雑になることは想像するに難くない．そして，もし 105 個の形質があり，それが均一に進化せず，そしてしばしば矛盾する方向に行くとすれば．コンピュータはこれらのすべてをまっすぐに保ち，また最も少ない進化上の変化を要求する分岐のパターンを描き出すことができる．それは最節約分岐図（parsimonious cladogram）と呼ばれるものである．

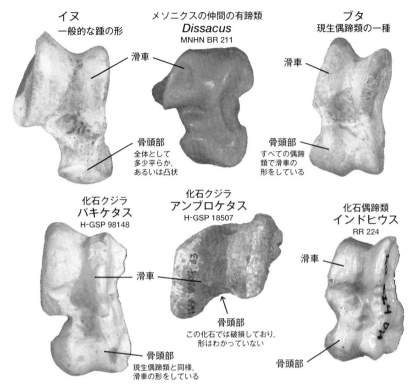

図39 距骨は，この上で哺乳類の踵が旋回する骨である．イヌの距骨は原始的状態を示しており，骨頭部は全体として多少凸状で，頂部は踵が旋回するための滑車になっている．偶蹄類では，骨頭部も滑車の形をしている．パキケタスのようにまだ後肢を持っているクジラ類の距骨は偶蹄類のものに似ている．アンブロケタスについては，この部分の骨は見つかっていない．インドヒウスはキルサリアの近縁種である．

　系統分類学では，コラムで説明したように，分岐学的解析を用いて動物間の関係を研究する．大部分の素人には難解なことと思えるように，クジラ類の起源の研究は最も異論の多い領域のひとつであり，最も理屈っぽい科学者の何人かは分類学者である．全体として言うと，研究対象動物たちの類縁関係を描き出すのは，生物学のいかなる分野においても重要である．パキケタス科の骨格の出版物は，すべてのクジラ類の分岐学的な解析とともに[5]，フィリップ・ギ

5　ノート4を見よ．

第10章　骨格のパズル　　169

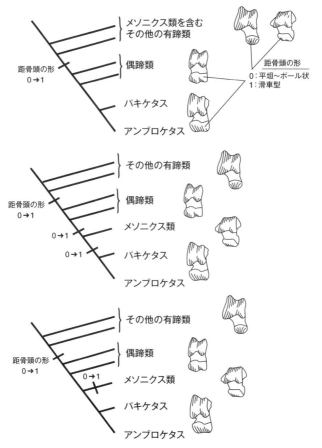

図40　クジラ類がどの哺乳類のグループと類縁関係にあるかを示す3つの分岐図．大部分の科学者は一番上の分岐図を支持している．これらの分岐図のそれぞれが，距骨がどのように進化したかを示唆している．"0"は距骨頭が凸状だったことを，"1"は距骨頭が滑車になっていたことを，そして矢印は進化上の変化が起こった方向を示している．

ンガーリッチとその仲間によるパキスタンからの始新世クジラの骨格に関する出版物と合致している[6]．そしてそれらの論文は多くの学者をこの問題につなぎ止めている．クジラ類は偶蹄類と近縁である．それは化石のデータが，完全にDNAのデータと一致するということを意味してはいない．化石のデータはある種の偶蹄類が（メソニクスと対照的に），クジラ類の最も近い生きた親戚であるとするのだが，その位置についてある特別な偶蹄類を示しているのでは

ない．大量の DNA データは，カバが現生のクジラ類の最も近い親戚であることを示している[7]．しかし，化石はその特別なものではない．

このことは私を煩わせている．DNA データでは，カバ類よりもある種の化石偶蹄類の方が，クジラ類にずっと近い可能性があるとは，決して表明することができない．なぜなら，そのような古い化石から DNA を得ることは不可能だからだ．今のところ，私は新しい証拠がクジラ類の近縁動物として偶蹄類を支持して，メソニクスをほうむったことをしっかりとさせねばならない．それは大きな問題だ．今や私たちは，いかにパキケタス科が生きていたかに焦点を当てることができる．将来クジラ類について私が考えるとき，私は化石の偶蹄類にもっと注意を払うであろう．しかし今のところ，私は，ずっと古い昔に，クジラ類との最初の小競り合い以来，私の弱点だった科学の一部に没頭している．それは聴覚である．

第 10 章　骨格のパズル　　**171**

第11章
河のイルカたち

クジラ類の聴覚

パキケタス科の新しい頭骨は，聴覚についての研究を実際に助けてくれる．クジラ類の祖先は，水中に入ったときに聴覚が変化したことはすでに明らかだ．陸での耳は水中ではあまり働かない．なぜなら空中における音と，水中の音とでは異なるからである．化石はそれも示した．すなわち，初期のパキケタス科の砧骨は，現生のクジラ類あるいは現生の陸生動物とは似ていないのだ（図3）．その厚いインボルクラムは，音の伝達について何かをしているに違いない（図2）．そして下顎の孔が始新世の中で大きくなった（図25）．

一般に，クジラ類における聴覚器官のすべての構造は，陸生哺乳類でも見ることができるが，その形態は異なっている（図41）．陸生哺乳類は頭の横に音の入り口となる外耳道を持っており，それは鼓膜で終わる．鼓膜の後ろには，すでに図3でふれた槌骨，砧骨，鐙骨という3つの小骨がある．ほとんどの哺乳類では，小骨は空気で満たされた中耳腔の中でゆるくぶら下がっている．小骨は保護骨殻で守られているが，クジラ類においては鼓室骨（tympanic bone）である．槌骨はゴルフクラブのような姿である．細い柄はしっかりと鼓膜にくっつき，広い部分は砧骨と連結している．音が鼓膜を振動させると，槌骨が振動し，その振動が砧骨へと伝わる．砧骨には短脚と長脚の2つの脚がある．短脚は，壁に架かり，そして耳小骨が釣り下がり，旋回できるのを助けている．長脚は鐙骨と連結している．砧骨が旋回すると，鐙骨は中に押され，別の骨の中にもある小さな孔へ引かれる．それは錐体骨の中の卵形窓である．この卵形窓の後ろには，カタツムリの形をした腔があり（内耳の蝸牛という），そこは液体で満たされている．ポンピングで液体が運動を起こすと，それが蝸牛の中に一列に並んだ神経細胞を刺激し，その信号が脳へと伝わる．

現生のクジラ類では（図41の最後の小図），外耳道はなく，その管は周りの組織によって塞がれている．イルカの顔の最も音に敏感な部分は，実際のところ下顎を被っている皮膚である[1]．そして音はそこから下顎にある孔の中の大きな脂肪塊を通って伝わっていく（図25）．音は物体を伝わる振動を形成し，それらの振動が鼓室骨の非常に薄い部分（鼓室板）へと伝わる．それは骨でできているので，この鼓室板はユニークな振動性質を持っており，エコロケーションを行うハクジラ類の高周波の音に向けて必要とされるものである．鼓膜はま

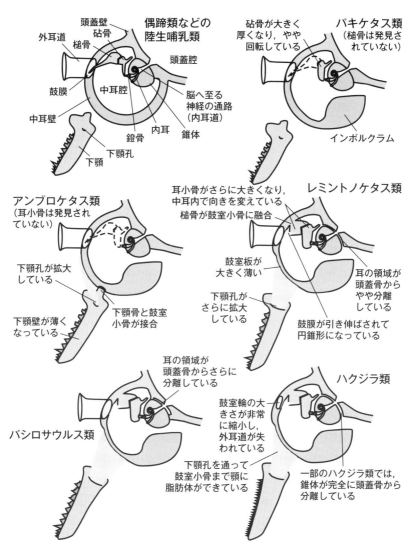

図 41 陸生哺乳類とクジラ類の耳．左上の図にはすべての部位の名称を示している．その他の図の書き込みは，それぞれの進化段階で起こった現生のクジラ類へとつながる変化を示している．破線は，当該グループでは発見されていない骨を示しており，その形状は他のグループから推測している．

だ存在しているが，平らな膜ではなく，畳まれた傘のようなもので，聴覚における機能をまったく持っていないようだ[2]．またクジラ類では，槌骨は鼓室板の縁に骨によってつながれていて，音は耳小骨によって蝸牛へと伝送される．蝸牛の役割は他の哺乳類と同じである．インボルクラムの機能はよくわかっていない．鼓室板の音の伝達における釣り合いを保つものとされてきたが[3]，ハクジラ類の内耳における正確な音の伝達メカニズムは論争中である．そして，この領域における洗練されたコンピュータモデルが次のことを示唆している．クジラによってそのメカニズムは異なっており，異なる周波数となっている[4]．クジラ類における耳小骨は，陸生哺乳類のものよりもずっと重い．それは不思議だ——音は多くのエネルギーを運ばず，そして耳小骨が軽ければ，かすかな音でそれらを振動させるのは容易であろう．もしかすると，耳小骨は１つのユニットとしては振動しないが，それらの１つの部分が振動し，そして，小耳骨の残りが大きな慣性重量で薄い振動プロセスと結びつくことで，そのプロセスが補助されているのかもしれない．特に高周波数の聴覚に有効であるらしいが，これはすべて憶測である．クジラにおける耳小骨の運動の研究は非常に難しいのだ．

　現生クジラ類での聴覚に関する専門分野の多くは，実際に高周波エコロケーションに関するもののようである．イルカのようなハクジラ類は，丸い前頭にある特別な器官で高周波数の音を発し，彼らの特別な耳で潜在的な獲物からの反射音を聞いている（図42）．結果として，盲目のイルカは少々の難点があっても摂餌できるが，耳が聞こえないイルカは飢えてしまう．現生のハクジラ類での，鼓室板と重い耳小骨の剛性は，高周波数の知覚への適応であって，水中での聴覚に対する適応ではない．

　困惑することに，ヒゲクジラ類の耳構造は，鼓室板と重い耳小骨，そして鼓膜の形態などの多くの点でハクジラ類の耳構造と似ている．しかし，ヒゲクジラ類は，高周波数ではない低周波数での聴覚に特殊化している．ヒゲクジラ類の祖先は高周波数を聞いており，また祖先の姿がいくらか残っていたが，低周波数に対して調和するために，耳が他の様相へ移行した，ということがありそうだ（図43）．

　耳は古生物学者が研究するうえで好ましい器官である．なぜなら，多くの重要な構造が骨からなり，そして化石になるからだ．クジラ類での下顎孔，鼓室

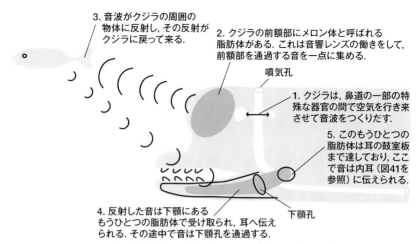

図42 エコロケーション（反響定位）の過程．ハクジラ（右側の灰色部分）は前額部から音波を発する．音波が魚に反射し、この反射をクジラの下顎と耳が受け取る．

板，そして耳小骨の変化はすべて詳しく研究されている[5]．ヒゲクジラ類とハクジラ類の最も近い始新世の祖先はバシロサウルス科である．彼らは鼓室板，大きな下顎孔，そして現生クジラ類様の形態の耳小骨を持っていた．彼らの鼓膜は，現生の縁者と同じ傘型であり，彼らがエコロケーターではないことは明らかである．なぜなら，彼らはエコロケーションの音を作るのに必要な前頭の器官を持っていない．バシロサウルス科が高周波数の聴覚に特殊化していたことはありそうだ．それはヒゲクジラ類が高周波数の祖先を持っていたというアイデアと合致する．

新しいパキケタス科の頭骨を詳しく調べるとき，これらの洞察，矛盾，そして機会のすべてが，私の頭の中で踊っている．パキケタス科は現生クジラ類のようなインボルクラムを持っているが，大きな下顎孔を欠いており，また外耳道を保持している．それはまた陸生哺乳類にもある．私が持っている唯一の耳小骨の砧骨は，陸生哺乳類のその骨よりも重いが，クジラ類よりも軽い．そして他のどの哺乳類の砧骨とも，はっきりと異なって見える（図44）．

おそらくパキケタス科は空気中で，陸生哺乳類が行うのと同じような音伝達メカニズムを用いていた．つまり，音が鼓膜を振動し，そして耳小骨が動く原因となる．水中では，そのシステムはあまりよく働かないようだ．その代わり，

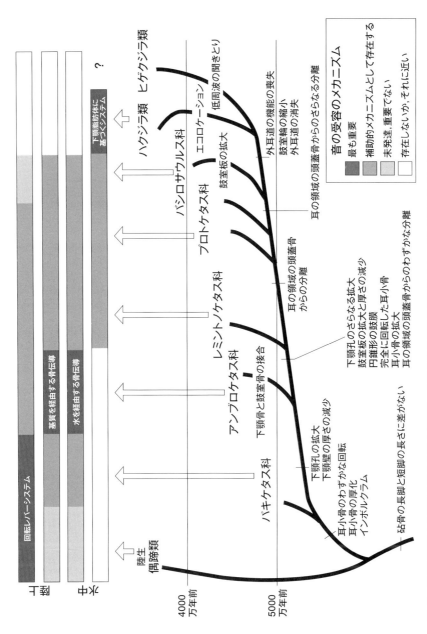

図43 聴覚に関連する特性の進化を示す分岐図．上部の横棒に音の伝達のメカニズムの進化をまとめている．

第11章 河のイルカたち 179

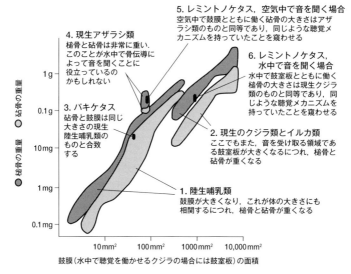

図44 現生哺乳類と一部の化石クジラ類の，頭蓋骨の音響入力部位（空気中での鼓膜，水中のクジラにおける鼓室板）の大きさに対する槌骨および砧骨の重量．レミントノケタスは，空気中を伝わる音と水中を伝わる音に対する2つの音響伝達メカニズムを持っていたかもしれない．Nummela et al.（2007）による．

パキケタス科は骨伝導と呼ばれる伝達メカニズムによって音を聞いており，直接的に聞いているのではない．例えば，大きなそして低周波数の音がそばにあるときに，人間は骨伝導を経験する．ロックコンサートでのコントラバスは，床とスタンドを通してその振動の多くを送るだろう．そしてこれらは空中ではなく，人々の体を通して伝わって耳に達する．クロコダイルは地面に彼らの顎を置き，そしてその方法で獲物の足音をとりあげる[6]．また，ハダカデバネズミはトンネルのそばの動物が出す音を聞くために，トンネルの壁に顎を押し付ける[7]．骨伝導のいくつかの形は重い耳小骨によって助けられる．そして，それはパキケタス科の耳小骨の重量が増加した理由であるらしく，また，現生のクジラ類を含めたパキケタス科の子孫たちに伝わってきたらしい．言わば，パキケタス科は水中で音を非常によく聞いているが，どこから骨伝導の音が来たかを正確に区別できるわけではなさそうである．

　化石になった耳は，レミントノケタス科でも知られている．このグループでは（またパキケタス科クジラでも．それは第12章で議論される）現生クジラ類

と同様に，下顎孔が拡大し，脂肪体と鼓室版があり，そして耳小骨が大きい．
しかしながら，これらのクジラ類は，まだ外耳道を保持しており空中で音を聞
けるが，その重い耳小骨では，微かな音の効率的な伝導を行うのは難しかった
に違いない[8]．顎の脂肪体は，現生のハクジラ類と同様に，水中での音の伝導体
であった．この新しい音受容メカニズムは，これらの始新世のクジラ類が直接
に水中で聞くことを可能にしたようであり，骨伝導の通路が変換し，そして顎
の音伝達を干渉しない程度に長い．骨伝導は，聴覚器官と体の残り部分とのし
っかりとした接続に依存しており，同じような接続は陸生の哺乳類にもある．
しかし，パキケタス科の後では，それは変化している．耳の骨の接続は，パキ
ケタス科におけるよりも，レミントノケタス科ではゆるい．前者では，内耳と
蝸牛を納めている骨（鼓膜骨と錐体骨）と，頭骨の残りの間にスペースがある．
そのスペースは，バシロサウルス科と後のクジラ類においてより大きい．現生
のイルカ類とそれらの近縁動物では，そのスペースはかなり大きく，軟らかい
組織を取り去ると，耳の骨が頭骨から落ちるぐらいである．さらに，現生クジ
ラ類では，そのスペースは空気の満ちた部屋であり，ヒトの前頭にある洞
（sinues）に似ている．そこの空気は防音材であり，骨を伝わった音が耳に届か
ないようにしている．疑いもなく，レミントノケタス科では，骨を伝わった音
は耳へととどくが，現生クジラ類での方向性を有した水中聴覚を提供する音響
上の隔離の開始がそこにある．

　アンブロケタスの耳については少ししか知られておらず，耳が保存されてい
るのは1個体のみである．しかしながら，この種は部分的に大きくなった下顎
孔（図25），そして薄い顎の壁を持っており，両方とも顎を通しての音響伝達
に組み込まれているのがわかっている[9]．アンブロケタスについて最も興味を
そそるのは，下顎顆（接合する下顎の部分）が鼓室骨と直接に骨接触し，その
ような方法で顎の接合部が広がっていることである．直接の接続は顎から耳へ
の音の伝達道であり得て，ハダカデバネズミでも起こっている．アンブロケタ
スは，下顎が音の伝達において，下顎が組み込まれる初期の実験をしていたか
もしれない――完全とはいえないが，パキケタス科がやったことよりもよい

8　現生クジラ類もまた空気中で聴くことができ，鼓膜の機能を，あるいは外部の耳道を持っ
　ていないにもかかわらず，彼らの水中での聴覚はずっと良い．

第11章　河のイルカたち　　**181**

──しかし，もしそうなら，レミントノケタス科では，それは急速な進化のプロセス中で捨てられてしまった．

　まとめてみると，耳の話は複雑で興奮を呼ぶ．現生のクジラ類は，水中での聴覚によく適応した比較的似た耳を持っている．初期のクジラ類は，聴覚が徐々に変化し，ある実験的な段階があった．初期に作られた空中聴覚での音伝達メカニズムは，骨で伝達する聴覚に修正された．それは，完全なシステム，つまり初期のハクジラ類においてのみ完成された新しい音伝達メカニズムが進化した前のものである．その後，従来の陸生哺乳類のシステムは失われた．

パキケタス科のクジラ類

　パキケタス科の耳はすでに，彼らが水中で生活していたことを示している．もし，映画『ジュラシックパーク』風に，私たちが昔に戻り，パキケタスを動物園に置くならば，私たちはそれをよく覚えておいたほうがよい（図45）．陸上では，パキケタス科は長い鼻と，長く強力な尾を持つオオカミのように感じるだろう（図46）．しかし，オオカミ類とは異なり，私たちは水中の観察域で彼らを見ることになる．なぜなら，彼らはほとんどの時間水中を歩いて過ごしており，喉が乾いていて疑いを知らない獲物を，喫水線でそっと見ているからである．

　これらの初期のクジラ類のすべては，地理学的に小さな地域にすんでいたが[10]，そこは現在のパキスタン北部とインド西部であり（図22），およそ4900万年の昔のことである．ちょうど3つの属が知られており，それらはオオカミほどの大きさのパキケタスとナラケタス（*Nalacetus*），それにキツネほどの大きさのイクチオレステス（*Ichthyolestes*）である．インドからのヒマラヤケタス（*Himarayacetus*）もまた，パキケタス科として記載されているが，むしろアンブロケタス科に属しているようである．カラチッタ丘陵地の化石産地62は，他の産地のすべてを足したよりも，多くのパキケタス科を産している．しかし，この場所では，多くの個体の骨がごちゃ混ぜになっており，1個体のまとまった骨格は全く出ていない．それでその復元は，複合されたものである（図38）．イクチオレステスの小さなサイズは，その骨がより大きなパキケタスから区別するうえで助けとなる．パキケタスとナラケタスの歯と鼓室骨は形態が異なっ

図 45　最初のクジラとして知られるパキケタスの生態復元図．クジラ類の分岐の基底に位置しており，現在のパキスタンに 4900 万年前に生息していた．外観は現生のクジラ類，イルカ類，ネズミイルカ類と大きく異なっており，水陸両生で水中歩行し，浅い小川で暮らしていた．

第 11 章　河のイルカたち

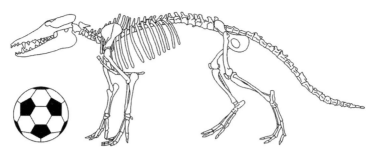

図46 始新世のクジラ，パキケタスの骨格．サッカーボールの直径は 22 cm（8.5 インチ）．

ているが，彼らの四肢の骨を区別するのは難しい[11]．

摂餌と食物　近年，パキケタス科の摂餌については多くのことがわかってきたが，まだ多くの疑問が残っている．安定同位体の研究は，彼らが淡水を飲み，肉食者であったことを示している[12]．そして，彼らはもがく獲物に対処する捕食者に共通した頑丈な尖った歯を持っている．小臼歯は三角形であり，上下の小臼歯はジグザクのパターンで組み合わされる．それは不幸な犠牲者の肉を切り裂くのに使われる（図47）．パキケタス科は他の基本的な有胎盤哺乳類と同数の歯を持つ．上下の顎ともに，歯式は 3.1.4.3 である．下部の臼歯は，低い部分と高い部分（タロニドとトリゴニド）を持つ．また上部の臼歯は 3 つの大きな咬頭を持っている（図34）．これら臼歯の破砕域と頂部は縮小している．そして，肉食者に見られる切端を欠いている．代わりに，彼らの磨耗パターンは，他の始新世クジラ類のそれと似ている．急な磨耗表面，それはパキケタス科がかなり普通ではない方法で餌を食んでいたことを示している[13]．その磨耗パターンは，いかなる現生哺乳類にも見られず，その意味を知るのは難しい．

　一般に，動物における歯の磨耗量は，その動物がとる餌の種類，その齢，そして歯を用いる方法に依存している[14]．歯の上の磨耗面位置から，どのように互いがこすっているか，そして，それらはどのように餌と関係しているかを決めることができる．咬頭の頂部近くにあるいつかの磨耗は，顎が閉じて上下の歯が互いに接する前の歯－餌－歯の接触によって引き起こされる．このタイプのすり減りは磨耗（abrasion）と呼ばれている（図48）．咀嚼時に発生する最初のすり減りが磨耗である．その後に，上下の臼歯が対する咬頭は，互いにすり

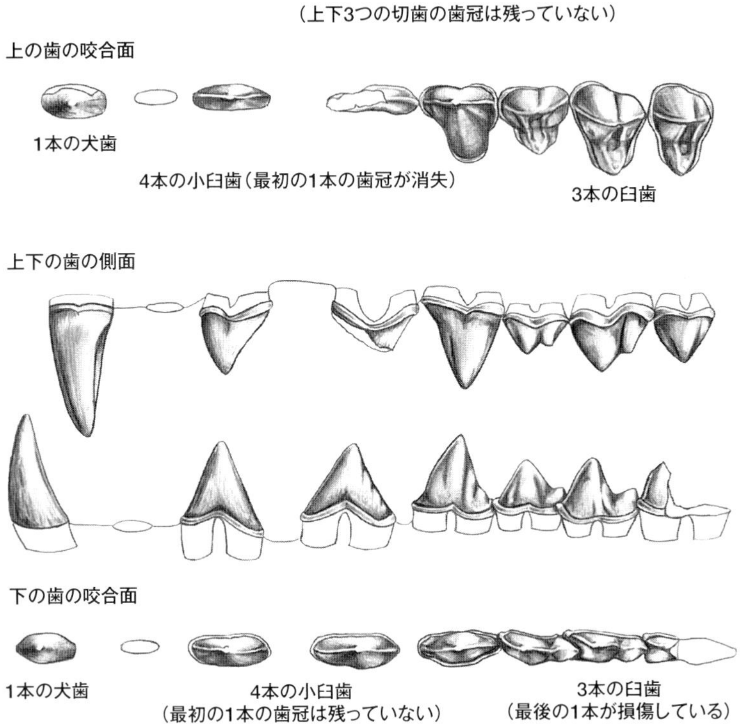

（上下3つの切歯の歯冠は残っていない）

上の歯の咬合面

1本の犬歯

4本の小臼歯（最初の1本の歯冠が消失）

3本の臼歯

上下の歯の側面

下の歯の咬合面

1本の犬歯

4本の小臼歯
（最初の1本の歯冠は残っていない）

3本の臼歯
（最後の1本が損傷している）

図47　パキケタスの左上顎と左下顎の歯列．図に示したすべての歯の歯冠が発見されている．
L. N Cooper, J. G. M. Thewissen, and S. T. Hussain, "New Middle Eocene Archaeocetes (Cetacea: Mammalia) from the Kuldana Formation of Northern Pakistan," *Journal of Vertebrate Paleontology* 29 (2009): 1289-98 による.

合い，歯と歯の接触から生じた摩滅（attrition）と呼ばれるすり減りタイプを引き起こす．この摩滅の動きには2つの段階がある．第I段階では，下の歯が上の歯をするときに完全な接触をもたらす．上へそして幾分か舌の側面に動いていく第I段階は上下の歯が完全にかみ合って接触したときに終わる．第II段階では，舌の動きは，下の歯がさらに舌へとスライドしたときに続くが，今やその顎は少し開いている．第II段階の終わりで，上下の歯はゆるく接触する．顎はさらに開き，同じサイクルが繰り返される．

　この精密な歯の嚙み合わせは，哺乳類においてのみ起こる．摩滅面はそれらの特徴である．しかしながら，現生のクジラ類はこの哺乳類のルールの例外で

第11章　河のイルカたち　　185

右下顎の臼歯

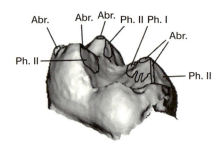

図48 初期の偶蹄類（インドヒウス，第14章で扱う）と初期のクジラ，パキケタスの下顎臼歯のレーザースキャンによる3次元復元図．歯冠の形態を示している．偶蹄類の下顎臼歯には摩耗（Abr.），第I段階の摩滅（Ph. I），第II段階の摩滅（Ph. II）という3つのタイプのすり減りが見られるのが特徴的である．パキケタスや他のクジラ類の歯の歯冠はより単純なつくりであり，ほぼ第I段階の摩滅のみを示している．図34と比較して，クジラの臼歯が進化の過程でどのように変化したかを見ていただきたい．

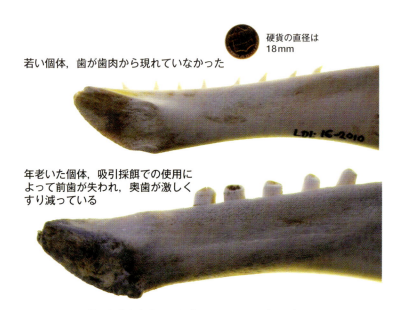

図49 シロイルカの若い個体と年老いた個体の下顎．サイズの目安としてペニー硬貨を添えている．生時には若い個体の歯は歯肉から外に出ていなかった．

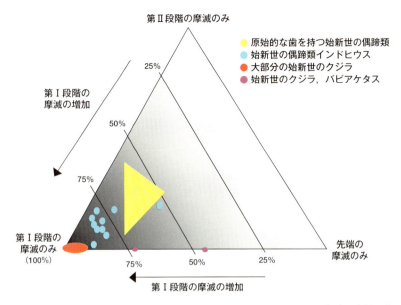

図50 初期の偶蹄類とクジラ類における下顎臼歯のすり減りをまとめた図．先端の摩耗，第Ⅰ段階の摩滅，第Ⅱ段階の摩滅それぞれの表面積を測定し，表面のすり減り全体に占めるパーセンテージを改めて計算している．次に，これら3種類のすり減りを三角形の3辺を構成する軸上に位置づけ，3つの角はただ1種類のすり減りのみを示す歯を表すようにしている．大部分の始新世のクジラ類（赤い楕円）では第Ⅰ段階の摩滅が支配的だが，初期の偶蹄類の大部分は三角形の中心により近づいており（黄色の三角形），3種類のすり減りすべてが見られることを示している．Thewissen *et al*. (2011) をもとに描き直している．

ある．彼らは噛まないし，また歯をしっかりと精密には閉じない．現生のハクジラ類には摩滅面はほとんどない．ハクジラ類におけるほとんどの歯のすり減りは，食物との接触によってもたらされる．すなわち摩耗である．この種の磨耗は壮大であり得る．ある種のシャチは磨耗により，歯が平たい株状になってしまっている．それはこれらの個体が水中で彼らの餌を吸い込み，そしてほとんどは小さな魚を，また時々アザラシと大きな魚を食べることを示している．それに反して，大きなクジラ類を摂食するのに特化したシャチでは，歯の磨耗がほとんどない[15]．すり減りは同様にシロイルカ（ベルーガ）で印象的であるが，シロイルカはほとんどイカと底生の魚を食べている別な吸引摂食者である．シロイルカに歯が生えるとき，それらは他のハクジラ類におけると同様に尖った突起であるが，歯は急速に磨耗し平らな株のようになる（図49）．この種の

粗い磨耗は，初期のクジラ類とは大変異なっている．

偶蹄類の基礎となるメンバーは，クジラ類に最も近い陸生の親戚であり，そして彼らは特殊化していない歯を持ち，3タイプの歯のすり減りを示している．それらは量で比較すると，磨耗，第I段階の摩滅，第II段階の摩滅に匹敵する（図50）．初期のクジラ類における歯のすり減りは，極端に特殊化している．そこには第II段階の摩滅はなく，また磨耗もほとんどなく，第I段階の摩滅がそれらの歯で卓越している．これが何を意味するのかは明らかでない．彼らの獲物が特殊であり，特別な方法で処理する必要があったのか，あるいは，これは単純にパキケタス科の祖先が咀嚼した方法なのか，はたまた，このような咀嚼について特によいことは何もなかったのだろうか？　この初期クジラ類の科は，淡水から海洋までの様々な環境にすんでいたが，彼らの磨耗パターンは似ている．そして，環境にもかかわらず，特殊な食物あるいは食物処理の様式が偏在していた．何を行ったのかを理解するために，初期クジラ類が食べた獲物として何がいたのか，そして，クジラ類の祖先は何を食べたのかを，正確に知る必要がある．私たちは同位体研究をさらに深く行うことで，食物を追跡できるかもしれない．祖先ついては，特に初期クジラ類が生きていた時代と場所からの，偶蹄類を調べる必要がある．それは始新世のアジアである．偶蹄類は謎を解くための明らかな鍵である．

感覚器官　獲物についての手がかりはまた，眼の位置にもある．パキケタスでは，両眼は近くにあり，頭骨の背中部の中心線付近に上っており，また彼らは顔を上げている（図51）．これはアンブロケタス科，レミントノケタス科，そしてバシロサウルス科とは異なっている（図52）．パキケタス科の眼の位置は水中にすむ動物に特有で，水面で動くものを見張っている．例えば，クロコダイルは両眼を用いて獲物に忍び寄る．鼻は出ているが，胴体と頭は水中に隠れている．カバの場合，両眼はやはり頭骨上にあり，水の上を見るときに体は沈んだままでいられる．パキケタス科は待機時に横たわっており，水辺に近づいてくる動物を狩るようである．議論されたように，骨を伝わる獲物の足音は，重要な感覚上の合図のようである．

両眼の異常な位置は，他の感覚器官にも影響している．鼻とそこから脳へ向かう神経は，両眼とその神経の間に位置している．同時に閉じる大きな両眼を

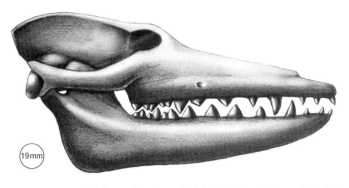

図 51　*Pakicetus attocki* の頭蓋骨．パキスタンで発見された最古のクジラ．円は直径 19 mm の
ペニー硬貨．H–GSP 18467（頭蓋と眼窩），18470（上顎骨），96231（前上顎骨），30306（上顎骨），
1694（下顎骨），92106（下顎骨の先端）に基づく復元図．

持った動物において，視覚に関係した構造は，嗅覚のためのスペースを侵害して
いるようである．これはヒトの場合にもある．鼻への神経は，眼の上の領域
へと動かされており，小さい．これが，私たちヒトは視覚に優れているが，臭
いの感覚が貧しい理由であるようだ．同じことはパキケタス科でもある．近く
に置かれた両目は眼窩領域（両眼間の領域）を非常に狭くしている．化石収集
家にとって，これは破損に脆弱な領域をつくる不幸な結果となる．ほとんどの
パキケタス科の頭骨は，化石になるときに，そこが損なわれるのだ．そして，
初期のクジラ類にとって，鼻から来る臭いの情報は，狭い通路を通るので，運
ぶ神経が小さくなければならず，嗅覚は限定されていた．理由は明らかではな
いが，眼窩領域は狭いだけでなく長い．結果として，嗅覚神経とそれらが存在
する骨跡は長い．この姿はすべての初期クジラ類にあり，またレミントノケタ
スで容易に見ることができる（図 35 中の嗅覚神経の跡）．

　パキケタス科は長い吻を持っているが[16]，アンブロケタス科とレミントノケ
タス科ほど長くはない．鼻の開口は吻の先端近くである．この場所の骨には，
神経が通っていたと思われる多くの小さな孔が開いている．この場所の神経は
普通，吻とひげからの情報を脳へ伝える．パキケタス科は多くのひげのある敏
感な吻を持っていたらしい．現生のアザラシ類は彼らのひげを水中での振動を
探知するのに用いているが[17]，パキケタス科が同じことをしていたのはありそ
うだ．

第 11 章　河のイルカたち　　189

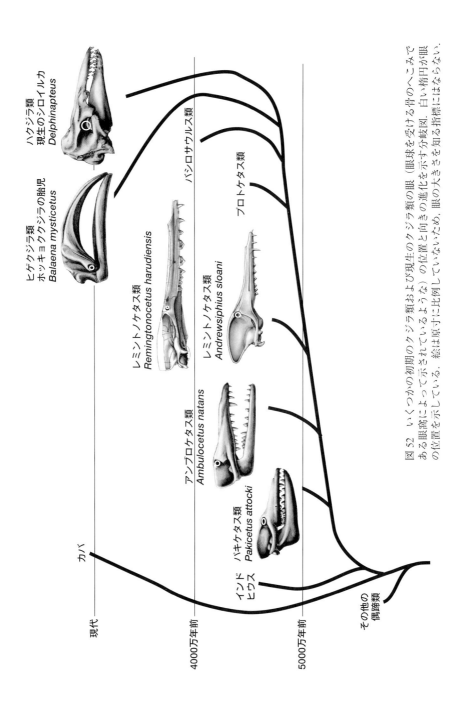

図52 いくつかの初期のクジラ類および現生のクジラ類の眼（眼球を受ける骨のへこみである眼窩によって示されているような）の位置と向きの進化を示す分岐図．白い楕円が眼の位置を示している．絵は原寸に比例していないため，眼の大きさを知る指標にはならない．

190

歩行と遊泳　眼窩の位置はパキケタス科が水陸両生の生活スタイルを持っていたことを示唆しているが，頭骨のいろいろな骨もそれを示唆している．哺乳類の肢は，骨によって囲まれた大きな骨髄を普通持っている．この骨は円筒形で，外側は厚い皮層（cortical layer）と呼ばれている．それはコウモリのような軽さを必要とする動物ではより薄い．そしてバッファローのような強い骨を必要とする動物たちではより厚い．水生動物では，それらの骨はその動物が下に留まって浮力に立ち向かうバラスト源になり得る．それで彼らの皮層はしばしば極端に厚い．例えば，カバとカイギュウ類もこれは当てはまり，骨硬化（オステオスクレロシス）と呼ばれている（以前に第 2 章と第 3 章で議論した）．骨硬化はイルカのような水生哺乳類では起こらない．なぜなら，水生哺乳類にはスピードが重要であり，重量が増えると速度が遅くなるからである．ほとんどのクジラ類のようではなく，パキケタス科は骨硬化しており，彼らの皮層は極端に厚い．肢骨の硬化は，パキケタス科が水中で過ごしてはいたが，速い水泳者ではなかったことを示唆している [18]．

　彼らはどれくらい動いたのだろうか？　陸上では，彼らは確かに歩く．彼らの体のプロポーションはオオカミと似ているが，骨が非常に重かったので，その動きはおそらく緩慢で遅い．ちょうど陸生偶蹄類のように，背中は比較的動かない．背中の下部の椎骨は連動する関節を持っていたが，それが動きを制限したのだ．他方，肢の関節は前後の方向に多くの動きを許した．そして横から横への方向の動きは劣っている [19]．彼らの指は手に 5 本，そして足に 4 本あったが，そこに水かきがあった徴候はない．偶蹄類のような祖先を裏切り，すべての指が小さな蹄で終わっている．彼らは歩くときに蹄を上げず，代わりにイヌのように地面にすべての指をつけた．趾行性（digitigrady）と呼ばれるパターンである．肢の骨硬化が速い泳ぎを妨げていただろう．骨盤と尾の 2 つの特徴は，パキケタス科の水中運動についてもう少し示唆している．ほとんどの四肢哺乳類の骨盤は，その前部に長い部分（腸骨）と，後ろに短い部分（座骨）を持っている．その長さの関係は，パキケタス科では逆転している．座骨が比例して長く，またハムストリング筋の付着のために大きな広がりを持っている．ハムストリング筋はアザラシのように脚を後ろに蹴る動物で大きい．それはパキケタス科が少し泳いだことを示している．

　加えて，パキケタス科は比較的大きな尾椎骨を持っている．しかしクッチケ

タスほど大きくはなく，研究するには扱いにくい対象である．パキケタス科の完全な骨格がないので，彼らがどれだけの数の椎骨を持っていたかは知られていない．多くの尾椎骨は化石産地62で見つかったが，尾は長かったようである．さらに，クジラ類と近縁であった偶蹄類（*Messelobunodon*, 21個）と，パキケタス科より少し若いクジラ類（*Maiacetus*, 21個）における尾椎骨の数は同じである．そこからパキケタス科は20個より少し多くの椎骨を持っていたと仮定するのが妥当である．私たちが見つけた化石椎骨の形態から，私たちは尾が筋肉質であったことを知っている．後肢と尾は，獲物を攻撃するときに大きな瞬発的速度を得るのに用いられただろう．しかし，彼らは常時水泳していたようではない．

生息地と生態　パキケタス科に属していた化石産地62からの骨で，私たちが最初に姿を想像したときに最も印象的だったのは，肢の骨がいかに希薄だったかである．それは彼らの最も近縁の動物である他の始新世のクジラ類のようなずんぐりとした肢のようではなく，もっと離れた縁者の走る偶蹄類の肢と似ている．私たちがその骨をさらに詳細に研究して，バク類との比較がより適切であることが明らかとなった．バク類は森林にすむが，水辺があるときは，水の中にいるのを好む．体を冷やし，水生植物を食べ，そして隠れ場所にするのだ．パキケタス科は陸上と水中の両方にいることができたが，おそらく，ほとんどの時間を淡水池と河川の中に過ごしていただろう．解剖構造は，バクの骨格よりも水への適応を示しており，まさしくバクのように，彼らはおそらくほとんど水中を歩いていたようだ．

　パキスタンからのすべてのパキケタス科化石は，第3章で議論したように，時おり突発的な洪水がある乾燥気候における，浅い池の中で形成された岩石中で発見されてきた．これらのクジラ類は，クロコダイルのように生きていたようである．水中でじっと待機して狩るが，水を飲みにくる疑いを知らない陸生動物か，あるいは浅い池の中の魚を捕らえるのだ．パキケタス科はカラチッタ丘陵地での他の化石産地においては稀である．他の化石産地からは，そこにすんでいた陸生哺乳類が出土している．それらの動物は小さな偶蹄類のキルサリア（*Khirtharia*），ブロントセレス（ウシの大きさでサイのような動物），小さな肉食動物，そしてアンソラコブ亜科である．それらのすべては，パキケタス

科にとって潜在的な獲物であり，それは安定同位体の証拠で示唆されている[20]．

2001 年 9 月 11 日

私たちは 2001 年 9 月 11 日のテロリスト攻撃の 2 週間以内に，パキスタンからの私たちのパキケタスの骨格を出版した．それからすぐに，世界の目はパキスタンとアフガニスタンに向けられた．一般に飛行機で旅行することが，特にパキスタンで研究することがより難しくなり，私がそこに行ったのは 2002 年が最後である．西洋の多くの人々はそこを，失敗し，法がなく，野蛮者が住んでいる国と見始めた．パキスタンはある意味では失敗し，そしてならず者に支配された無法地帯がある．しかしながら，それらはパキスタンのすべてを表しているのではない．実際，私に与えられた親切と，非利己的で偉大な行動のいくつかがパキスタン人にはあった．彼らはそうすることから何も得ることはないのに，私を助けるために簡単に自分自身をトラブルにさらしているかもしれない．

エレンと私がクリーブランドからニューヨークのジョン・F・ケネディ空港（JFK）からアメリカの飛行機で飛び，そしてパキスタン国際航空（PIA）でイスラマバードへ飛んだときに起こったことを，私は生々しく思い出す．JFK への私たちの飛行機は非常に遅れたため，荷物をチェックしなかった．私たちは手荷物と，各々 2 つずつの道具の入っているスーツケースを持ってターミナルを移った．私たちはチェックカウンターに歩き上がったとき，重い荷物でうめき，大汗をかいていた．4 人のパキスタン人らしい PIA の係官はおしゃべりをしていた．しかし，カウンターの掲示はひっくり返っていた．私はカウンターの後ろの男にフライトについて尋ねた．そして彼は私たちに「遅すぎる」と言った．コンピュータシステムが指すには——それはもう閉じている——そして彼は肩を申し訳なさそうにすくめた．私の顔はがっかりしていたに違いないが，より年取った PIA の男は足を鳴らし，そして強いアクセントの英語で，「すべての荷物をセキュリティーに運べますか？」と言った．

私はイエスと言った．彼は私が理解できない言葉で，他の 1 人に何かを言った．そして彼は PIA の女性に何かを急がせた．彼は彼女のトランシーバーで話した．私は彼女のウルド語の "2" と "4" の言葉を理解できる．

第 11 章　河のイルカたち　　**193**

「よし，この女性について行きなさい.」と，彼は言った.

　彼女は私たちをセキュリティーへ，そしてターミナルを下がり，ゲートへと急がせた. 私たちの4つのスーツケースが，私たちからジェット機の中へ運ばれた. 彼らは私たちが飛行機に入ると，そのドアを正しく閉じた. そして飛行機は少しだけ遅れて離陸した. 伝統的なパキスタン人の親切と寛大さ——ありがとう，PIA.

第 12 章
クジラ類が世界を征服する

分子 SINE

日本，東京，2000 年 2 月　私は岡田典弘教授の研究室を訪問するために地下鉄に乗り，クジラの類縁動物について考えていた．彼はニックネーム“ノリ”で通っている．彼はニヤニヤと笑って言うが，“ノリ”はたくさん食べられている海藻の日本語でもある．ノリは古生物学者ではなく，分子生物学者だ．クジラ類とカバ類間の分子的類似性の研究は，多くの遺伝子が研究されて積み重なっている．そして，ノリはその研究の中心人物である．彼の研究室では，数十名の忙しい若い人たちが大量の DNA データを生産していた．DNA 分子は 4 種類の核酸のビーズを持つ紐のようなものである．ノリの研究室はビーズが出現する順序を分析することに時間を費やしていた．類縁関係がより近い動物たちは，遠い動物のそれよりも，いっそう似たビーズの順序を持つだろう．なぜならビーズが変化し（突然変異が起こる），そして紐の順序の分岐する時間が少ないからだ．ノリの研究室は特別な種類の DNA を研究している．短い散在性の反復配列，あるいは SINE（これはサインと読む）である．

　私は小さなオフィスにいるノリに会った．そこでは彼は 2 人の秘書と同居していた．ノリは自分のすべてのスペースを生産に費やすことを望んでおり――彼のラボ――，大きな私的オフィスを望まない．彼は小さな机に座っているが，それはコンピュータのために，ようやっとの大きさである．私は小さなソファーに座った．小さなコーヒーテーブルが近すぎて，足を伸ばすことができない．この部屋を仕切っている本棚の後ろでは，ずっと秘書たちの日本語のおしゃべりが聞こえている．彼女たちが私たちに緑茶を持ってきた．私は緑茶が好きではない．ホウレン草を茹でるのに用いた水を思い浮かばせるからだ．その味を隠すために砂糖をたっぷり入れた．

　彼の多くの同胞とは違って，ノリの英語は発音がよく，はっきりとしている．しかし，しばしば単語を考えるためストップしなければならず，そして複数と冠詞が稀である．

　「SINE 法は非常に有用な方法です．SINE の挿入はユニークな事柄です」

　「そうですか．どのようにして SINEs が動物のゲノム中に行き着いたのかを私に教えてください．どのようにしてそれらは挿入されたのですか？」

　「あ～，SINE はレトロポゾンです．SINE は非常に一般的で，人間ではゲノ

ムの 11％が SINE です」．私は，この喘ぎが私の無知にあったと思う．にもか
かわらず，彼はこの謙虚な化石男への教育を欲しているようである．それは私
をつけあがらせ，学ぶ機会をつかませた．彼の答えは，私が理解できるような
ものではない．私は再び質問を試みた．

「レトロポゾンとは，何ですか？」

「あ～，レトロポゾンはおそらく LINE と呼ばれるウイルス要素の助けによ
ってホストのゲノム中に挿入されたものです」

私は LINE が何であるかを知らないが，これはいくらかのことを明らかにし
た．私はウイルスのことなら知っている．最初，遺伝物質の断片が，ウイルス
のゲノムの部分だったらしい．ウイルスが哺乳類の細胞に感染したとき，それ
が宿主の細胞に遺伝物質を注入する．それで哺乳類の DNA 中に組み込まれる．
哺乳類の細胞は分裂を続け，そして，うっかり，そのウイルスの DNA も複製
する．ウイルスは宿主細胞の増殖装置を乗っ取り，新しいウイルスを作る．挿
入された DNA の断片が SINEs である．つまり，最初はウイルスの一部であり，
哺乳類の祖先の DNA の一部ではないのだ．

「宿主の細胞はこれらの SINEs を認識できず，それらを取り除く方法を持っ
ていません」

「SINE を排除するメカニズムが知られていないのです」．私はそれが祖先を
決めるのに有用かもしれないことがわかる．もし，DNA のなにか小さなリボ
ン，SINE が動物の祖先に挿入されたら，そして排除されないのなら，それは
その子孫たちのすべてに存在し，子孫間の関係を決めるのに偉大なマーカーだ
ろう．なぜなら，異なる祖先から由来した動物たちは，その DNA リボンを持
ってないのだから．

「2 つの異なる動物のゲノム中に，SINE は独立に挿入される可能性はないの
ですか？ 2 つの動物の DNA 中に見つけた SINE が，それらの祖先における
2 つの別の挿入イベントの結果ではないということが，どうにしてわかるので
すか？」

「ゲノムにおける SINE の挿入は，サイト特異的ではありません．私たちフ
ランキング配列（flanking sequences，訳注：注目する場所とは別の隣接する領
域の配列）を決めます．これらは同じ挿入イベントの部分である場合に同じで
あるはずです．異なる宿主の同じ領域における SINE の挿入の確率はゼロに近

いのです」

　これは理にかなっている．もし，あるウイルスの SINE DNA が宿主のゲノムに挿入されたら，それは宿主のゲノムのどこかに定着し得る．同じ SINE が宿主の DNA の同じ場所に，2つの種で独立に挿入されるチャンスは非常に低い．私はこの説明をじっくりと考える．もし，彼の言うことが真実ならば，これらの動物の類縁関係を知るのに偉大な方法である．SINE のシーケンスは，宿主の数百万の遺伝子間において至るところに挿入し得る．そして，それが入っている細胞の機能に影響しない．もし，これらの挿入された SINEs を切り出すことを細胞に許すメカニズムがないのなら，そして，もし，その宿主に害も利益もないなら，選択は働かない．それらはまさしくそこに居座り，そして世代から世代へとコピーされていくのだ．

　それは分子生物学者に，誰と誰とが関係あるかを描き出すのに大きな道具を与える．結局のところ，カバはクジラと共通の1つの SINE を持っている．そして，この2つのゲノムの同じ場所にそれは見つかっている[1]．カバとクジラで共通の SINEs は，これらの動物の共通祖先のゲノム中に挿入されたことを意味しているが，ウシとブタの先祖でも，より初期の祖先へは挿入されていない．なぜなら，それらは SINE を持っていないからである．それは，カバとクジラは互いに，ウシとブタに対してよりも近いことを意味している．

　ノリの仕事は，カバとクジラが近縁であるとの分子的証拠だが，それが意見が異なる化石の証拠を圧倒することを私は受け入れる．しかし，それはまた，化石がまだ演じるべき役割を，私にいっそうはっきりと認識させる．カバがクジラ類と近縁であると考える上で最も大きく問題となる点には，カバの最も古い化石が，約 2000 万年前のものにすぎないことだ[2]．最古のクジラ類よりもなんと約 3000 万年も若いのだ．しかも，体に関しては類似性が非常に限られている．4900 万年前から 2000 万年前までのその長い亡霊の系譜が，私に次のことを暗示する．それは，私たちがそれと認識できないほど，カバの祖先は現在のカバと似ておらず，最後の共通祖先がどのような動物だったかを，私たちはまったく知らないことだ．個人的には，初期クジラ類の頃にすんでいた現生クジラ類とカバの共通祖先に近い何者かを探す必要があることを感じる．しかし，それはクッチにはいない——そこの岩石は海生であり，新しすぎる．私は他の場所を調べなければならない．パキスタンのより古い岩石のある場所に今行く

のは安全ではない。そこは，おそらく私がいまだ行ったことのないインド・ヒマラヤ山脈の場所だろう。私はその旨を覚えておく。

黒いクジラ

　別の場所へ出発するには時間がかかるし，しかも，クッチはまだ興味深い化石を産している。私は，クッチでの仕事を中止するのがいかに悲しいかを，砂漠を通り過ぎて北デジジへとドライブするときに思った。4100万年前，北デジジは，しだいに乾いていくラグーンだった（図30）。私の手のひらよりも大きなヘビの頭，そして，私の足よりも長いクロコダイルの吻など，そこにはいくつもの素敵な化石がある。そこから考えると，過去に戻って歩き回ったら，きっと恐ろしい場所だったに違いない。それらのすべての動物は，同じように絶滅した。彼らがしだいに乾いていく熱い泥につかまり，そしてラグーンが干上がり，その中で焼かれて，死がやってきて，多くが醜い化石になった。なぜなら，水の中に溶け込んだ石膏が蒸発によって沈着し，骨と歯の周りに外皮を形成したからだ。また結晶が骨の中の小さな腔の中で成長し，骨にひびを入れ，引き裂いた。

　現代において，この場所はずっと気持ちが良い。私たちは黄色い棚の高いフルラ累層（フルラ石灰岩，図28）に車を停めた。そして，さまよう家畜が作る多数の踏み跡道の1つにあるハルジ累層の石膏化した泥岩に歩いて入った。デジジ近くの村は，伝統的に牛乳配達人が住んでいる。牛乳配達人は牛乳を買って販売しているのではない。代わりに，彼ら自身のウシの生産者の群れを持っている。そのウシが，私の周りのまばらな草を食んでいるのだ。午前中に，牛乳配達人は自転車かモーターバイクを降り，ハンドル棒と荷物用ラックからの金属水差しをぶら下げ，村のドアからドアへと牛乳を売って歩く。

　ここの化石骨のほとんどは黒く，岩石の色は黄赤色から黄色そして茶色と様々で，加えて明るい白色の石膏があり，それらは特定のパターンを持たず分布している。石膏の結晶は，あたかも化石が有している定形を示唆させるように定形で成長する。私は化石と思われる多くの破片を拾い上げ，近くで見て失望する。低い丘を登ると，みかんサイズの5つの列が私の眼を引きつけた。私がひざまづくと，それらは椎骨に変わり，数百万年前のまだ動物であったとき

200

のようにきちんと並んでいる．このような状態はふつう，もっとずっと多数の動物が埋まっていることを示唆し，非常に興奮するものだが，これらは特殊で私を魅了しなかった．なぜなら，ひどい形だからだ．石膏が全方面から囲んでおり，でこぼこの形に風化している．誰かが骨切りナイフでランダムに切り刻んだような姿だ．私はそれらの骨を肋骨を支える胸部椎骨として認めることができる．案の定，周りに散らばったものは肋骨と他の椎骨である．肋骨はパキオストティック（厚い強皮）ではない．これは化石のクジラである．私は雑然と横たわっている断片を積み重ね，5つの峰が丘から突き出ているところを掘った．

　片側には，明らかに何もない．数十年か数世紀の過去に，風化が私のためにそれを発掘し，見つかったものを粉にした．反対側では，堆積物は浸食されていない．私は，掘り始めるとすぐに他の椎骨の方に走った．こちらの椎骨はもっとずっとよく保存されている——黒色で，石膏はほんの少しだが，突起のいくつかが元のままである．この化石はもろく，よごれをとるためブラシをかけ，割れ目を接着し，接着剤を乾かし，化石の残りをあばくという順のサイクルを多数回必要とする．第2の椎骨はすぐ後ろにあり，最初のものより明瞭である．いずれも部分的に石膏化しているため，発掘作業が遅くなっていく．一緒にいる2人の収集家は，私がほとんど動かないことに気づいた．それは，私が何かを見つけたことを彼らに示唆している．彼らは助けに来た．私たちはもっと椎骨を見つけるために表土をどかし，さらに掘った．椎骨の列が，私が座っている泥の塚へとうねっている．そして突然気づいた．これはまさしくラグーンが干上がったときの，身体が乾燥した動物から期待されるパターンであることだ．靱帯は身体が乾燥したときに縮み，脊椎柱が背中の方に曲がっている．ここに完全な骨格があり得るだろうか？

　再び考え，その考えを捨てた．この場所は明らかに攪乱されている．私は胸部，腰部，それに尾部の椎骨を持っているが，骨盤と後肢はなく，また多くが失われている．これらの骨があった場所は乱されていないので，浸食によるものだとは考えにくい．その代わり，動物が埋められる前に腐食動物がいたのではないかと考えた．発掘が進み，驚いたことに，私たちは4つの付着した椎骨，すなわち仙骨を見つけた．しかし，その骨は，動物が生きていたときの腰椎の近くではない．さらに，腰椎より小さく，さび赤色をしていて，黒くない．縁

は変わっており，滑らかにすり切れている．椎骨における鋭い割れ目とは異なり，埋まる前にすべての縁を誰かが切り落としたかのようである．私は当惑した．この小さく赤い仙骨は大きな黒色クジラの腹の中にあった．あるクジラが他を食べた証拠であるというオプションを考えたが，この時点でそれはだだの憶測である．

　私たちはハンマーの尖った背でこの丘を掘った．すべての縁を取り去ると頭骨が見えた．椎骨群から離れて，私は，厚く黒い骨で，野球帽のつばの大きさと形を持つ出っ張りに遭遇した．私たちはその周りを注意深く掘ったが，これがそのクジラのどの部分であるかわからない．待ちきれずに引っ張ると，ぐらつく．それは破損を示している——何かより大きなものにくっついており，私はまさにそれを壊したのだ．私は困惑した．私たちはより大きなこちらの発掘を継続するが，時間を食う．深く埋められており，近づくのが難しいのだ．私たちは泥性の土壌の中で腹這いになるが，熱い太陽が首を焼く．その沈殿物は湿っているが，接着剤は乾くのが遅く，忍耐を要する．私は奮い立つことができず，気分をよくするものは何もない．最終的により大きな骨が現れたが，それは私が期待していたより大きく，奇妙な三角形をしていた．私はこの化石はクジラの椎骨と関係がなく，ここにすんでいた巨大なナマズの頭骨ではないかと思った．かなり普通にあるが，ほとんどが不格好で石膏化した化石である．そして古生物学的にそれほど面白くない．急いで取り出そうとするが，骨は協力してくれない．私はいっそう我慢がきかなくなり，化石を強く引っ張った．黒く大きな化石は突然ぐらぐらする．それはサッカーボールほどの大きさである．私は両手で抱えた．これはクジラの大きな頭蓋だ．まびさし出縁（visor flange）は頭骨の背にある出縁（flange）で，そこに首の筋肉が付いている．今，私が乱暴に扱った結果は明瞭である．私は焦って化石クジラの頭骨を傷つけたのだ．破片を引っぱって折ることのないように，ゆっくりと化石の周りの土を掘り，化石が完全に見えるまで引っぱってはいけなかったのだ．私は座り込んで，自分自身に怒り，黒い頭骨に怒り，なにもかもに怒った．水を飲みクッキーを食べた後，頭がすっきりし，新しい計画が誕生した．被害を制限し，忍耐強く，そして注意深く掘った．頭蓋はよく保存されていて，より多くの標本がまだその丘にあるのを見ることができる．今やすべてがゆっくりと進んでいるが，私たちは適切な作業を行った．余分なものを注意深く取り除き，表面にき

202

れいにブラシをかけ，接着して乾かし，発掘を続けた．最終的に，頭骨のほとんどが姿を現したが，いくぶん石膏で被われ，4200万年の埋葬により変形している．鼻は完全だが，水に洗われ，骨が粉塵のように柔らかい．私は歯科のスクレーパーで細かい部分を掘り，乾かし，それらを固くした．しだいに吻が出てくると，多数の歯がくっついていた．私たちは多くの小さな骨片を拾い上げ，バッグに入れた．私たちは家で，すべて洗い，小さな骨片が大きな骨片に合うかを試みた．大きな骨片はすべてぴったりおさまる．これはレミントノケタス科とは，かなり異なるクジラである．その大きな眼は側面方向に向いていて，歯は大きく，三角形であり，3個の咬頭が上部の歯の上にある（図34）．軌道より上に骨の厚い出っぱりがあり，眼窩上の隆起と呼ばれている．始新世のプロトケタス科と呼ばれているクジラ類で報告された姿であり，クッチでは最初のプロトケタス科である．骨格ともに頭骨を見つけたのだ．私たちはそれをデダケタス（*Dhedacetus*）と呼ぶ[3]．プロトケタス科はレミントノケタス科よりも稀である．そして私たちが見つけたばかりの骨格の大きさと仙骨から判断して，より小さな魚食性のレミントノケタス科に対する捕食者であったのかもしれない．

プロトケタス科のクジラ類

プロトケタス科のクジラ類（図53）は，世界中で4900万年前から3700万年前の岩石から発見されている（図10）[4]．その先陣たち（パキケタス科，アンブロケタス科，レミントノケタス科）は，インドとパキスタンのみから発見されている．プロトケタス科は長距離を回遊し，世界中にすむことができた最初のクジラ類のようである．プロトケタス科はまた，バシロサウルス科の祖先であり，バシロサウルス科を介して現生のクジラ類を含めたすべての後のクジラ類の祖先である（図54）．

インドとパキスタンからのプロトケタス科は多数の属を含んでいる．インドケタス（*Indocetus*），ロドケタス（*Rodhocetus*），バビアケタス（*Babiacetus*）ガビアケタス（*Gaviacetus*），アルティオケタス（*Artiocetus*），マカラケタス（*Macaracetus*），クィスラケタス（*Qaisracetus*），タクラケタス（*Takracetus*），マイアケタス（*Maiacetus*），カロダケタス（*Kharodacetus*），デダケタス

第12章　クジラ類が世界を征服する　203

図 53　マイアケタスの生態復元図．およそ 4700 万年前に現在のパキスタンに生息していたプロトケタス科のクジラ．プロトケタス科は世界の大洋をすみかにした最初のクジラ類だった．

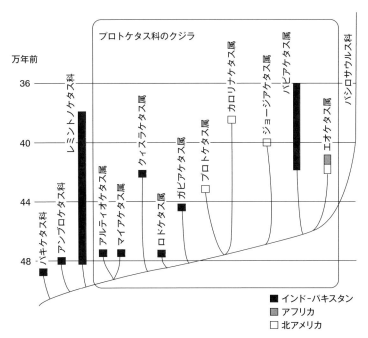

図 54 比較的よく知られたいくつかのプロトケタス科の関係図. 基本的でより古いプロトケタス科はインド‐パキスタンで発見されているが,より後の時代のものは世界の大洋のほとんどで発見されている. 系統発生は Uhen *et al*. (2011) による.

(*Dhedacetus*)[5]. 加えて,プロトケタス(*Protocetus*),パッポケタス(*Pappocetus*),エオケタス(*Eocetus*),エイティオケタス(*Aeticetus*)はアフリカから[6],そして,ジョージアケタス(*Georgiacetus*),ノキトキア(*Nachitochia*),カロリナケタス(*Carolinacetus*),クレナトケタス(*Crenatocetus*)は北米から知られている[7]. プロトケタス科の魅力的な断片はペルーでも発見されている[8]. 非常に多くの属とともに,プロトケタス科は始新世クジラ類の他のものよりも,いっそう多様で,広く分布している.

いくぶん完全な骨格は,わずかなプロトケタス科のみで知られている. それらはロドケタス,マイアケタス,アルティオケタス,ジョージアケタスである(図 55). 興味深いことに,前肢と後肢は,ジョージアケタスと私たちのデダケタスのような比較的完全な骨格でも失われている. それは,死体を摂食する腐食性動物のためか,死体が海洋で浮遊し,時間が過ぎて一部が脱落し沈んだた

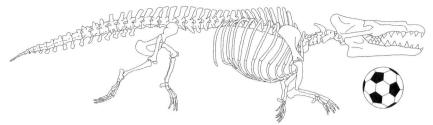

図 55　プロトケタス科のマイアケタスの骨格. Gingerich *et al.* (2009)をもとに描き直している.

めと思われる. 骨格の発見されていない非常に多くの種が知られているため, 私たちが知っているものが, どれくらい全グループを代表しているかを知るのは難しいが, 今やプロトケタス科は, 現生のアシカのように海洋で生きていたように見える. 彼らは速く泳いで獲物を狩るが, 後肢で体の動きを強力にしている. しかしながら, 彼らは陸にも関係していて, おそらく交尾, 出産, 育児のような繁殖に関係した機能のためにそこへ行ったのだろう.

摂餌と食性　プロトケタス科はアンブロケタス科と同様に, 強力な顎と歯を持っており, レミントノケタス科とは異なっていた. その歯と顎の形態は, プロトケタス科が大きくて暴れる獲物と戦ったことを示唆している. 歯の同位体が, 彼らの獲物が水中で生きていたことを示している[9]. クッチの始新世からのプロトケタス科は, 彼らの周りにすんでいたレミントノケタス科のクジラよりもずっと大きい. 前に述べたように, 後者はプロトケタス科の獲物であった可能性がある.

　一見したところ, すべてのプロトケタス科は同じ歯式を持っている. その歯式はいつも 3.1.4.3/3.1.4.3 である. 上部の臼歯は 2 個の大きな咬頭と, 時々 1 個の追加の咬頭を舌側に持っている. 下部の臼歯は, 前方に高いトリゴニドを, 後方にタロニドを持っている. どちらも 1 個の咬頭がある (図 34).

　一般的な類似性にも関わらず, 異なるプロトケタス科間で食物の特殊化が起こった明らかな証拠がある. ほとんどの属はカロダケタスのようである. それらは細身で鋭いエッジのある高い歯を持ち, そしてすべての初期クジラ類を特徴づける顕著な第 I 段階の摩滅面である[10]. バビアケタスは異なっている. その臼歯はあまり尖っておらず, また頂端で身についている (worn apically).

それはたび重なる"歯－食物－歯"の接触によって頂点が根元につくほどすり減っているのだ．インドのバビアケタスのある種においては，左右の各顎における歯が壊れており，歯根のみを残している．この2つの壊れた歯は互いに交差し，そして両方が同じ激しい顎の開閉で壊れたようである．これら両方の歯における磨耗表面は，歯が壊れた後も使用されたことを示し，そのクジラがそのダメージ後も生き抜いたことを意味している．バビアケタスの左右の顎は，ほとんどのプロトケタス科とは異なり，第2小臼歯にさかのぼるまで互いに癒着している[11]．この動物は非常に強力な顎を持っていた．また，他のプロトケタス科よりも，強い獲物と戦ったことを示唆している．クッチから至る所にいる海生ナマズは，非常に固い骨性の頭を持っており，バビアケタスの獲物の1つであったらしい．

プロトケタス科における吻と口蓋の形態は非常に多様であり[12]，その差異はおそらく食物の特殊化を反映しているが，詳しく研究されてはいない．最も奇妙なプロトケタス科の顔は，まさにマカラケタスのそれであり[13]，まっすぐではなく下に曲がった顎を持っている．他のプロトケタス科とはまったく異なる摂食をしていたはずであるが，何をどのようにして食べたかはわかっていない．

嗅覚と味覚

　初期のクジラ類のように臭いの感覚を持つ哺乳類の嗅覚は，空中にある化学物質を取り上げ，水中のものは取り上げない．空中の分子を鼻腔内部の粘液で捕らえるのだ．これらの分子はニューロン（神経細胞）を刺激する．ニューロンは脳神経1と呼ばれる大きな神経の一部である．聴覚神経であるが，このニューロンは，見つけたことを他の神経を通じて脳へ送る嗅覚索（olfactory tract）である．現生クジラ類では，嗅覚はヒゲクジラ類でよく発達しているが[14]，ハクジラ類では痕跡的か，欠落している[15]．なぜ現生クジラ類が臭いの感覚を持っているのかは明らかでない．いくつかの現生クジラ類（いわゆるセミクジラにおいて）は，食物を見つけるために，茹でたキャベツのようなオキアミの臭いを空中で探知できるらしい．彼らは空中にオキアミの臭いがあるときに泳ぎ上がることが観察されている．初期クジラ類の頭骨は，このグループのメンバーが臭いの感覚を持っていたことを示している．プロトケタス科には，嗅覚神経のための小さな骨の孔と，嗅索のための長い骨の管があり[16]，同じものがまたレミントノケタス科とバシロサウルス科にもある（図35）[17]．

哺乳類の嗅覚は，味覚とは大きく異なっている．哺乳類での味覚の受容器は，ほとんどが舌と口蓋に位置している．それらは個体あるいは液体に入っている化学物質を探知するように設計されており，これらの信号は脳神経1，顔面神経，そして舌咽神経9を経て，脳に伝えられる．不幸なことに，それらの脳神経は骨の管に走る味覚道を持っておらず，化石では研究できない．

　哺乳類には第3の化学感覚がある．鋤鼻器官，いわゆるヤコブソン器官であるが，これは鼻腔の床に位置している．小さな袋からなり，口蓋の前部に開いている管から大きな味分子を探知できる．すべての哺乳類が鋤鼻器官を持っているわけではない．例えばヒトはそれを欠いている．イヌのように鋤鼻器官を持っている動物では，その管のスリットのような開口部は，口蓋の上の上部切歯の後ろに見える．鋤鼻器官は，性的コミュニケーションに関与するような同種の他個体に対する信号である化学物質，すなわちフェロモンを探知するのに重要な役割を演じている[18]．偶蹄類の中には，鋤鼻器官を使って仲間の繁殖状態を探知するものもいる．雄シカは口を開けて頭を上げ，口蓋にある鋤鼻器官の管を空中にさらすフレーメンと呼ばれる行動をして，発情している近くの雌シカが出す分子を嗅ぎ取ろうとする[19]．嗅覚のように，鋤鼻器官は脳神経系1を介して脳に信号を送り，空中の分子によって刺激される．嗅覚と異なっているのは，これらの分子が口蓋を経てその器官に伝わり，そして口蓋の上の2つのスリットを通って運ばれるところだ．口から鼻へ行くために，鋤鼻器官の管は口蓋の中にある2つの孔を通っている．これは前部口蓋孔，あるいは時には切歯孔（incisive foramen）と呼ばれている．現生クジラの成体で鋤鼻器官を持っているものはいない．彼らはまた，前部口蓋孔も持っていない．しかしながら，パキケタス科には前部口蓋孔がある．クジラ類が偶蹄類に近縁であることを考えると，鋤鼻器官は初期のクジラ類にはあったようである．そしてクジラ類が水生になっていったときに失われた．レミントノケタス科とカロダケタスのようなプロトケタス科で，彼らの頭骨に前部口蓋孔がないことがそれを示している．

　私たちは，始新世のクジラ類が臭いの感覚を何に用いていたか推測することしかできないが，生殖上の機能がありそうである．アシカは臭いの感覚を持っているが，やはり同種の仲間を特定したり，混雑したコロニーで自身の子供を認知したりと，生殖に関係した機能において重要である[20]．

視覚と聴覚　プロトケタス科とバシロサウルス科を一方とし，またパキケタス科とアンブロケタス科とレミントノケタス科を他方とすると，それらの間における意味深い違いは，眼の位置にある．プロトケタス科とバシロサウルス科は，頭の両側に面した大きな眼を持っており，それらは頭骨の厚く平らな部分（眼窩上の盾）の下に位置している（図52）．これらのクジラ類は，（レミントノ

ケタス科とは違って）良好な視覚を持っていた．そして，アンブロケタス科と
パキケタス科のように上方を見るのではなく，側方を見るためにその眼を使って
いた．

　プロトケタス科の耳は，レミントノケタス科のものと似ている（図43）．下
顎孔の拡大と，錐体の頭骨からのわずかな分離が水生適応を示しているが，現
生クジラ類にあるものほど完全な構造ではない．プロトケタス科はその眼と耳
を大きな獲物を狩る際に用い，そして，それはほとんどが水面下で行われたよ
うである．

脳　エジプトの砂漠は，バシロサウルス科での頭蓋内部におけるキャスト
（cast）の破片（エンドキャスト）を産出する[21]．そしてCTスキャンは，レミ
ントノケタス科におけるその腔の形態を明らかにした（図35）．クッチで，私
たちはプロトケタス科インドケタスのエンドキャストを見つけた[22]．すべての
初期クジラ類のように，それは長い嗅覚神経路を持っている．怪網，つまり脳
を囲む血管のネットワークの始まりもある（第2章で議論した）．この網は脳
の左右の側で最も大きく，上（背側）表面を被っているものはない．網の位置
は現生のホッキョククジラと似ている．

　これらの始新世のエンドキャストで，脳の前部（図35にある大脳）は，後
部（小脳）とは異なっている．大脳と小脳の相対的な大きさは，陸生哺乳類と
レミントノケタスが似ており，大脳は小脳より大きく，高い．バシロサウルス
科では異なり，小脳はずっと大きく高く，大脳にのし上がっている．小脳のキ
ャストは，バシロサウルス科のこのスペースがほとんど線維網で被われていた
ことを示唆している．プロトケタス科ではその状態が大きくなっているが，他
の始新世クジラ類よりも，小脳が脳容積に対していっそう大きな割合を担って
いた可能性が高い．現生の哺乳類において，小脳は精緻な運動調整に関わって
いるが，プロトケタス科とバシロサウルス科の間の運動調整の有意な変化があ
ったかどうかはわからない．

　すべての始新世クジラ類の脳表面は比較的滑らかであり，脳回欠損（lissen-
cephay）と言われる状態である．一般に哺乳類の脳は，大きい（高いEQを持
つ，第2章参照）ものほど，脳表面により多くより深い溝を持つ．そして，そ
れは，彼らが持っている脳の力と広い意味で関係している．始新世クジラ類の

第12章　クジラ類が世界を征服する　**209**

脳はその点で，現生のハクジラ類とヒゲクジラ類とは異なっている．始新世の生物が滑らかな脳を形成し，その現生の近縁者が複雑な脳を持つというパターンは，実際に多くの哺乳類のグループでも発見されている．進化において，脳の大きさと複雑化の程度は，過去5000万年にわたって異なる哺乳類グループにおいて独立して増加しているのだ[23]．

　不幸なことに，これら初期哺乳類がその脳で何をしたかを決めるのは，現在は不可能である．現生クジラ類における脳の組織化は，他の哺乳類とは非常に異なっている．それが増加した認知能力と行動上の複雑さに関係していることはありそうだ[24]．しかしながら，私たちはこれらの組織化のパターンが始新世クジラ類で起こったかどうかは知ることができない．彼らの脳は確かに現生のものよりもずっと小さい．

歩行と遊泳　マイアケタスのようなプロトケタス科は，丈夫な脊柱と短い肢を持っていた[25]．泳ぐことができるほとんどすべての哺乳類は肢が短い．アシカは手のひらで自身を推進する（図20）．短い前肢に大きくて扇のような手のひらを持ち，強力な肩の筋肉で水を押せるのだ[26]．アザラシは腰部オシレーションで泳ぐ．彼らは泳ぐために，非常に短い大腿に付着した巨大な足びれと，そして強力な打力が出るすねを持っている．マイアケタスは短い肢を持っているが，その手と足びれは，大きくはない．形態の類似度を研究する強力な数学方法である主成分分析は，水泳者の肢と体幹の比率の研究に用いられてきた[27]．マイアケタスの骨格のプロポーションは，淡水生のオオカワウソ（*Pteronura*）に最も似ていることを示した．これは尾ひねり者である（図20）．

　実際に，プロトケタス科の尾は非常に興味深い．尾びれの根元に近い椎骨のプロポーションは，尾びれを持つ哺乳類（クジラ類，ジュゴン類）において突然変化するが，尾びれがない動物（ラッコ類，マナティー類，図12）ではそうではない．実際，マイアケタスで最も知られている尾の椎骨は，高さよりも幅が広いが，第13番目の尾椎骨は幅よりも高い．ドルドンでは第13番目の腰椎

25　前肢で泳ぐアシカにおいては，最も長い指は肢の最初の部分（上腕骨）の1.7倍長い．後肢で泳ぐアザラシにおいては，最も長い趾／大腿骨の比は2.4である．アンブロケタスでは，この比は1.1であり，そしてプロケタス科の*Rhodocetus*と*Maiacetus*では，それはそれぞれ0.95と0.79である．プロケタス科の小さな肢，それがアンブロケタス科のそれよりも推進においてより関係ないことを示している．

は，ボール椎骨が尾びれと結合しているところに位置している．そして椎骨の高さ——幅のプロポーションはそこで変化する[28]．それはマイアケタスが尾びれを持っていたことを示唆し，そして現生の尾びれで推進する尾部オシレーションは，プロトケタス科で起源したことを意味しているかもしれない．

　パキケタスとアンブロケタスの肢の骨はパキオスティック（厚い強皮）であるが，プロトケタス科には当てはまらない．パキケタスとアンブロケタスにおいて過剰の骨は，動物を水中に保つためのバラストとして用いられたのだろう．待ち伏せて狩りを行うには理にかなっている．プロトケタス科とバシロサウルスで，それらの肋骨は幾分パキオスティックである[29]．そして第2章で説明したように，これらの重い肋骨はスタビライザーとして機能するらしい．

　プロトケタス科の肢は，完全に動く関節を持っていた．そしてよく発達した指とつま先があり，短い蹄が先についていた．プロトケタス科は速くも強くもなかったが，確かに陸地を歩き回れた．プロトケタス科の脊柱はある種の謎を提供する．ほぼすべての哺乳類は7個の頸椎を持ち，そして胸椎と腰椎の数は同数となっている．かくて，哺乳類のほとんどは，第4章で指摘したように，仙骨（頸部＋胸部＋腰部の椎骨，一緒にして前仙骨椎骨と呼ばれる）[30]の前に26個の椎骨を持っている．実際，鳥類と爬虫類では前仙骨椎骨の数は比較的安定している．前仙骨椎骨の数は始新世の偶蹄類，そしてほとんどのプロトケタス科において26個である[31]．しかしながら，アンブロケタスとクッチケタスはいずれも，その数はより大きい（それぞれ31個と30個）．そしてバシロサウルス科では並外れている（バシロサウルス42個，ドルドン41個）．過剰の前仙骨椎骨は，クジラ類は，哺乳類のデザインで基本的な変化があったことを示している．問題は，ある種のプロトケタス科が（バシロサウルス科と同様にアンブロケタス科とレミントノケタス科においても）祖先の数に戻り，初期クジラの進化で2倍に増加したかどうか，あるいはそれがただ一度増加したかである．

生息地と生活史　パキケタス科とアンブロケタス科は，淡水に密接に結びついていた．そして，レミントノケタス科は通常，泥性のバックベイにいた．プロトケタス科の化石は，きれいで暖かく，明るい水域を示唆する堆積岩でしばしば発見される（図30）[32]．そのような海は様々な生活型のある生態系を支え，そしてプロトケタス科はおそらくこれらの生態系の頂点の捕食者だっただろう．

第12章　クジラ類が世界を征服する　**211**

ほとんどのプロトケタス科の化石は，そのような海岸近くで，また開放された海洋環境でも見つかっており，彼らはより深い海洋の表面水でも生活できたということのようである．その環境は容易に化石化しないので，そこでの多様性についてはあまり知られていない．プロトケタス科が登場するとすぐに，海洋はクジラ類の生命で満ちあふれた可能性がある．

　それでも，プロトケタス科が陸地に結びついていたのは明らかだ．もしアザラシとアシカが，プロトケタス科の現代の類似生物なら，それは繁殖に関する機能が安定した基盤を要求したのだろう．もちろん，それらの交尾，産仔，育児などの機能は，容易には化石化しない．一般的に，胎児と新生児は軟らかい骨を持っており，簡単には化石にならない．大きなクジラの体内部に小さなクジラが，始新世クジラのマイアケタスから発見されたが，それは非常にきれいな標本である．小さな個体の頭は大きな個体の尾の方向を向いていた．そして，それは母親の体内の胎児として説明されてきた[33]．しかしながら，その小さな個体は母親の子宮があったところではなく，心臓と胃のところに位置していた．現生のヒゲクジラの胎児は，母の死後はふつう胸腔内で見つかる．腹部の腐敗ガスが死んだ胎児を前方に押すため，隔膜を通って胸腔へ移動するのだ．さらに，小さなクジラの骨格は不完全で，体の後ろ半分が失われている．成体が小さくて自由に泳いでいるものを殺し，それを2つの部分に噛んで，その1つを飲みこんだ可能性はないだろうか．小さい標本の骨はあまり明確ではないため，これら2つが同じ種であるかどうかを決めることはできない．しかし，研究を進める方法がある．胎児の骨は生理学的には母親の体の部分だから，もし小さな標本の同位体サインが成体のものと一致するなら，母-胎児関係がもっともっともらしくなる．しかし，まだその研究はなされていない．

プロトケタス科と歴史

　最初のプロトケタス科は，1904年にエジプトの砂漠で発見された[34]．それが見つかった場所は，今は失せている．カイロの市街がそこを越えて広がったのだ．標本は頭骨だった．それは *Protocetus atavus* と名づけられた．ラテン語の意味は，"前クジラの祖父"である．それは直ちに陸生哺乳類とつながっている可能性が認識され，そしておよそ1世紀，人々が祖先のクジラのように見える

だろうと思ったものを定義した．しかし，それは頭骨だけだった．そして学者は本当に，どのようにプロトケタス科が現生クジラ類から異なっているかを認識できなかった．頭骨はアフリカで4000万年以上の埋土で残ったが，ドイツのシュツットガルト自然史博物館で40年間しか存在しなかった．第二次世界大戦の爆撃の際に壊されたのだ．

　プロトケタス科は魅惑的なクジラ類である――地球上に広がった最初のものは多くの現生クジラ類がまだ使用している速い狩猟戦略を採用している．そして種数と形態の両方で，前例のないレベルの多様性に達している．前述したように，彼らはクジラ類の祖先が何のように見えたかについて私が理解するのを助けることができない．このパキケタス科以前の獣類は，彼らとカバとの関係の謎を解くことができない．そのために，私は古い偶蹄類を研究する必要があり，そしてインドあるいはパキスタンが好ましい．なぜなら，そこはクジラ類が起源した場所だからである．私は再び，海産の岩石を離れ，陸生の哺乳類が入っている岩石に焦点を合わせて発掘を始めるべき事態に直面している．

第 12 章　クジラ類が世界を征服する　**213**

第13章
胚から進化学へ

足を持つイルカ

日本，東京，2008 年 6 月 7 日　生きているクジラ類で，体から突き出た足を持つものはいない．ただ一頭を除いては．そして，私はその個体を見るために日本にいる．後肢を持つイルカだ．私はその動物の写真をインターネットで見た．その後肢とは生殖器が隠れた割れ目近くの胴体から突き出ている 2 つの三角形のひれである．この動物は世界中のニュースの大見出しとなり，そして，日本人の仲間がその動物を見に行こうと誘ってくれた．

　イルカの捕獲は物議をかもしている．日本の国立科学博物館でクジラ類を研究している山田格が，東京から西に約 300 キロメートルの太地町でイルカ漁師たちによって，そのイルカが捕まったことを話してくれた[1]．漁師たちは，大きな音でイルカを脅し，群れを狭い入り江に追い込んだ後，明らかに食物として殺すことで悪名をはせている．くだんのイルカは異形だった．そして，漁師たちはそれを生かして，近隣のマリンパークで飼育している．彼らは，それを"はるか"と呼ぶが，その意味は"古い昔から来ている"であり，後肢の進化的起源について考えさせるものである．

　私はワシントン DC にあるスミソニアン研究所の海生哺乳類の学芸員ジム・ミードとともに，東京の山田格のオフィスを訪問した．古参の解剖学者両名は，解剖学の細目を楽しみ，昼食をとりながら，クジラ目の肛門扁桃がどこにあるのか，なんのためにあるのかといった，詳細な議論を嬉しそうしていた．

　彼らはそのトピックに飽きた．その後，ジムは私に次のように言った．「60年代に，私は東京の東にある千葉県で仕事をしたが，そこには捕鯨場があった．私たちはそこに滞在し，漁民が引き上げたツチクジラ（*Berardius*）を研究していたんだ」．

Berardius は，非常に深海にすむ種であるツチクジラに対するラテン語の名前である．このクジラは巨大でそして不気味であり，目が大きく，なにやら巨大なイカと交配する怪獣のフリッパーのようである．

　私たちは日本でクジラ類を研究した過去の私たちの実験について話した．日本は捕鯨大国であるが，捕鯨は国際捕鯨委員会（IWC）と呼ばれるグループに

1　この漁は，数年後に，アカデミー賞を受賞した映画の"コーブ"で世間に曝された．

第 13 章　胚から進化学へ　　**217**

よって管理されている．日本は，科学的捕鯨（調査捕鯨）を許可する IWC の
規制の抜け穴を利用して，研究の名の下に数千頭のクジラを殺している．しか
し，この研究に好ましい印象をもつ科学者は——日本の科学者を含めて——わ
ずかしかいない．

　どんな国も IWC に加わって投票することができる．その会議はしばしば攻
撃的であり，日本，ノルウェー，アイスランドのような捕鯨国と，オーストラ
リア，ニュージーランドのような保全指向の国とが，角を突き合わせている．
この足のあるイルカは，捕鯨が科学的研究につながる例だが，非常に珍しいこ
とである．私たちはどのようにしてこのイルカへアクセスするかを話した．山
田は私に電子メールをくれた．それは太地町立くじらの博物館の日本の学者が，
ジムと私にその動物をどのように科学的に扱えるかを説明する短い講演を依頼
したものである．私は興奮し，そして実験の可能性についてフランク・フィッ
シュに電話した．フランクも興奮していた．2 日後，私は格からこの件は失敗
したとの言葉を受け取った．水族館を経営している管理者が，部外者と関係す
ることを望んでいないのだ．そこでは会話もできず，いかなるアクセスもなく，
観光客のように水槽の中の動物を見ることだけを許されたようである．私は彼
に理由を尋ねた．

　「彼らはその動物をできるだけ長く生かし，繁殖させたいのです．水槽の中
に入れ，彼女に何も施さないことを望んでいます」

　私は，体を傷つけたり損傷を与えたりするようないかなる実験も計画してい
なかった．主に映像を撮りたかったのだ．しかし，事は単純ではないことが見
てとれた．私は尋ねた．

　「彼らはその動物を CT スキャンにかけましたか？」

　「いや，彼らは本当にすべての扱いを制限しています．彼らは，捕鯨の推進
を公然と支持する人たちにだけ標本へのアクセスを許すことを明らかにしてい
るのです」

　捕鯨を支持できない私は除外された．「他の学者がアクセスするのを，どの
ように私たちは助けられますか？　彼らは，その動物を日本人に研究してほし
いと望んでいるだけではないでしょうか」

　「いいえ，外国人は構わないのです．捕鯨の推進を支持してくれる限り」．“は
るか”の研究は政治的行為になってきている．

218

私たち 3 人は，さらなる 3 人の日本人に会い，太地町のある和歌山県に一緒に飛んだ．飛行機に乗っているのは私たちだけだった．滑走路は絶壁として浸食された黒い岩石を切り開いたものであり，ターミナルに移動する滑走路は狭く，誘導路としての余地もなかった．ターミナルビルの向かいの丘には大きなクジラが彫刻されており，空港の売店にはクジラ肉の缶詰が売られている．岩石地帯の曲がりくねった海岸に沿って 2 時間ドライブし，私たちはクジラの形をした香炉と貯金箱を売っているレストランで停車した．その後，2 つのクジラの尾の形をした大きな滝に沿ってドライブした．

　これは日本という捕鯨国の中心であると，私はついに気づき始めた．ほとんどの日本人はクジラ肉を食べない．私は以前，何度も日本に旅行したが，日本人がクジラ肉を食べているところを見たことはない．しかしながら，政府はその消費の推進を図っており，ここのようないくつかの場所では，クジラとイルカの捕獲は地域文化の一部である．これらの人々はそれを熱烈に守っているのだ．

太地町のマリンパーク

　翌朝，私たちはオーシャンパークに行った．そこは大きなシロナガスクジラの骨格が外に展示してある．白い骨が，谷を縁どる黒い岩石とのコントラストをなしていて，非常に日本人らしいイメージをつくり，彫刻家を不朽にする準備ができている．学芸員に会うが，すべての会話は日本語であり，ジムと私はただ歩くだけだった．それから所長——明らかに私たちの会話に栓をしている人物——が出てきた．彼もまた丁寧な人であり，私たちを獣医とトレーナーに紹介した．非常に日本的な儀式で名刺が交換され，私自身の名刺は減り，日本人の名刺がしだいに増えていった．所長の名刺には"はるか"の写真があり，彼らの重要な看板であることを理解した．私たちは 2 頭のクジラが描かれている大きな建物を過ぎ，崖の間に達している入り江に沿って歩いた．水面を見ると，黒い大きなひれが現れ，大きなヒューという音が続いた．私は驚いたが，それはシャチが息つぎのために上がってきたのだと認識した．なぜ，そのような大きな動物がこのような小さな入り江で泳いでいるのか？　私は入り江を見渡し，この入り江の口にダムがあり，捕えられたシャチに対する自然の水族館

第 13 章　胚から進化学へ　　**219**

図56 小さな後ろのひれ足を持つイルカ"はるか"を（水族館のプレキシガラス管の）下から見たところ．後ろのひれ足は"はるか"の後肢である．普通のイルカには後ろのひれ足はなく，この個体では先天性異常としてこのような構造が出現した．

になっていることを理解する．遠く下ると，そこには長方形の木製の構造物が，入り江の中の桶の上に浮いている．中では，時々なにか黒いものがひるがえっている．これらはクジラ類が入っている檻なのだ．少なくとも6つの檻があり，いくつかには多数の動物がいる．私たちは大きな水槽の辺りに立てられたコンクリートの丸い建物へと曲がりくねった道を歩き下った．ドアにつくと，私たちは水族館の底にある巨大なプレキシガラスの管の中にいて，3頭のバンドウイルカがその管の天辺に横たわっているのを認める．1頭が"はるか"だ（図56）．全員が私たちのカメラのまわりに集まる．このイルカはうるさがらない．彼らの2頭が遊び始める．3番目は留まっている．それが"はるか"だ．彼女は自分がショーのスターであることを知っているかのようだ．そして撮影向けのポーズでのファンを喜ばせようとしている．

　"はるか"は，その後ろ部分に本当に小さなひれを持っている．一方がわずかに他方よりも大きいが，前部のひれのように立派にできている．トレーナーは，その一方が他方よりもずっと緩く付いていると言う．所長，獣医，そして学芸員は私たちとともにいる．彼らは私たちを行かせようとする．「プリーズ，プリーズ」．彼らを敵に回したから，彼らは私たちを離れさせようとしているのだろうか？　と，私は疑問に思った．

いや，まったくその反対だった．彼らはその建物の屋根，水族館の最上部に
私たちを案内した．トレーナーはクーラーを取り，タンクの中のプラットホー
ム上に行く．そしてイルカたちがすぐに現れる．トレーナーはイルカたちに魚
を与える．トレーナーの1人がジェスチャーをすると，"はるか"は回転し，
彼女の腹部を見せる．トレーナーは優しく彼の手をひれの下に付け，私たちは
写真とビデオを撮った　．すべての捕われたイルカたちは，腹部を上に向ける
ことを教えられている．それでトレーナーや獣医は，イルカたちの生殖器と肛
門の部分を調べ，そして彼らの体温を直腸から測ることができるのだ．それは
数分間続き，イルカたちは他の合図を受け，回転し，そして大きく鼻を鳴らす．
"はるか"が腹部を上に向けているとき，彼女は息ができない．彼女はさらに
魚をもらって，再び回転させられる．さらなるカメラ音が鳴り，さらに映像が
撮られる．気がつけば1時間が過ぎていた．

隠れている肢

　"はるか"は，後肢を持って生まれた最初の現生のクジラではない．そのよう
な構造を持ったクジラ類とイルカ類には半ダース以上報告があり[2]，ロシアの
マッコウクジラ腹部における小さなこぶ程度のものから，1919年にカナダのバ
ンクーバー島付近で捕まったザトウクジラ[3]の長さが4フィートある付属物ま
で，大きさも様々だ．しかし他のものとは違って，"はるか"は生きている[4]．
彼女は私たちに後肢がいかに水泳に影響を与えるか，そして，そもそもなぜク
ジラ類は後肢を失ったのかを教えてくれるかもしれない．
　なぜ"はるか"が異なっているかを理解するために，私たちは他の哺乳類で
四肢がどのように発生するかを理解する必要がある．肢の発生学は魚類から鳥
類，哺乳類まで脊椎動物において比較的似ている．発生の初期には，頭部，背
中の節，そして尾部はあるが，四肢はなく，胚はまるで幼虫のように見える．
人間の胚も受精後の4週目までは同様で，胚が豆よりも小さいとき，胸の領域
で2つの小さなこぶが成長する．4週目後半に，2つの小さなこぶが，尾の基
部に現れる．肢芽はすべての脊椎動物でこのように形成されるが，多くの違い

4　執筆の時に，'はるか'は生きていたが，このイルカは2013年の4月に死んだ．

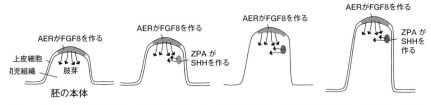

図57 脊椎動物における肢の発生を表す図．前肢と後肢は，最初は体壁から突き出た小さな肢芽（左の図）として形づくられる．時間とともに（図の右方向へ）肢芽が成長し，最後には内部に骨格が形成される．AERは外胚葉性頂堤，FGF8は線維芽細胞成長因子8（タンパク質の一種），ZPAは極性化活性領域，SHHはソニックヘッジホッグ（別のタンパク質）．

もある．タイミングもそのひとつである．ハツカネズミでは，肢芽はかなり早くに生じ，およそ10日目である．異なる妊娠期間のいろいろな動物での胚をより簡単に比較するために，発生学者は発生をいわゆるカーネギー発生段階に分けている．ほとんどの哺乳類での肢芽は，カーネギー発生段階13のときに形成を始める[5]．

　肢芽は2種類の細胞でできている．外側は，道路の舗装のように胚を包む平らな単層の細胞で被われている．これらは上皮細胞と呼ばれている．内部では，すべての肢芽が，間充織を構成する未分化細胞で満たされている．肢芽の上の上皮細胞は，外胚葉性頂堤（AER）と呼ばれる溝を形成する．肢芽は成長し，その内側で細胞の一群はかたまって（あるいは密集して），そして骨に変化する軟骨の棒になる．肩と肘の間に形成される棒は上腕骨となる．肘と手首の間には前腕の橈骨と尺骨になる2つの棒が形成される．手には5個のはっきりとした軟骨の棒ができるが，それは手指の先駆体である．ほとんどの哺乳類でおおむね同じ棒が下肢につくられ，脚と趾（足指）の骨となる．ひとたび軟骨の棒が形成されると，筋肉になる細胞集団が胴体から発達しつつある肢へと移動する．最初は，手の中に分かれた指があったり，足の中にはっきりとした趾（足指）があったりするわけではない．軟骨の棒は組織の平たいパッドで埋められ，手と足は親指のないミトンのようである．手と足が発達すると，指の間の組織は薄くなり，しだいに消え，最終的に，独立して動く手指と足指が作られる．

　これらすべてを制御している遺伝子はかなりよく知られている（図57）．最初に，AERがFGF8と呼ばれるタンパク質を作り[6]，それが下の間充織に浸透

222

する。このように、他の領域への伝達に用いられるタンパク質を作る領域は、シグナリングセンターと呼ばれる。肢芽の後ろにある間充織の細胞集団もまたシグナリングセンター、すなわち極性化活性帯（ZPA）になっていく。このZPAはソニックヘッジホッグ（名前はビデオゲームのキャラクターにちなんでおり、通常SHHと略される）と呼ばれるタンパク質をつくり始める。SHHは周りの組織に拡散し、この段階でAERが活性を保ち作用するのに必要である。AERのすぐ下の間葉細胞は分裂し、肢芽はしだいに長く成長していき、軟骨の棒を形成し、それらは肢を節に分ける。前肢においては、肩から肘、肘から手首、そして手であり、後肢においては、尻から膝、膝から足首、そして足先である[7]。

　ZPAは早い段階で役割を果たし、AERとともに肢芽の成長を達成するために働く。ZPAは再び発生の後期の手指と足指の形成の期間に役割を演じる。ZPAで作られたSHHは周りの間充織に滲み出る。そして、ZPAは手の小指（後ろ）側（足の小さな指側）に位置しているので、親指（大きな足指）側に行くとSHHの濃度は落ちる。成長が続くと、さらに親指側に行く細胞は、より低い濃度とより短い期間の両方のSHH曝露を受けるだろう。これは異なる手指と足指を作るシグナルであり、人差し指は低い濃度のSHHに、ほんの短く曝される。小指はより長い時間とより高い濃度であり、残りの手指は中間である[8]。これは手指と足指の特定の形を制御する。

　多くの哺乳類では、前肢と後肢は同じ軌跡をたどるが、これはクジラ類では同じでない。前肢では[9]、発生は最初にほとんどの他の哺乳類のように、指どうしを接続する軟組織が消え落ちるまで進行し、そして離れた指ができる。加えて、多くの他の哺乳類のようではなく、多くのクジラ類の種は、手指あるいは足指あたり3つ以上の指骨を形成する（図13）。このすべては滑らかな非対称の胸びれを作るが、それは水を切る刃であり、舵取りに使われる。

　クジラ類の後肢のたどる路は、前肢のそれとはまったく異なる。生きているクジラ類では——"はるか"のような個体では——外部にある後肢は、あたかも発生が間違えて起こったかのようである。しかし、すべての現生クジラ類で

6　タンパク質はしばしば著しく不適切な、扱いにくく、あるいはばかげた名前があり、それで出版物中ではそれらは普通これのように文字‐数字によってのみで扱われる。

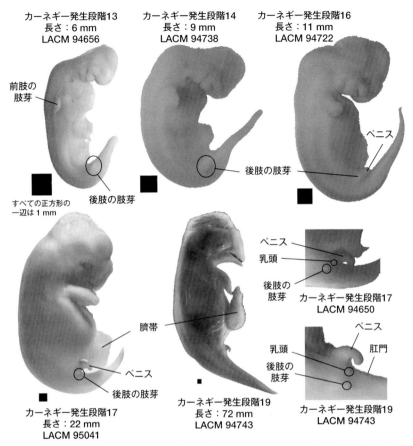

図 58　発生の様々な段階にあるイルカ（マダライルカ Stenella attenuata）の胚．原寸との比率はそれぞれ異なる（どの標本に対しても黒い正方形の一辺が 1 mm を表している）．これらの写真を見ると，前肢の肢芽が大きくなってひれ足になる様子がわかる．また，後肢の肢芽が大きくなり（最初と 2 番目の写真），次に小さくなって消えていくのもわかる．イルカの乳頭は生殖器の隣にあり，下の 2 枚の写真（と，その右側の拡大写真）で見ることができる．胚の形成期はカーネギー発生段階と呼ばれる．胚の長さ（CRL, 頭殿長）は，胚が急速に成長する胚齢の指標となる．

は（そしておそらく化石種でも），後肢芽を胚のときに持っていた（図 58）．それらの芽は形成されるが，発生の軌跡が短くなり，最終的には誕生のずっと前に消失する．そして生殖器に付着した内部構造のみを残す（図 15）．

　クジラ類の胚における後肢芽はずっと昔に発見されており，そのストーリー

は今日の私たちにいくつかの教訓をもたらす．『種の起原』において，ダーウィンは発生学の進化学への寄与をあまり重視しなかったが，大陸ヨーロッパの発生学者は熱心にダーウィンの進化論についてのアイデアを採用した．なぜなら，これによって，以前は説明できなかった胚の特徴を解釈できたからである．ダーウィンの本から30年後の1893年に，ドイツの発生学者ウィリー・クケンサール（Willy Kükenthal）は，ネズミイルカの下腹部にある2つのこぶを後肢芽として説明した．クケンサールの出版物[10]は，彼のノルウェー人の同僚グスターフ・グルドベルグ（Gustav Guldberg）を大いに悔しがらせた．彼は数年前の講義で，出生前のクジラ類における後肢芽について話していたのだ．しかしながら，グルドベルグの肢芽は，クケンサールの肢芽と同じ場所にはなく，発生の時間も異なっていた．グルドベルグはベルゲンの小さな研究所で働いており，学術で踏み固まった路から外れていたため，自らの発見を出版できなかったのだ．彼はイェナの有名大学の教授になることを夢見たが，民間人のままだった．「私はむしろ驚いている——その仕事で——友人のクケンサール教授——彼は25 mm のネズミイルカの胚で後肢の初期が始まると信じているようだ」．グルドベルグによると，クケンサールのこぶは後肢芽になるには体の前方にありすぎた．代わりに彼は，追加の7 mm，17 mm，18 mm のネズミイルカの胚で芽を記載し，発生の初期段階を記録した[11]．クケンサールは，グルドベルグの芽を肢ではなく乳腺の始まりとして退け，次のように書いている．「グルドベルグが17 mm と18 mm の胚における2つの突出物が後肢芽であると考えているのを読んだが，私は承服しかねる」[12]

　この混乱はそれほど愚かなものではない．初期の胚では，後肢と乳腺の出芽に極端な違いはない．いずれも，間充識で満たされ，上皮によって被われており，厚くなった上皮の一部分として始まる．加えて，現生クジラ類の乳頭は，実際に生殖器の両側に位置しており，肢があったところのそばにある．モグラ類やリス類のような陸生哺乳類は，鼠径部に乳頭を持ち，それらは胚において生殖器と後肢の間の低いうねとして形成される[13]．しかしながら，乳頭は肢芽のずっと後部に形成され始める．ヒトの乳頭は発生の7週間目，カーネギー発生段階17で形成される．

　グルドベルグは今や徹底的な記載で反撃した[14]．彼はより多くの胚が使えるようになることを希望したが，そうはならなかったので，すでに持っていた胚

を再研究のために残した。「クケンサール教授による短いエッセイは、私の仕事に暗い影を投げかけているかもしれない……。詳しい再研究がすべての方向での私の発見を確かめた」（グルドベルグによる強調）。ノルウェー人でもあるマルガ・アンダーセン（Marga Anderssen）が約20年後にグルドベルグの説明を確かめるまで、このやりとりは続いた[15]。彼女は、ネズミイルカの発生の大部分にわたるより大規模な胚のコレクションを研究し、疑いの余地がないことを確認した。外部のうね、後肢芽は初期に発達し、しだいに消えて行く。ところが、内部のうねは後に発達を開始し、最終的には乳腺となるのだ。

　より広い教訓として、昔の発生学者は材料の欠如によって研究を妨げられたということがある。彼らはほんのわずかな胚しか持っていなかったのだ。必要なのは、長さ数ミリのものから、すでに成体のミニチュアのようなもの（クジラ類ではマウスほどの大きさ）まで、1つの種の全発生ステージをカバーする個体発生系列である。7〜17 mm の重要な胚が、グルドベルグとクケンサール双方のコレクションに欠けていた。

　進化における後肢の消失について知り、その発生とそれを制御する遺伝子について読むことは、私を発奮させる。進化をより深いレベルで知る何か本当の可能性がここにある。明らかに、他の哺乳類において後肢を作る遺伝的プログラムは、クジラ類においても発現しており、初期発生では普通に起動するが、数週間後に急停止する。加えて、現生クジラ類の間で大きな変異がある。イルカ類は後肢領域のそばに1つの大きな骨、骨盤を持っている。ところが、ホッキョククジラ（図59）のような他種では骨盤、大腿骨、脛骨などを持っていても、すべてが体内部に埋まってしまっている。それは発生プログラムが、異なるクジラ類で異なる時間にスイッチが切れることを示唆している。肢の発生遺伝学における非常に多くの情報、移行状態を記録している素晴らしい化石によって、もし、どの肢の遺伝子が発生中で変わったか、そしてクジラ類の歴史の中で進化的変化がいつ起こったかを描き出せたら、それは素晴らしいことであろう。しかし、どのようにしてクジラの胚の個体発生系列を手に入れることができるだろうか？

　それを可能にしてくれたのは、カリフォルニア州ラホヤにある国立海洋大気研究機構の科学者ビル・ペリン（Bill Perrin）であり、彼は私に正しい方向を示してくれた。ビルは1980年代に、マグロ漁業でいかに多くのイルカ類が死ぬ

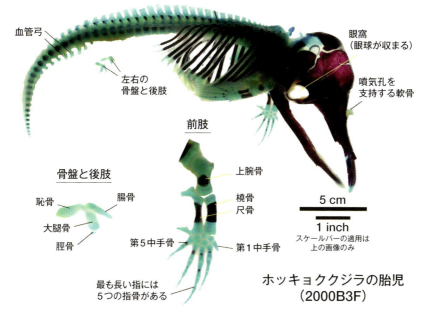

図59 ホッキョククジラの胎児．軟組織が透明，骨が紫色，軟骨が緑色になるように処理している．この技法は透明染色と呼ばれる．手の骨を図13の成体のクジラの手と比較してほしい．この胎児には骨盤と後肢も見られるが，これらは生時には腹部に埋まっている（図14と図15を参照）．上顎と下顎の間の隙間にはいずれはヒゲが形成される．

かについて警鐘を鳴らし始めた人物であった．彼は最終的に，世界をイルカ類にとって安全な場所にする運動を開始した．その過程で，学者はマグロの網にかかった多くのイルカ類を調査し，妊娠した個体の胚が収集された．それらの胚は，ロサンゼルス郡自然史博物館のクジラ学者ジョン・ヘニング（John Heyning）のところに行った．私がジョンに連絡すると，彼はイルカの後肢を形成する遺伝子についての私の質問に直ちに関心を持ち，私たちは博物館の倉庫に行った．そこには何種類かのイルカの全個体発生系列がアルコールの小さな瓶に入っていた．私たちがまさしく必要としているリソースである．

どのタンパク質が発生のどの時期に活性があるかを研究するために，私たちはすべての段階の胚を非常に薄い切片にし，四肢を作るのに関係する特定のタンパク質を探した．豆ほどの大きさの胚は，各7ミクロンの厚さの1000個ものスライスになり，スライドグラスにのせられる．それらは光が透過するほど薄

第13章　胚から進化学へ　　227

く，顕微鏡で研究することができる（図60）．器官は今や容易に認識でき，肢芽とその AER が研究された．胚によって作られたタンパク質，例えば FGF8 は器官の中に最初は入っているが，今やスライドグラスに貼られている．私たちは他のタンパク質でそのスライスをある抗体に浸す．それは FGF8 タンパク質を特異的に探し出し，そのタンパク質だけに結合するようデザインされている．特別な染色剤が抗体に結びつき，FGF8——抗体コンプレックスが位置する領域を茶色く染める．他の染色剤は（組織学者はそれらをステインと呼ぶ），紫からピンク，青，赤で組織を色づけるのに用いられ，小さな胚のスライスは表現主義者の絵画のように，素晴らしく完全な情報をもたらした．

　私たちはイルカ胚による研究で，前と後の両肢芽の AER で FGF8 を見つけた．もちろん予想していたものだ．次に SHH に抗体を用いた．それは前肢において ZPA の存在を示すが，後肢においては SHH を作る ZPA はない．したがって，後肢の SHH は，肢を作るのに必要な遺伝子鎖における壊れたリンクである．私たちは，AER は前肢と後肢の両方に存在し，最初は機能していたが，SHH を作成する ZPA の欠如の結果として，イルカの後肢は未成熟な状態で死ぬと結論した[16]．

　イルカ類の胚におけるその観察は，なぜ様々な現生クジラ類の肢骨が変異しているかを説明するのを助けてくれる．イルカ類では，骨盤は残るが，後肢の骨は残らない（図61）．それは後肢芽に SHH がまったく存在しないため，AER が初期に死ぬことを示している．しかしながら，ホッキョククジラではいつも大腿骨を持ち，脛骨を表す軟骨ないしは骨片があり，そしてしばしば肢の一部さえもある（図15）．それは AER がより長く存在することによって説明できよう．そして，これはより長時間 ZPA の存在を保つだろう．もちろん，このアイデアを証明するためには，いくつものホッキョククジラの胚が必要である．

　もし，SHH がクジラの進化の過程で変化するタンパク質であれば，それを使って化石クジラ類の後肢の形を理解することができるかもしれない．第 2 章からバシロサウルスが思い浮かぶ，その小さな後肢はまだ大腿骨，脛骨，腓骨，そして各 2 個の指骨のある 3 個の足指（趾）を持っている．それで，どのようにして SHH がその四肢の形態に貢献しているのだろうか？　私たちが見たように，SHH は間充識を手指と足指に形成するように指示している．バシロサウルスの 3 つの足指がある四肢は，スキンクと呼ばれるある種のトカゲを私に思

い出させる．それらはマイク・シャピロ（Mike Shapiro）という名前の発生生物学者によって研究された[17]．スキンクのある種では，2，3，あるいは4個と，指の数が個体によって異なる．マイクは，胚の手と肢がより長くあるいは高い濃度のSHHに曝されることで，より多くの手指と足指が形成されることを発見した．私たちはSHHがイルカのユニークな後肢に役割を果たしていることを知っている．また私たちはその欠如がマウスにおいて実験的に足指の欠如をもたらし，自然においてスキンクで起こることがわかっている．総合すると，バシロサウルスの足指の減少は4000万年以上前の四肢におけるSHHの減少に起因したことを示唆している．より若いクジラのすべての後肢要素が失われたことを示している．遺伝子，胚，そして化石からのデータは，互いがここでみごとに補完しあい，クジラ類の後肢の進化パターンと現生の形態を説明できる．

　興味深いことに，バシロサウルス以前の始新世クジラ類の進化では，クジラ類間で肢の異なる部分の形態に大きな変異があった．第4章では，その変異は機能に関連していた．しかしながら，その変異にもかかわらず，始新世のクジラ類は，移動において後肢の機能を失ったときでも，大腿骨，脛骨，腓骨そして四肢を残した．初期にSHH作用の変化がなくても，後肢の機能は変化したのだ．これは肢の発生過程の非常に基本的な変化を示している．後肢がしだいに縮小し現生種で失われても，実際に異なる運動行動に関係する有意な機能変化を促進しなかった（図62）．

　発生生物学者の中には，進化は胚での非常に初期のマイナーな遺伝的変異によって促進されると考えている者もいる．そのような変異は非常に基本的な方法で，結果としての個体を修正する機会を有するとの理解に基づいている．しかしながら，クジラの後肢の進化の場合，個体発生上の初期の発生変化は，進化時間において彼らの運動機能が長く失われるまで起こらなかった．

　実験と自然から得られるSHHの知見を与えると，人は太地イルカの"はるか"に，何が起きたかを知りたいと思う．彼女は陸生哺乳類に普通に存在する骨を持っている．大腿骨，脛骨，腓骨，およびいくつかの足首の骨．2～3個の足指があり，1つは複数の骨でなっている．このパターンはおおまかにはバシロサウルスとスキンクのそれと似ており，"はるか"が胚だったとき，SHHが発現した時期と場所を含むいくつかの突然変異が後肢を作るのを助けたことを示唆している[18]．

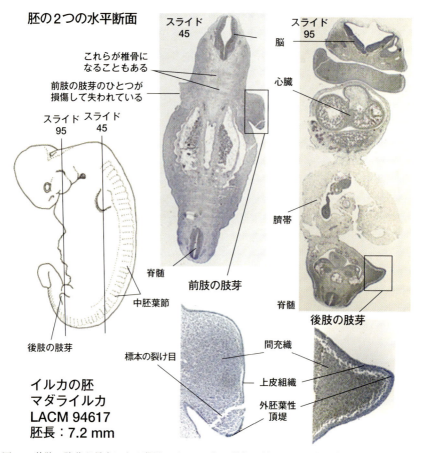

図60 後肢の肢芽が最大になる段階のイルカの胚．胎児の絵の上の2本の線はこの標本から薄いスライス（右側の写真）を切り取った部位を示している．これらのスライスを顕微鏡のスライドに貼りつける．そのようなスライスのうちの2つと，薄く切られた後肢の肢芽が見える部分を拡大して示している．発生が進行するにつれ，後肢の肢芽は逆に小さくなって消失することになる．

"はるか"はまた，他の哺乳類において後肢を作る発生プロセスが，まだクジラ類のゲノムに存在することを私たちに想起させる．それは通常の個体でただスイッチが切れているだけである．おそらく"はるか"の AER は小さな後びれを作るのに十分なほど長く保たれたのだろう．もし，私たちがこの動物の DNA をシーケンスして他のイルカ類と比較できれば，素晴らしいことだ．SHH の塩

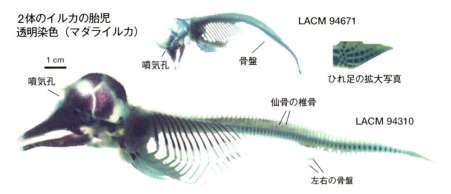

図61 透明染色したイルカ（マダライルカ）の胎児．小さい方の個体には骨（紫色）が少ないことに注意されたい．ひれ足の写真を見ると，この胎児はごく小さくて誕生までかなり間があるにもかかわらず，すでに手のすべての骨がそなわっていることがわかる．この技法の説明については図59を参照されたい．

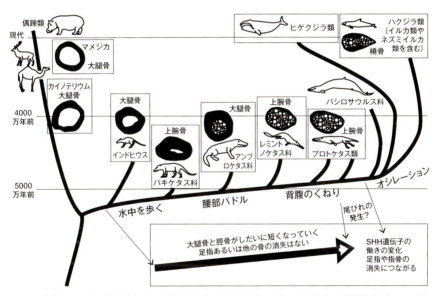

図62 初期のクジラ類の泳ぎ方の進化をまとめた図．骨密度の変化および推測されるSHH遺伝子の働きの変化を書き込んでいる．不規則な楕円は骨の横断面図で，黒い部分は密度の高い皮質骨，格子状の部分は海綿骨，白い部分は骨髄腔を表している．

基配列は，普通のイルカと“はるか”ではほとんど異なっていないが，それは
タンパク質が非常に多くのプロセスを含んでいるからである．そこにおける突
然変異は，おそらく胚の致死的な奇形の原因となるだろう．後肢において SHH
遺伝子のオンとオフの切り替えに関係するいくつかの遺伝子が異なっているの
は，よりありそうである．それは SHH の発現タイミングの違いを引き起こす．
このような遺伝子は調節遺伝子（regulatory gene）と呼ばれている．

　もし，私たちが“はるか”の全ゲノムをシーケンスできるなら，他のバンド
ウイルカと数千の違いがあるだろうが，それらのほとんどは，後肢発生と関係
ないだろう．しかしながら，後肢の芽を成長させる原因となった差も，そこに
はあるだろう．そして，それらの調節遺伝子はクジラ類の進化のフィンガープ
リントがあるだろう．同じ調節遺伝子は，またクジラの他の構造部分で影響を
及ぼす可能性があり，おそらくそれらの遺伝子は，始新世クジラ類の他の構造
部分を形成するのに関わっていて，その結果，クジラ類で進化した異なる形態
は独立には遺伝しなかった．これらの思考は，私が“はるか”について考えた
ときに頭に生じたものだ．DNA シーケンスの技術はより安くなり，そして速
くなった．バンドウイルカの DNA をシーケンスし，またそれらの違いがなに
であるかを描くことは難しくないはずだ．私たちが発生についてもっと学ぶと，
化石の証拠と結びつけて本当に説得力のあるストーリーが作れるだろう．もち
ろん，“はるか”の DNA にアクセスする必要がある．そして，私にはそれがで
きない．

太地における捕鯨

　太地町に戻り，私たちの“はるか”への訪問が終わる．メインの建物で，水
属館の所長は土産店に行き，“はるか”の形をしたネクタイピンを私たち 1 人 1
人に持ってきた．水族館のポスターは主なアトラクションとして彼女を載せて
いる．一連の化石クジラ類，パキケタス，アンブロケタス，ロドケタス，バシ
ロサウルスなどの姿が，ポスターの下部に飾られている．私は日本語の文章が
読めないが，とてもよく知るクジラたちが，この非常に辺ぴな小さな町でポス
ターにのっているのを知り，また，ここでは誰もがクジラの進化に注目してい
るのを見て興奮する．学芸員が私たちを昼食に連れて行き——そこにはクジラ

肉がある——そして太地町の光景を私たちに見せた．私たちはイルカたちが水族館への出荷のために飼われているのを，そして，他のイルカたちが殺された入り江を見た．私は漁民たちがこの動物を長いナイフで刺して殺しているビデオを思い出した．悲しくて腹立たしい．

　ここで私はマリンパークの博物館における太地の歴史展示を思い出す．太地は岩の多い沿岸にあるさびれた小さな村だった．作物を栽培する平らな土地がなく，昔は，他の村へ行くにはゆっくりとうねる小道しかなかった．沿岸の商売は不可能だった，なぜなら，あまりに多くの水中の岩礁が荷物船を壊してしまうからだ．人々にできるのは，海の食物を捕るために小さな船で出かけることだけだった．クジラとイルカの捕獲は初期には場当たり的だったが，1600 年頃には捕鯨が産業になり始めた．男たちは高い見晴らし台に立ち，旗を振ってすでに海で待っている木製の手漕ぎ船に信号を送り，すぐにクジラの追跡が始まった．およそ 8 人の漕ぎ手が乗る船が追いかけ，大きなクジラを網に追い込み，捕らえた．もりを持ったハンターが手漕ぎ船の船尾に立っていて，クジラに十分近づくとその武器を投げる．これは主要な作業であり，優に 20 隻の船が関係していたらしい．近くの丘で，私たちは 1874 年の捕鯨災害の記念碑を訪れた．町は飢えており，クジラが見つかった．クジラは 1 頭の子供を持っていた．通常，捕鯨者たちは子供を連れた母親を追うことはない．2 つの派閥があり，激しく議論した．一方はクジラを捕って人々の糧とすることを望み，他方はそのままにしておくことを主張したのだ．嵐が近づいていた．空腹の議論が勝ち，小さな木造船が多数出て行った．ハンターたちに嵐が迫った．数日後，青年たち，老人たち，そして少年たちが岸に浮いていた．111 人が生きて帰らなかった．

　旅から戻り，東京で，イルカの後肢の発生の研究における私の研究結果を発表した．まだ時差ボケがあって，午前 3 時に眠れない．私の次の講演は，日本で捕鯨を取り仕切る政府系の機関である日本鯨類研究所所長の大隅清治によるものである．彼の研究所は，日本の捕鯨産業が外の世界に向ける顔である．産業界は，研究目的でクジラを捕獲する“科学的捕鯨（調査捕鯨）”を主張している．日本の商業的な鯨肉産業のかなり滑稽な隠蔽であり，誰もかつがない．大隅と彼の仲間は，クジラ保全世界では着物を着た悪魔と考えられている．大隅の講演は，「ひれに似た後部付属物を持ったバンドウイルカ」だった．私は

第 13 章　胚から進化学へ　　**233**

彼がおそらく私の講演を見るだろうと考えた.

　私は"はるか"を研究したいが,捕鯨を進めるのに賛成できない.他方,捕鯨に同意するという私の情報は古いものだ.もし,私が漁で捕まった"はるか"で研究したら,それは捕鯨の承認を意味するのだろうか?

　私は講演に"はるか"の写真を少し加えたが,ラベルを貼ったので,写真を撮った場所が明らかである.私はまた,この個体における特殊な異型の原因について言及する準備がある.私は,発生において他のクジラよりも遅いタイミングでSHHが切れたと仮定している.

　大隅は私の後に話した.彼は日焼けした肌と小さな目を持つ老人で,70歳をずっと超えていると思う.その年代の日本人は礼儀正しく,彼はグレーの上着を着ているが,ほとんどの会議参加者は初日の後は上着を脱いでいた.彼は2006年の10月28日に捕まったイルカの群れについて話した.群れが入り江に追われたとき,何頭かが逃げたが,118頭が捕まった.その中の10頭がイルカショーと水族館のために"留置"された.その意味するところは,残りのものたちは入り江を,生きては出られなかったということである."はるか"は幸運な10頭のうちの1頭だった.大隅はクジラ類の後肢の異常発生について他の知られているケースを話したが,1919年にカナダの西海岸のそばで捕まったザトウクジラとロシアのマッコウクジラを含めている.その後,彼はこの動物の管理と研究の計画を示す.そこには繁殖グループ,機能グループ,遺伝学グループ,そして形態学グループが含まれている.最後に,彼はこの動物の研究に興味を持っている人たちに,スクリーン上のメールアドレスに連絡するように呼びかけた.私はそれを書き始めた."haruka@"——そして書くのを止めた.私はこれに加わることはできない.

　後に,私は日本人の学者と話した.彼はこの鯨類研究所がほとんどの日本の学者とうまくいっていないと説明した.学者たちは,調査捕鯨が信頼できるデータを生み出すとは信じていない.彼らは,結果が政治的な動機で動かされると見ている.

　「日本では,2つのサイドがあり,そして,捕鯨は日本の科学に悪い影響を与えている」と彼は言った.

　まだ子宮の中にある彼らの初期胚を含めて,死んだすべてのイルカの内臓は,私が数日前にいた黒色の岩石に横たわっている事態を,私は考える.それは信

じられない機会であり，そして完全に平穏を妨げるイメージである．

　私はこの問題のニュアンスについて思う．イルカ類はクジラ類とは異なり——スマートで，より社会的である．ある時点で，太地の町長は，もし彼の町が50頭のミンククジラを狩ることが許されたならイルカの狩猟を止めると提案した．数が多く，必ずしも知的ではなく，そして素早い捕獲の後に殺せるような種に対する捕鯨はよりヒューマンであり，イルカの狩猟よりもサステナブルであるかのように見える．私の考え方では，それは考察に値するアイデアである．しかしながら，あのIWCは機能不全の家族のようで，捕鯨賛成グループとその反対グループは妥協からほど遠い．この闘いには勝利者はいない．クジラを含めて，誰もが負けている．

　"はるか"は，黄金のおりの中で手厚い世話を受けて，日本の捕鯨産業の宣伝に一役買いながら生活していくだろう[4]．彼女はまたクジラ類に関係している訪問者をうまくいけば鼓舞するだろう．おそらく若干の利益がそこから生じるのだ．

　クジラ類における後肢の進化についてもっと学ぶために，私は古い偶蹄類，できればインドかパキスタンからのものを研究する必要がある．なぜなら，そこはクジラ類が起源した場所だからだ．私は再びある事態に直面している．それは海成岩から離れて，陸生動物が入っている岩石に焦点を合わせて発掘を始めねばならないということだ．

第13章　胚から進化学へ　235

第14章
クジラ類以前

未亡人の化石

インド・ガンジス平野のドライブ，2005 年 3 月 12 日　デラダンへ向かう
ドライブは長く楽しい．最初はまっすぐな道が続いているが，突如，ヒマラヤ
山脈が地平線に現れる．1 時間後，1 車線半の道路は山脈に近づき，ヘビが車
の前を横切る．今日，私たちは，砲兵護送車の真ん中でドライブしており，そ
のトラックを 1 台，1 台と追い越そうとしている．しかし，どんなに追い越し
てもあまり役には立たない．一組のトラックと大砲の前には，もう一組のトラ
ックと大砲がある．あたかもインド軍が持っているすべての大砲が，デラダン
に向けて動いているかのようである．私たちが山脈を通り抜けるトンネルに到
着し，停車場に来ると，前のトラックが牽引している銃身が，私たちのフロン
トガラスにまっすぐに向いている．「あれに銃弾が充填されていないことを望
むよ」．助手のブルークが言う．沈黙の中，あれはミッションに迫り来る戦火
の前兆ではないかと，私は悩んでいる．

　私は，フリードリンデ・オベルグフェル（Friedlinde Obergfell）博士に会いに
行く途中である．彼女はインドの地質学者アンネ・ランガ・ラオ（Anne Ranga
Rao）の未亡人である．ランガ・ラオは，ヒマラヤ山脈の停戦ラインの近くで，
化石の豊富な産地を発見した．そこはカシミールの紛争地帯で，カラコット村
に近い．ドイツ人のデーン教授のカラチッタ丘陵の産地よりも大きく，この亜
大陸から知られている始新世の化石哺乳類の最も大きなコレクションであるこ
とがわかった．以前ここを訪れた化石コレクターは，ウェスト，ギンガーリッ
チそして私の 3 人だけである．大柄なインド人古生物学者のアショカ・サーニ
は，それを聞いて，化石を採集するためにその場所に学生を送った．ランガ・
ラオは激怒した．彼の産地が侵略されつつあったのだ．ランガ・ラオは金持ち
だったので，その産地全体を発掘することにした．化石を含んだ岩石はトラッ
クに積まれ，デラダンの彼の地所に運ばれた．デーン教授は始新世の化石を研
究するためにランガ・ラオをドイツへ招待した．そこで，彼はデーン教授の助
手フリードリンデ・オベルグフェルと出会い，結婚した．ランガ・ラオは古生
物学の世界では部外者だったので，自分の化石を適切に研究し，論文を出すこ
とができなかった．サーニとの経験は，彼と妻を隠遁生活に駆り立てた．いく
つかの化石を取り出して発表することはできたが，ほとんどの化石は彼の部屋

の黄麻布袋に残され，庭は化石岩で埋まった．彼はパラノイアが悪化し，飲酒
し，チェーンスモーカーになり，最終的には脳腫瘍で死んだ．彼の死後，彼の
妻は言葉も話せない国に1人残され，閉塞感につつまれた．彼女はいかなる学
者にもそれらの化石を研究することを許さず，古生物学者との他愛ない会話に
すら疑心暗鬼にかられていた．

　にもかかわらず，私はインドに来るたびに彼女を訪れ，運を試していた．私
自身，ヨーロッパで生まれドイツ語を話せるので，彼女と親しくなることを望
んでいる．私には理由がある．彼女が持っているのは，インドにおける始新世
偶蹄類の最大のコレクションである．そしてクジラ類に最も近縁な動物を見つ
けられる可能性が高い．それらの偶蹄類は適切な場所，適切な時間にあり，す
でに他のクジラ研究者が研究している事実もある[1].

　ブルークと数人のインド人とともに，私はこの年も，デラダンの最も風変わ
りな地域で，高いヒマラヤの斜面にあるその地を訪れた．インド人の1人はラ
ジュー博士であり，彼はランガ・ラオのよき友人であり仲間であった．ウール
の帽子をかぶった老召使いが，荒いレンガ壁の門に来て，私たちを通した．灰
色と紫色の頁岩の大きな堆積が，家のそばに横たわっている．私はそれらの中
に化石があることを知っているが，ただ歩いている．その堆積は私にとって黄
金よりも価値がある．雨が降りそうだ．

　その家はお化け屋敷のようだ．建築資材で被われたベランダに囲まれている．
いろいろな形とサイズの大きな窓があるが，内部は暗い．空いているように見
えるところは建築が終わっていないのだ．婦人は，大きな家の後ろにある小さ
な家で私たちに会った．彼女は小さく，しわだらけの黄色っぽい肌をしており，
年をとって腰が曲がり，凍りついたしかめ面で，笑顔はない．灰色のぼさぼさ
の髪の毛を束ね，縞のパジャマのパンツと花柄のブラウスを着ている．しかし
かつては背が高く，強く，そして美しかったであろうことが見てとれる．眼は
鋭く，明るい青色で，そして心をまっすぐに見つめる．

　私たちはお茶を飲むため座った．大部分は彼女がしゃべっている．彼女には
話すことがたくさんある．私たちはそれ以外のことを聞くのが難しい．なぜな
ら，彼女は耳がほとんど聞こえないからである．彼女は，自分と夫に対して不
正が行われたと説明した．最初は古生物学者について，そして彼女の金と物を
盗んだすべてのインド人について，さらには大工から銀行員，食料雑貨商に対

しての話だった.

　彼女の体験談は，頑固さ，強迫観念，そして悲しみに満ちた物語である．彼女の父は第一次世界大戦の兵士だったが，第二次世界大戦では平和主義者で，ナチスに敬遠された．彼女はドイツ軍がフランス，ベルギー，そして私の祖国のオランダを侵略する直前に結婚した．彼女の新しい夫は技術者で軍隊にいて，そしてあの侵略で死んだ．彼女は全体主義と軍国主義になだれ込んだ国の若い女子学生だった．しかしながら，彼女は恐れることなく，非常に骨を折って教育を求め，ドイツ科学の偉大な精神のなにがしかを学んだ．彼女の教授の 1 人は分岐分類学の父，ヴィリー・ヘニッヒ（Willi Hennig）である．ヘニッヒはドイツがあの戦争に勝つだろうと信じていた．彼女は確固たる意見を持って，ドイツが負けるだろうと言い，彼にいどんだ．

　「私たちはキツネたちの囲いの中にいるウサギであり，どこへも走ることができません」．彼女は自分自身を引き合いに出して言った．ヘニッヒの答えは確信的だった．「私たちはウサギではない」．

　彼女は研究分野を古生物学に選んだ後，博士号の学位を得るためにミュンヘンのデーン教授の元で研究した．戦争が勃発したとき，デーン教授は化石採集の長い旅の途中であり，オーストラリアで立ち往生した．彼はドイツに戻れなかったのだ．当局は，彼がドイツ軍の兵隊にならないことを約束する手紙に，彼の名誉においてサインするように仕向けた．彼はサインした．そして約束を守り，戦争には関わらなかった．ナチは彼に不満で，ナチの中心地のバイエルンでの仕事を取り上げ，科学的にも社会的にも沈滞していたストラスブールへと彼を追いやった.

　ドイツが打ち砕かれた戦後，デーンはミュンヘンに戻り，このオベルグフェル女史が彼の助手になった．同盟国は彼女に，ナチと関係なかったことを示す証明書を与えた．約 20 年後，彼女はそこでランガ・ラオに会って結婚した.

　今，彼女は私を見ている．「インド人は誰であろうと信用できないわ．彼らはすべて嘘つきです」．私はひるむが，口を閉じている．そこには 1 人の突拍子もないドイツ婦人と，私が信用し尊敬している 4 人のインド人の仲間が座っている.

　私は話題を変えようとして，それらの化石は重要であり，私はそれを研究したいと説明する．私は彼女の許可を求める．彼女はその質問を無視する．おそ

らく彼女には質問自体が聞こえていないのだろうが，私は彼女が要望を聞いて
くれるのではないかと思う．彼女は私たちに，その化石は彼女と亡き夫が設立
したトラストの一部であると告げる．化石は，彼女の監視下で，トラストとし
て整えられ研究されるだろう．彼女はこの家が，夫が見つけた化石の研究セン
ターになることを望んでいる．彼女は私たちを大きな家屋の見学に導くが，そ
れはこの女史とランガ・ラオの中断された希望に取り憑かれた骨格の館である．
30年以上前に，彼女がヨーロッパから来て以来ずっと開けられていない船荷包
装物がまだここにある．照明器具と家具はない．彼女が吹き抜けの螺旋階段を
登るとき，彼女の甥が彼女の手を握って支える．計画は壮大である．ここは化
石コレクションの部屋になり，ここは図書館になり，ここは地図室である．こ
の場所についての彼女のビジョンは息苦しい脅迫観念であり――現実と知覚さ
れた不公平が彼女のイニシアチブをむしばみ，そして長い間ここでは何も起こ
っていない．

　「いつまでここにいるの？」と，彼女が聞く．

　私はためらう．「私たちは明日デラダンを発ちます」．彼女に聞こえるように
大きな声で言う．

　「それは短過ぎますわ．あなたは何もできません」

　私は理解できない．なんで短すぎる？　化石を研究する暗黙の許可？　トン
ネルの終わりで光？

　しかし，会話は行き詰まり，そして遅くなる．彼女はいくつかの物語をくり
返し述べる．サーニとランガ・ラオについて，そしてここでの彼女の生活がい
かに厳しいかなどである．私はさじを投げ，去らなければならないことを，他
の人に合図する．

　外はどしゃぶりだった．私たちは岩石の堆積が完全に見える大きな家の玄関
に立っている．彼女は言う．「このコレクションは，誰かが研究する前に，適切
に扱われ収容される必要があります．でも，あなたの訪問はいつでも歓迎しま
すわ」．私にチャンスが訪れる．

　「この堆積にはカラコットからの岩石しかありません」と，彼女は言う．「お
そらく微化石に役立つでしょう」．

　「微化石を見つけることができるかどうか，ブロックを少しもらってもいい
ですか？」

「もちろんいいですわ．ここには大きな化石はなく，屑だけです．私たちは化石を外に出していません」．勝利の鐘が頭の中で鳴るが，私はまじめくさった顔を保っている．私はこれらの岩石の中に哺乳類の化石があるのを知っており，それを得るチャンスである．残念ながら，まわりは暗くなり，雨が滝のように降ってきた．道は濁流のようになっている．

「オーケー」と私は言う．「明日戻ってきて，いくつかブロックをもらいましょう」．

「構いません」と，彼女は言う．「何時？」

「9時と10時の間」．雨を越えて，彼女の衰えた耳に届くように，私は叫ぶ．

「朝食を用意しておきましょう」と，彼女は言う．

車中は歓喜のムードにあふれている．車を止めて，お祝いの準備としてビールとウイスキーを買う．ラジュは妻に電話し，軽食を用意するように頼んでいる．そこに携帯電話が鳴る．ラジュは答える．会話はヒンディー語だ．彼は電話を置いた．「よくないニュースだ」と言った．

私はドライブの間も，到着してパーティーが始まってもずっと不安な気持ちでいっぱいだった．ラジュの心を読もうしたが，できなかった．私は不安で死にそうになるが，インドのおもてなしのルールに従わなくてはならない．私たちは彼の客であり，次に何をすべきかを決めるのは彼なのだ．かなり時間がたって，私たちが満腹になり，グラスが空になる頃，彼が説明を始めた．ウールの帽子の召使いが，岩石ではなく，あの堆積の中にこそ本当の化石があると女史に話したのだ．結果として彼女は心を変え——私たちは何も持っていくことができない．明日の会合はキャンセルされたのだ．最初は絶望のためだが，その後は戦略を練り直すために，パーティーの雰囲気が変わる．今度は私一人で彼女を訪れ，ドイツ語で話したい．彼女がインド人を信用しないのは，彼女の問題である．私はインド人ではないので，彼女は私を信用するに違いない．インド人の仲間は同意した．

しかしながら私は，私のために門を開けるよう召使いを説得することができなかった．ラジュ博士の夫人が私とともに行くことになった．彼女は感じのよい優しい女性で，若く見えるが，30代の息子がいる．彼女はオベルグフェル女史を知っていて，自国語の文法とアクセントが多いとはいえ，英語を話す．

「彼女は譲らないでしょう」とは，ラジュ夫人の評価である．

「私は今，拒否されています」と，私は答える．「最悪なのは，さらに拒否されることです」

　私はオベルグフェル女史に話したいことを，4，5回，ドイツ語で練習するが，“信用する”と“だます”という単語は避けることにした．デラダンを数時間ドライブして，ついに女史をなだめる贈り物のワインを見つけた．

　前触れなく，ラジュ夫人と私はその家へ車で行くが，2人とも緊張し，沈黙している．彼女は黒と灰色のサリーを着ているが，それは非常に非実用的で美しい衣服である．サリーは基本的に長く伸びた織物で，包む，まくり上げる，皺をよせるなどの複雑なセットで体に巻かれる．少しのずれがアンサンブルの崩壊原因となるので，解けてだらしなくなるのをチェックするために，片方の手で押さえなければならない．

　門には鍵が掛けられている．ラジュ夫人は召使いの名前を呼び，クラクションをがんがん鳴らす．しかし，誰も来ない．私たちは30分待ち，そしてまた試みるが，反応がない．ラジュ夫人は，年齢やサリーを着ているにもかかわらず，およそ3フィートのレンガ塀を登り，一方の手で塀につかまり，もう一方の手でサリーを押さえる．彼女は家の方に消える．15分経ち，彼女が帰って来る．女性の召使いが，奥様は病気で邪魔することはできないと話す．オベルグフェル女史は体調を崩し，眠れていない．私たちはお手上げとなった．私はただ女史にワインと名刺を残しておくことにした．ちょうどそのとき，ウールの帽子をかぶった召使いが市場からの新鮮な野菜を持って家に来る．ラジュ夫人は彼と話し，そして2人は壁を越えて消える．さらに15分我慢して待っていると，門が揺れて開いた．闘いは半分勝利したようだ．

　家の中は暗く，女史はソファーの上で毛布をくるみ小さくなっている．しかし彼女は怒りっぽいままだ．彼女は盗人を痛烈に非難しはじめる．私は口をはさむ間を見つけることができず，さしはさむ言葉もわからずに黙って座っている．ラジュ夫人はイニシアチブを取り，女史に聞こえるように大きな声を出す．そして非常に不快なことを繰り返し言う．「あなたはラジュと，この男だけを信用すればいい」と，彼女は言う．彼女の夫と私自身を残りの人類と比較する．彼女の小さな指が空中に揺れ，円の下半分を描く．これはインドでは典型的な強調を表すジェスチャーだ．

　女史は納得していない．私はいくつか口をはさむが，話題はドイツに飛ぶ．

244

「デーン教授はオーストラリアを離れるときに誓約をしました．私も同じです．私はオランダ人で，たとえ，すべてのインド人が悪人だとしても，あなたは私の誓約を信用できます」

「あなたはインド人と仕事している，そうでしょ？」女史は攻撃する．

「はい，私はインド人とグジャラットで化石クジラ類の研究をしています．それは必要なことです．あなたはインド人と結婚した．そうでしょう？」

「あなたは彼らを信用できない．インド人はこれらの化石を研究できない．私はあなたがなぜ急ぐのがわかりません．ほかにも研究することがあるでしょう．なんで今これらの化石を研究したいの？　私は許可をあげません．化石はここに置いておきますわ」

「あなたが死んだら，インド人たちはこれらの石を取って河に投げ込むでしょう．彼らにとって，これらはただの石ころなのです．彼らは私やあなたのような古生物学者ではないのですから」

「なぜ，あなたはインド人と他の化石を研究しないの？」

「これは重要なコレクションです．あなたの夫の仕事は完成していません．**これらの化石は研究される必要があります**」

ラジュ夫人は再び割り入って，女史の背中を支えるための枕を調節する．女史は大声で不平を言うが，それはラジュ夫人は止めない．

「堆積物はどこにも行きません．あのトラストが有効なら，あなたは後でそれを研究することができますわ」

「あれらの化石は雨と太陽の下にある．浸食されつつある．もう壊れかけているのです」

女史は背中を横にかしげ，青い眼には涙が浮かんでいる．これが激怒であるとは思わないが，私にはわからない．

「私は堆積から2つのブロックを取りたいのです．もし化石があるなら，私はそれらを取り出します．私のところには化石処理者もいます．私が見つけたものは，来年にあなたにお返しします．私の名誉にかけて，あなたは何も失いません．私が欲しいのは2つの石だけです．それらは今なんの価値もありません．あなたは自分でそう言いました．私はそれらを返します．そして，あなたは私を信用できることを知るでしょう」

ラジュ夫人は再びさえぎる．「あなたはテウソンを信用している．彼はイン

ド人ではないのよ」．私の名前の発音は彼女には難しいが，私はそのアクセントが好きだ．

「なぜ，あなたはここで処理しないの？」と女史は訊ねる．そしてラジュ夫人も同じ質問の一瞥を私に投げる．

「微妙な機材，水，電気が必要なのです．それがしっかりとしていません．ここではできません」

「私は水を保証できません．水がしばしば止まります．この町は水を供給できないのです」

私はデーンと同じくらいよい誓約について，予定していた言葉を繰り返す．

「このコレクションについて，あなたはどのようにして知ったの？　誰があなたに話したの？　インド人以外，誰もこのことを知りません」

それは予期した質問だった．「私はそれを最初にネイル・ウェルズ博士から聞きました，彼はずっと以前に，デラダンのランガ・ラオを訪れました．20年前に．そのコレクション見るためにです」

「だれ？」

「ネイル・ウェルズ博士．**ネイル・ウェルズ**」

「だれ？」

「NEIL WELLS」

「ニユーウェル？　私はニユーウェルを知りません」

ラジュ夫人が突然割り込む．「Nejl Wehls」．彼女と私は名前を一緒に唱える．幸運を願う祈願者によって，絶え間なく寺で唱えられる神の名前のように．「ハレ・ラム，ハレ・ラム，ハレ・ラム」．私もまた，幸運を祈っている．この訪問の喜劇的な面を私は意識しているが，今は笑顔を見せてはいけない．最後に，女史は聞き入れ，そして理解する．

「彼を私は知りませんが，その訪問を私が忘れてしまったのかもしれません」

女史は体を起こして，インド人に対する他の痛烈な批判に入る．どのようにして大工が彼女のものを盗むか．どのようにして働いている者が，彼女がドイツから輸入した紅茶カップと中国の磁器を盗ったのかなどだ．「どの化石も見捨てません．私は誰も信用できませんわ」．

「あなたは私の誓約を持っています．私の誓約は何の意味もないのでしょうか？　あなたは私が嘘つきだと言うのですか？」

246

ラジュ夫人は再び言う.「あなたは2人,ラジュとこの人を信用しなさい」

彼女の青白くしわが寄った顔にある水色の目が,今や突然まっすぐ私を見る.「なぜ,あなたは袋を取って,あの堆積からいくつかの石を取らないの? スーツケースにそれらの石を入れなさい.インド人に見せてはいけません.そしてあなたがまた来るときに返してください.異存ありません.あなたを信用しますわ」

私はショックで沈黙した.どういうわけか私自身の申し込みが,彼女の命令のように変わっていた.どこで転換したのかわからなかった.

「化石を取り出すには時間がかかります.私は7日以内にアメリカへ出発します.私はインドに再び帰ってきたときに,それらを返します.私は毎年来ています」

「あなたが正直であることを疑ってはいませんが,インド人を関与させてはいけませんわ」

「それは問題ではありません.私のスーツケースに入れます.私は袋とブロックをとって,そして私が持っていくものをあなたに見せるために,この家に戻ってきます」

「その必要はありません.あなたを信用しますわ」

私は昨日の雨で滑りやすくなった堆積のところに急ぐ.彼女が心変わりする前に,すばやく選択を行う.原則としてそのひとかたまりは化石ではない.ウールの帽子をかぶったネパール人の召使いのバハドールが助けにやって来る.彼は歯のある石を見る.彼はよい目をもっており,私を助けることが嬉しいようだ.

私は袋を取って家に戻るが,彼女はその中味を見ようとしない.私は満足し,希望で満ちてデラダンを,そしてインドを離れた.

クジラ類の祖先

化石は処理され,私は次の年に正式にそれらを戻し,さらなるブロックをアメリカに持って行った.結局,顎と大腿骨,距骨と寛骨が古い岩石の牢獄から出てきた.そのほとんどは同種のものだった.アライグマの大きさのインドヒウス(*Indohyus*)と呼ばれる偶蹄類であり,パキスタンのキルサリア(*Khirtharia*)

第14章　クジラ類以前　**247**

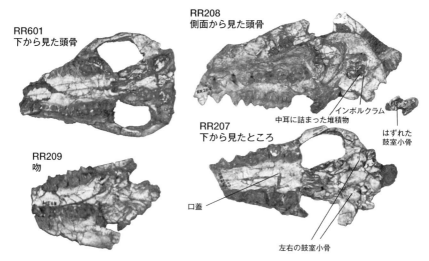

図63　インドヒウスの化石頭骨．RR208には，本文中に述べている頭骨からはずれた鼓室小骨が見られる．

とかなり近縁である．インドヒウスを最初に発見したのはランガ・ラオだったが，それはこれらの岩石の中から顎をいくつか見つけたときだった[2]．最も重要なのは頭骨である．私たちはそれらの4つを持っている．私の新しい化石処理技術者のリックは非常に忍耐強く，上手な仕事をする．紫色と灰色の堆積物を，ごく小さな割れ目から，明るく白い化石を傷つけることなくかき出す．私は彼の進行状況を毎日点検し，そして，次にどのブロックで仕事するかについて話す．リックは生まれたときから耳が聴こえない．私たちの会話は，おおげさに発音し，繰り返し，そして指さすことで成立する．彼が唇を読むときは，目が化石から私の唇へ飛ぶ．ある日，私が処理室に入ると，リックが頭骨から小片が壊れ落ちたことを謝る．その割れ目は直線的で，小片はどこも失われておらず，接着するのは容易だと彼は言う．処理作業中に骨が壊れるのは珍しいことではない．壊れたところがきれいな限り，それらを固定するのはたいしたことではないのだ．頭骨を見ると，壊れたものは鼓室骨であることに気がつく．それは中央から右へ切れ，堆積物に満ちた真ん中の耳腔を露出している．私は衝撃を受ける．鼓室骨はその外よりもずっと厚い．インドヒウスはまるでクジラ類のようなインボルクラムを持っていた．リックの事故がびっくりする発見

248

をもたらしたのだ（図 63）．私たちはこれを元に戻したりしない！

　今や，仕事は必死のペースで行い，2007 年に，私たちは出版へとこぎ着けた．そして 7 月，フリードリンデ・オベルグフェル博士が亡くなったとのニュースが私に届いた．彼女が 30 年間探し求めた夫の化石の評価からほんの短くして，彼女が死んだのは悲しい．彼女はランガ・ラオの化石へ捧げられたトラストのすべての物を残した．そして，私の大きな驚きは，化石を研究する主要な人間として私を指名していることだ．彼女の要望に従って，彼女は最初の夫の軍隊上着と，薄く，緩く編まれたインドのパジャマズボンのシャワールを着て，彼女の敷地に埋葬されている．私はヨーロッパの彼女の親戚と応対し，また彼女の夫の親戚に会いに南インドに旅行した．この年の 12 月に，私たちはインドヒウスの研究を出版した[3]．

インドヒウス

　インドヒウス（図 64）は，偶蹄類の小さな一群に属し，それは，アショカ・サーニによってランガ・ラオに献じた名前のラオエリー科（Raoellidae）の一部である．ラオエリー科のほとんど全部では歯のみが知られ，頭骨と骨格はその 1 つの属インドヒウスでしか知られていない．知られている頭骨と骨のすべてが，デラダンにおけるランガ・ラオの庭でのブロックからきたものである．これらの動物は小さな，いくぶんずんぐりしたシカのような体形だ（図 65）．確かに，ネズミジカ類に似ているが，これは非常に小さな現生の偶蹄類（*Tragulus* と *Hyemoschus*）であり，中央アフリカと東南アジアの森林の奥深くにすんでいる．

　ラオエリー科は南アジア，パキスタン，インドからのみ知られている（図 22）．ミャンマーから疑問のある記録が存在する[4]．最も古いラオエリー科は，パキスタンの約 5200 万年前のチョウグリ累層（Chorgli Formation）からであり，最も新しいものは約 4600 万年前のおそらくカラコットからのものである．この科はあまりまとまったものではない．学者たちは，すでに知られていたものすべてを研究することなく，新しい化石標本をそのグループに入れ込んだ．結果として，このグループはなにか混沌とした集合となってきている．誰かが注意深くグループ全体を研究することは有益だろうが，そのような分類学的再検討は容

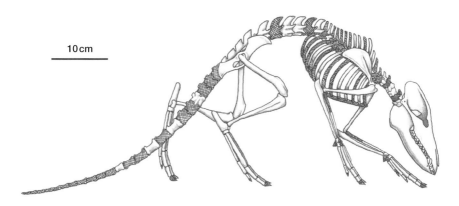

図64　インドヒウスの骨格．発見されなかった部分には影がつけられている．J. G. M. Thewissen, L. N. Cooper, M. T. Clementz, S. Bajpai, and B. N. Tiwari, "Whales Originated from Aquatic Artiodactyls in the Eocene Epoch of India," *Nature* 450（2007）: 1190-94 から再録．

易ではない．多くの種はほんの数個の歯から知られていて，それらの化石は3つの大陸のおよそ1ダースの研究室と博物館に散らばっているのだ．頭骨と骨格はインドヒウスのみが知られ，キルサリア（*Khirtharia*）とクンムネラ（*Kunmunella*）のような他の属はほとんど歯のみであり，そして実際に，偶蹄類の異なる科に属している可能性もある．

　鼓室骨の厚い縁であるインボルクラムは，インドヒウスがクジラ類とより近縁であることの手がかりを与えるが，このアイデアはもっとしっかりと研究されなければならない．私たちの分岐学的分析（第10章を参照）は，クジラ類がカバを含めた他の偶蹄類よりも，インドヒウスに本当に近かったことを示している．後に，加えてカバがラオエリー科クジラ類グループの最も近い動物であることが示された（図66）[5]．分子的研究では化石動物を含めることができなかったので，結果として，実際にはカバ類とクジラ類が最も近いとする分子データと矛盾しない．言い換えると，カバ類は最も近い生きた親戚ではあるが，絶滅したインドヒウスの方がさらに近いのだ．インボルクラムの存在に加えて，これらのグループは歯の特徴が共通している．例えば，顎における上部の切歯の前後の配置，そして後ろの臼歯の高い三角形冠だ．インドヒウスの歯の摩耗パターンは，クジラ類と同じような特殊化を示している（図50）．

　それとともに，クジラ類の系統関係の問題は最終的に解決したように見える．

図65 始新世の偶蹄類インドヒウスの生態復元図．クジラ類の絶滅した最近縁種である．インドヒウスはラオエリー科に属し，4600〜5200万年前に南アジアに生息していた．

第14章　クジラ類以前　　251

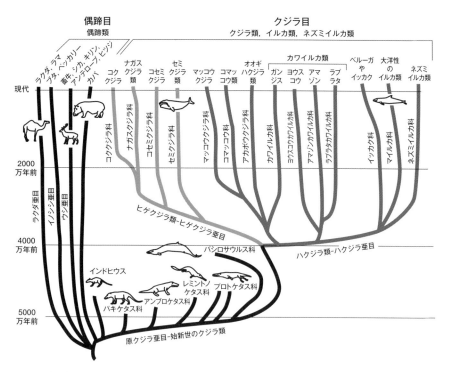

図66 偶蹄類とクジラ類の関係図．現代の偶蹄類や鯨類のすべてのグループは，この図に含まれている．本書で論じられていない多数の絶滅したグループは図示されていない．

メソニクスはクジラ類とは関係ない．化石の証拠は，クジラ類が始新世のベースにある偶蹄類から由来していることを示しており，最も近い現生の近縁動物はカバである．

しかしながら，それでこの話が終わるわけではない．少し異なるデータセットによる他の分岐学的分析では[6]，ちょうど議論した結果のほとんどを確認したが，この見解が古いメソニクスに対するものよりわずかに強いだけであることもわかっている．獰猛な捕食者が，小さな植物食のインドヒウスに飛びかかり，巨大なクジラ類の隣の地位を要求するためにいまだに控えて待っているかのようである．ある有名な哺乳類学者は，体系学は生物学のメロドラマであるとした．

クジラ類の類縁関係の再整理のすべてで，私たちは実際にインドヒウスを，

252

グループの外にする代わりに，クジラ類の中に含めるのが有用であるかどうかに迷っている．結局，パキケタスがクジラ類の基部にいることはなにも神聖ではない．また，クジラ類を特徴づける主要な特徴であるインボルクラムは，インドヒウスにおいても存在している．さらに，祖先とそのすべての子孫（単系統群）を含むグループに名前を使う必要があるなら，**偶蹄類**（artiodactyl）という言葉は今やすべてのクジラ類を同様に含むべきである．なぜなら，クジラ類も祖先の偶蹄類から由来したからである．

　一部の著者は，何らかの方法でクジラ類と偶蹄類の意味を実際に変えることを提唱したが[7]，私はそれには同意できない．**偶蹄類**という用語は約150年以上存在し，安定しており，生物学的に首尾一貫した意味を持っているからだ．すべての著者が同じ意味に従うのでなければ，今それを変化させることは，混乱のもとになるだけである．特に新参の研究者にとってよいことではない．いつ誰が用いたかによって名前の意味が異なるようでは，彼らはすぐに混乱するだろう．私の選択は言葉の古い意味に固定することである．偶蹄目（Artiodactyla）はクジラ目（Cetacea）を含まず，最初の祖先のすべての子孫を含むわけではないという事実を受け入れる．学者はこれを側系統グループと呼び，偶蹄目はそれらのひとつである．

　同様に，クジラ類は数十年にわたり，パキケタスとその全子孫を意味している．それはいくらか肢を持って歩いていたが水生捕食者であるという，生物学的にしっかりとしたグループである．このグループにインドヒウスを加えるなら，水が泥だらけになってしまう．それは生物学的にはかなり異なっており，分類学以外ではいかなる意味においてもクジラ目（Cetacea）という言葉が意味をなさなくなってしまうだろう．

摂餌と食性　一般的に，インドヒウスはかなり典型的な偶蹄類の歯を持っている．歯式は3.1.4.3/3.1.4.3であり，上顎臼歯に4つの咬頭がある．下顎臼歯は2つの咬頭をもつトリゴニドは高く，また2つの咬頭があるタロニドは低い（図34）．これらの咬頭の形態はラオエリー科の間で異なっていて，インドヒウスとクンムネラは，その咬頭が鋭く，また弱い稜でつながっているが，キルサリアでは咬頭は低くにぶい．現生の哺乳類では，前者の臼歯タイプは葉食者でよく見られるもので，後者は果実食者で一般的である．しかし，この違いがラオ

エリー科で保たれているかどうかは明らかでない。これらの歯の違いが食性と食物処理の方法となんらかの関係をもつことは疑いもないが、どのように関係しているのかは明らかでないのだ。安定炭素同位体のデータは、インドヒウスとキルサリアの両方とも陸生植物を食べていたことを示している[8]。

　食物処理への他の手がかりは、下顎と頭骨間の関節の相対的な位置からくる。頭骨はソケットを持ち、そこにボールのような関節の下顎顆（mandibular condyle）がはまっている。図25で示されているように、この顆はシカのような植食者では、歯列の上にある。図に示されているクジラのような肉食者においては、顆は歯列と同じ高さにある。インドヒウスの顎は期待どおり草食動物の形をしている。

　インドヒウスの臼歯はとりわけ特殊なものではないが、彼らの歯の摩耗は特殊化を示している。初期のクジラ類は、下部臼歯の上のほぼ唯一の第I段階によって特徴づけられる（図50、第11章参照）。始新世の偶蹄類は、第I段階と第II段階、さらに頂端の摩耗の組み合わせが見られる。インドヒウスでは、3つの摩耗タイプのすべてが存在するが、第I段階が最も多い。明らかに、インドヒウスが摂食した陸上植物は、他の始新世の偶蹄類が餌を処理した方法とは異なる方法で処理されている。歯式もまた、摂食についての他の手がかりを提供する。インドヒウスは長くとがった吻を持っていた。前から後ろにかけて整列した切歯があり、横並びではない。これはある種の植物を収穫するための特殊なメカニズムであったらしい。加えて、その小臼歯はそれらの横に鋭く切断されたエッジがある高い冠を持っていた。現時点でこれらの形態の機能は理解されていないが、カラコットから知られているインドヒウスの数百の化石と、あと数年の研究で解明することができるだろうと、私はかなり期待している。

視覚と聴覚　インドヒウスの眼は、一般の陸生動物のように頭骨の両側に位置しており、すべての化石クジラ類と異なっている（図52）。始新世のクジラ類における頭骨のこの部分は、非常に変異に富み、またかなりのところ特殊化している。インドヒウスにはこうした特殊化はない。インドヒウスの眼窩と脳の間の距離は、他の偶蹄類と似ており、始新世のクジラ類とは違っている。

8　ノート3を見よ。

数百万年前にアジアとインド間の大陸衝突に関係した力は，現在の私たちのインドヒウスの研究についても実際に影響を及ぼしている．山脈の形成は岩石とその中の化石の形を変え，頭骨を平たくし，また骨を壊した．動物の頭骨は砕かれ，そして微妙な構造は消失した．インボルクラムの存在を除けば，その耳についてはごくわずかなことしかわかっていないのだ．

歩行と遊泳　全体として，インドヒウスの骨格は特殊化していない親戚の偶蹄類のものと似ている．陸上での動きに適応し，走るうえでいくらかの特殊化がしばしば見られた[9]．5本の手指と，4～5本の足指があり，またインドヒウスはイヌのような蹠行性の動物であり，蹄を用いてつま先の先端で歩き（蹄行性の）偶蹄類のようではなかった．

　にもかかわらず，インドヒウスが完全に陸生の種ではなかったことを示す2つの系列の証拠がある．1つは，インドヒウスの骨の一部は厚い外側の層を持っており，その機能の1つは，動物が水中にいるときのバラストであったことを示唆していること（図62）．それはかなりオステオスクレロシス（骨硬化）傾向を示すパキケタス科に似ている．また，酸素同位体は興味深い．第9章では初期のいくつかのクジラ類の飲み水の起源を研究するために同位体が用いられたが，ここでは別の問題で私たちを助けることができる．動物の体内の水における ^{18}O と ^{16}O の比率は，その骨と歯に反映されている．動物はいくつかの異なる方法で体の水を失う．例えば尿をするとき，そして雌であれば母乳をつくるときである．彼らはまた，皮膚からの蒸散によって体の水を失う．興味深いことに，皮膚からの蒸散は同位体が分画される際のプロセスなのである．酸素の軽い同位体を持つ水は，より気相になりやすく，重い同位体を持つ水よりも体から消えやすい．結果として，皮膚から多量の水を失う動物は，より重い同位体へと偏向した同位体のサインを持っている．水中にすむ哺乳類は汗をかかず水を蒸散しないので，同位体の比率は，彼らが水生かどうかの認識を助けることができる．実際，インドヒウスの酸素同位体の値は，彼らが水中で時間を費やしたことを示している．

生息地と生態　インドヒウスはパラドックスを提供する．一方で，炭素同位体の値と臼歯の形態は，陸上での生活を示唆している．他方，酸素同位体とオス

第14章　クジラ類以前　**255**

テオスクレロシスは淡水生を示唆している．このパラドックスは，現生哺乳類のネズミジカを研究することで解決することができる．ネズミジカは陸上にすみ，陸上植物の花，葉，果実などを食べている．しかし，彼らはいつも河川のそばで見つかる．そして危険なとき，ネズミジカは水の中に飛び込んで隠れるのだ[10]．ネズミジカの骨はオステオスクレロシス的ではなく，またインドヒウスは彼らと近縁ではない．しかしながら，両者は完全に生態学的同位種であるらしい．ここに，それで，クジラ類の水生生活の起源の鍵があるようだ．それは初期の偶蹄類の祖先における捕食者回避行動である．

インドヒウスが多い化石産地カラコットは，堆積学的に研究されておらず，またこれらの動物がすんでいた生息地についてあまり知られていない．わかっているのは，インドヒウスの数百の骨がわずかな他の動物の骨と混ざって埋まり，一緒に洗い出されてきたということである．ここで見つかった骨のいくつかは関節結合しているが，ほとんどはそうではない．どうやら，骨格の多くの関節をはずす腐敗のための時間があったようだ．これは動物たちが生きて，そして死んだ河川の氾濫原であった可能性がある．その氾濫原で集められた骨は，腐食動物によって分散され，そして次の洪水で流れて，そして一緒に現れたのだろう．

化石の保管

インドヒウスを抱えている岩石の堆積は，まだラジュプールの敷地に鎮座しており，そばのフリードリンデ・オベルグフェルの墓とともに，バハドールと彼の妻によって守られている．取り出された化石は，建設が終わっていない家屋の中で今は安全である．そして私たちは貯蔵室中の化石の袋を分類しはじめている．毎日，さらなる化石が取り出されるが，その仕事は遅く，化石処理の技術者を雇う費用がない．インドヒウスの化石を管理するトラストは，家と，化石を持ち，また，それらを研究する使命を持っているが，研究を根づかせ，将来のためにインドヒウス化石を保存するだけの資金がない．私は避けたいと望んでいるが，すべての場所がたたまれる可能性がある．悲しいことに，それはフリードリンデ・オベルグフェルとアンネ・ランガ・ラオの悲劇的な物語にはぴったりの終結であるかもしれない．

256

第15章
これからの課題

大きな疑問

　私はクジラの進化について話すのが好きだ．聴衆は，地域のロータリークラブから，国際会議での鯨類学者まで5段階にわたっている．クジラ類の進化がいかにドラマチックであるかを指摘するために，私はいつも2つの面白い空想の乗り物を考えてもらうことにしている．もちろん高速列車と原子力潜水艦でも構わないのだが，いまひとつ派手さに欠けるので，バットモービル（バットマンの愛車）と，ビートルズのイエローサブマリンについて考えるよう聴衆に求めるのだ．クジラ類は陸上での生活に適応したかなり洗練された完全な体を保有して出発した．そして約800万年かけて，その体を完全に海洋に適応したものへと変えた．私は聴衆に，ある技術者チームがバットモービルを解体し，その諸部品からイエローサブマリンを作ることを想像してほしいと問いかける．陸上でうまく機能しているほぼ何もかもが，水中では惨めに失敗してしまうだろう．運動，感覚，浸透圧調節，生殖などにおいて，すべての器官システムが変化しなければならないのだ．そしてもちろん，進化において，中間にいるすべての種は彼らのいる環境に適応している．そのような要件を追加すると，すべての作業日の終わりに，エンジニアが作業車両を提供することになる．それは不可能な仕事であろうし，また実際にあった進化的移行がいかに凄いことだったかを示している．そして今や，驚くべきことに，それはすべて化石に記録されているのだ．

　そんな公開講義の後に，私がいちばんよく聞かれるのは，「**なぜクジラ類は水の中に入ったのですか？**」という質問である．まだわかっていないことはたくさんあるが，すべての細かいことから少し後ろに下がって目を細めて見ると，ぼやけた全体像が見えてくる（図66）．小さなカワウソサイズの偶蹄類は花と葉を食べていたが，危険に対処するために水中に隠れている．彼らの子孫はそこに留まり，今や捕食者として水中に隠れて，獲物をうかがっている．**彼らの子孫**はいかに速く泳ぐかを学び，新しい獲物を追いかけ，そして少しずつ，陸上で歩きまわる能力を失った．いろいろな泳ぎ方を試した後に，彼らはしだいに体が滑らかに，そして流線形に変化し，かくて，陸とのつながりのすべてがなくなる．あるグループは，獲物の位置を特定するために高度に発達した聴覚システムを持っていたが，音の放出システムが加わった．それがハクジラ類の

エコロケーションである．他のグループでは，オキアミ類の群れを摂食するためのひげが進化したが，これがヒゲクジラ類である．陸から水への移行は，単一の道のりではなかった．クジラ類はまっすぐではなく，小さなステップをふみ，そしてそのほとんどが，なにがしか摂食と食性に関係している．それらのステップは機会的であったし，また多くの実験が失敗した．

　私たちがすでに知っていることの中にも多くの興味深い疑問は残っていて，その1つは大きな疑問として私の心に浮かび上がる．哺乳類は，一般に，爬虫類や魚類のようなグループよりも高度に統合された，いっそう制約のある青写真のもとでつくられている．例えば，有胎盤動物の歯式は3.1.4.3/3.1.4.3であり，歯の数が増えることはほとんどない（図11と第2章を参照）．また，哺乳類では，ほとんどが指1本あたりに3個の指骨があり，親指では2個である（図13）．そして仙骨の前に，おおむね26個の椎骨がある（図12）．これらのデザイン様式のすべてで，哺乳類は魚類，両生類，爬虫類よりも制約を受けている．しかし，クジラ類では例外である．彼らは哺乳類のルールをあざけるように，歯数，指骨数，仙骨前の椎骨数が，広く変異している．あたかも，哺乳類の発生を支配している非常に基本的なルールが壊れたかのようにだ．そしてパラドックス的であるが，通常よりも変異が多いにもかかわらず，すべての現生クジラ類は外見において全く似たように見える．彼らのすべてが流線形の体を持ち，基本的に裸で，頸を欠き，前肢が胸びれになり，後肢が除去され，そして尾が水平の尾びれに進化している．彼らがゆるやかな青写真で作られたのなら，なぜ外見上よく似ているのだろうか？　私の大きな疑問は，青写真をゆるやかにした原因となる遺伝的なスイッチについてである．それらは保守的な外部形態のパラドックスにどのように影響しているのだろうか．

　その疑問の最初の部分は非常に広いので，ほとんどの科学が行う方法で試験できる明白な仮説として区分けできない．その代わり，私たちはそれをより小さく，より特定的な，そして解答できる疑問に分ける必要がある．解答のいくつかは，化石から得られるだろう．化石のみが，進化の中で実際に起こったことを私たちに示すことができるのだ．しかし，解答の多くは胚発生を導く遺伝子の研究からもやってくるだろう．それらは現生クジラ類においてのみ研究できる．

　解答可能な疑問への探求として，私たちは1つの器官系から始め，発生上の

データと古生物学のデータを一緒に提示すべきことを理解する必要がある．摂食の進化が初期のクジラ類の進化で中心となるとすれば，そこから出発するのがよいだろう．

歯の発生

クジラ類の胚で得られたものと同様に困難であるが，この計画を実行する最も直接的な方法は，イルカの胚から出発することである．それらの胚は私が後肢の消失を研究していた数年前に，ジョン・ヘイニングとビル・ペリンが私に提供してくれたもので，すべて1つの種，マダライルカ（*Stenella attenuata*）からのものである．成体のときに，この種は35個より多い歯を上顎と下顎のそれぞれに持っており，始新世の祖先が持っていた11個の歯数を超えている．図25の近縁のイルカで示したように，歯は小さい．半分の顎あたり11個以上の歯列は，多歯性と呼ばれている．多歯性はクジラ類以外に2つの哺乳類のグループ，すなわちマナティーとオオアルマジロ（*Priodontes*）のみで起こっている．多歯性であることに加えて，マダライルカは，そのすべての歯が同じように見える同形歯性であり，切歯，犬歯，小臼歯，臼歯の間に差がない．同形歯性はある程度まだ歯を持っている現生のすべてのクジラ類に起こっているが，他の哺乳類ではまれである．面白いことに，私が研究している始新世のクジラ類では，同形歯性も多歯性もない．いずれの機能も約3400万年前にゆっくりと，ほぼ同時に出現した．初期のヒゲクジラ類はまだ歯を持っており，顎あたり15〜20個の歯がある．それらの歯列は，始新世クジラ類のそれといっそう似ているが，同形歯性に向かう限定的な傾向がある．同じことは独立に，初期のハクジラ類でも起こった．それは同形歯性と多歯性の間に何か関係があることを私に思わせる．

私たちは，主にマウスの生物医学研究から，歯の発生について多くを知っている．胚がまだ小さく，何かの歯になるずっと前に，あるタンパク質が顎の前に作られるが，それは頭字語でBMP4の名で通っている．別のタンパク質FGF8は顎の後ろで作られる[1]．面白いことに，他の脊椎動物では，BMP4は顎全体で生じるが，FGF8はこの段階の歯の発生には関与していない[2]．そして，もちろん，これら他の脊椎動物は同形歯性であり，あるいはほとんどがそうである．

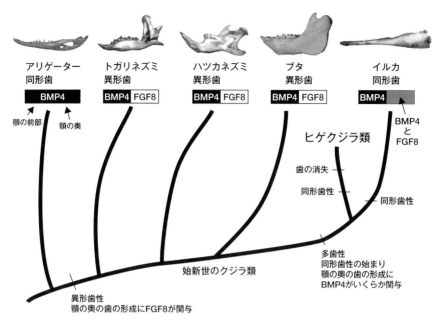

図 67 歯の形状を決定する遺伝子がタンパク質 BMP4（黒い棒）と FGF8（白い棒）を作る．これらのタンパク質はどちらも様々な脊椎動物の顎の中で作られ，そのパターンは爬虫類（アリゲーター）と哺乳類（図中のアリゲーター以外）では異なっている．イルカにおいては，これらのタンパク質のパターンが他の哺乳類のものとは異なっている．アリゲーターとイルカでは歯列全体に同じような歯が並んでいる（同形歯）が，歯の形状は異なる遺伝子表現パターンの結果である．分岐図の底部にタンパク質分布の変化に至る進化上の出来事をまとめている．本書で取り上げている始新世のクジラ類はヒゲクジラ類とイルカに至る線上に位置づけられる．

諸実験がマウスの胚で行われ，そして，もし胚が顎の後ろで BMP4 を作るように仕掛けられると，案の定，マウスの臼歯は単純になり，すべての歯は切歯のようになる[3]．イルカの胚では，BMP4 はまだ前の方にあり，そして FGF8 は後ろにあるが，その顎の後ろも BMP4 を持っていることが判明する[4]．顎の中におけるこれらの 2 つのタンパク質の関係は，重要な進化スイッチの部分であり得るようだ．歯の発生において，FGF8 が果たす役割は哺乳類への新規性であり，またクジラ類において，BMP4 の拡張がその役割をさらに進める（図 67）．また，胚におけるこれらのタンパク質の存在は，実際に歯の形態上のサインがあるずっと以前に起こっている．一方，形態における結果（同形歯性あるいは異形歯性）は，発生におけるずっと後の，歯が形成されるときのみで見

ることができる．それは，これらの 2 つのパターン，多歯性と同形歯性が，発生のある時点における 1 つの単純な遺伝的イベントの結果である様子はない．しかし，私たちはこの時点でそれを確信することはできない．

イルカの歯の発生における私たちの研究は，歯の形態とそれらを導く遺伝子を理解する方向の最初のステップであった[5]．それは同形歯性について何かを語ったが，同形歯性と多歯性をつなげた直接的なメカニズムを見つけているわけではなく，またハクジラの 1 種のみのことである．私はさらなる種，特にヒゲクジラ類のようなイルカ類とは近縁でないものを必要としている．それらの胚を得るのは，イルカ類の胚より得るのが難しいのだが．

歯としてのひげ

ヒゲクジラ類は歯を持っていないが，彼らの胚はそうではない[6]．後肢の肢芽と同様に，歯は小さな胚の顎で形成されるが，発生の後段階で歯は成長を止め萎れる．小さな歯の芽は，いくらかのヒゲクジラ類で小さな鉱物化した構造へと成長するが[7]，ヒゲクジラ以外では，それらは歯茎からいつか出てくる．歯が消失した時点付近で，ひげが上顎の歯が用いていたのと同じところから発生し始める[8]．このタイミングの類似性は，ひげ形成は何か歯の形成と連係しているとの推測を導く．化石記録はいくつかの手がかりも与える．ひげは化石にならないが，化石クジラでのひげの存在を，口蓋における溝から推察できることを示唆している[9]．これらの溝は血管を通し，そしてひげのような速く成長する軟らかい器官は，それに供給するための多くの血液を必要とする．このロジックに従い，ひげ形成が始まっていたいくらかの漸新世のヒゲクジラ類は，まだ歯を持っていたと示唆されている．実際，それらのクジラ類の歯式は多歯性であり，また多くが同形歯性であった．同様に，多くのひげ板があり，またそれらはすべて非常に似ていた．

ひげは上顎の表皮が硬化してできる．興味深いことに，歯も最初は厚みを形成する．歯の場合，肥厚は，下にある組織，間充織に自身を埋め込む．2 つのプロセスがリンクしているとすれば，歯の形成に関与する遺伝子のサブセット

5　ノート 4 を見よ．

は，ひげの形成にも関与しているのではないかと私は期待している．異なる器官をつくる際にしばしば一緒に働く遺伝子は，遺伝上のツールキットと呼ばれている．ヒゲクジラの進化での初期に，歯を作ったツールキットは，ひげを作るものにリプログラムされた可能性がある．ツールキットのこの移行は，歯が消える原因となる．既存のプロセスにおけるそのような新しい機能は，外適応（exaptation）と呼ばれている．もし，同じ遺伝的なツールキットが歯の消失とひげの形成の両方に関係していることを示すことができたなら，次の疑問はそのツールキットが他の過程，例えば獣毛発生の欠如と関係しているかどうかである．なぜなら，獣毛の発生もまた胚における歯の発生と似たものであるからだ．もしそれが正しいと，制御調節遺伝子の鍵グループにおける少しの変化が，クジラ類の器官の全配列に影響を与え，そしてそのグループの進化を促した可能性がある．

　私はアラスカ州ノーススロープ郡のバローに飛ぶとき，このことについて考える．そこで，私はホッキョククジラの胚を研究するのを望んでいる．ヒゲクジラの1種であり，イヌイットエスキモーによって狩猟されている．周北極圏の先住民は何世紀もホッキョククジラを食べているが，国際捕鯨委員会が厳しく管理しているため，ホッキョククジラの個体数に影響を及ぼしてはいない．現在もきちんと増殖しているのだ．私は何年も，このホッキョククジラの発生に関係した単純な疑問に答えることから離れているが，1991年のパキスタンへの最初の旅へ思いを戻す．私が答えることになった疑問に答えるために，パキスタンに行かなかった．戦争の勃発が私の最初のフィールドシーズンをほとんどつぶしてしまった．忍耐力と運によってのみ，私は続けることができ，そしてそのフィールドシーズンは，私が後の一部だった素晴らしい発見に道をひらいた．クジラ類の胚が化石のストーリーを強化するために，もう10年は必要だろう．

　本書ではクジラの起源を理解する際になされてきた注目に値する進展をまとめたが，今のところ私は満足している．この課題は，記録されておらず，概念的につかむのが難しく，そして化石の欠如のため，創造主義者の"寵児"だった．今や，これは進化生物学の教科書の"寵児"である．それはよく理解され，多くの中間的な化石，多くの明白な機能リンク，そしてすべてを促進する分子的メカニズムの解明が始められている．多くの疑問がまだ残っており，そして

264

疑いもなく，いくつものストーリー部分は，私たちの研究が進んだときに書き換えられるだろう．しかし，それは科学の正常な動きの一部でもある．新しい発見は過去の結論を試験するのに用いられ，そしてすべての段階で私たちは真の理解により近づく．それはまた，人間生活の正常な動きの一部でもある．人が持っているすべての経験によって成長が起こり，古いアイデアはつくり直される．クジラの起源については，過去 20 年間で驚くべきことが研究された．私は科学者の芽となる新しい世代が，クジラの進化の私たちの理解を，現在の水準を越えて進めてくれることを望んでいる．それはあなたの番だ．

ノート（太字は本文中の脚注）

第1章　大変だった発掘

1. R. M. West, "Middle Eocene Large Mammal Assemblage with Tethyan Affinities, Ganda Kas Region, Pakistan," *Journal of Paleontology* 54 (1980): 508–33.

2. P. D. Gingerich and D. E. Russell, "*Pakicetus inachus*, a New Archaeocete (Mammalia, Cetacea)," *Contributions from the Museum of Paleontology, University of Michigan* 25 (1981): 235–46. P. D. Gingerich, N. A. Wells, D. E. Russell, and S. M. I. Shah, "Origin of Whales in Epicontinental Remnant Seas: New Evidence from the Early Eocene of Pakistan," *Science* 220 (1983): 403–06.

3. D. T. Gish, *Evolution: The Challenge of the Fossil Record* (El Cajon, CA: Creation-Life Publishers, 1985).

4. A. Boyden and D. Gemeroy, "The Relative Position of the Cetacea among Orders of Mammalia as Indicated by Precipitin Tests," *Zoologica* 35 (1950): 145–51. M. Goodman, J. Czelusniak, and J. E. Beeber, "Phylogeny of Primates and Other Eutherian Orders: A Cladistics Analysis Using Amino Acid and Nucleotide Sequence Data," *Cladistics* 1 (1985): 171–85.

5. D. Gish, "When Is a Whale a Whale?" *Acts & Facts* 23 (1994, No. 4). http://www.icr.org/article/when-whale-whale/.

6. Different scientists use the word *whale* differently. In this book, for fossil species, *whale* and *cetacean* are used interchangeably. As such, *whales* includes fossil dolphins and porpoises.

7. J. G. M. Thewissen and S. T. Hussain, 1993, "Origin of Underwater Hearing in Whales," *Nature* 361 (1993): 444–45.

第2章　魚類，哺乳類，それとも恐竜？

1. Aristotle, *Historia Animalium*, Book III, http://web.archive.org/web/20110215182616/http://etext.lib.virginia.edu/etcbin/toccer-new2?id=AriHian.xml&images=images/modeng&data=/texts/english/modeng/parsed&tag=public&part=3&division=div2.

2. There are some cetaceans that pertain to the Odontoceti that have barely any teeth. A male narwhal has only one, a tusk longer than the animal, whereas a female narwhal has no teeth that break through the gums at all, and the same is true for many female beaked whales. Alternatively, some whales with teeth are not toothed whales, such as the whales that lived between 50 and 37 million years ago. The use of the phrase "toothed whales" here means odontocete.

3. D. W. Rice, *Marine Mammals of the World, Systematics and Distribution*, Special Publication Number 4 (1998), Society for Marine Mammalogy.

4. The first part of the Latin here means "a penis that enters the female, and breast that gives milk." Indeed, feeding its young with mother's milk is the critical feature for a mammal, but

ノート　**267**

a male copulatory organ is not; a penis is also present in crocodiles and turtles, for instance. The last part of the quote was translated for me by Dr. Graham Burnett as "from (the authority of) the law of nature, by right and by merit," and surely exemplifies another of Melville's mischievous moments in writing this book.

5. H. Melville, *Moby-Dick*; or, *The Whale* (New York: Random House, 1992), 193–94.

6. C. Darwin, *The Origin of Species by Means of Natural Selection or the Preservation of Favoured Races in the Struggle for Life* (Harmondsworth: Penguin, 1968), 215.

7. Quoted in S. J. Gould, "Hooking Leviathan by Its Past," *Natural History*, May 1994: 8–15.

8. R. Harlan, "Notice of the Fossil Bones Found in the Tertiary Formation of the State of Louisiana," *Transactions of the American Philosophical Society, N. S.* 4 (1834): 397–403, pl. 20.

9. R. Owen, "Observations on the *Basilosaurus* of Dr. Harlan (*Zeuglodon cetoides*, Owen)," *Transactions of the Geological Society of London*, Ser. 2, No. 6 (1839): 69–79, pl. 7–9. R. Owen, "Observations on the Teeth of the *Zeuglodon, Basilosaurus* of Dr. Harlan," *Proceedings of the Geological Society of London* 3 (1839): 24–28.

10. International Code for Zoological Nomenclature—see http://www.nhm.ac.uk/hosted-sites/iczn/code/.

11. J. G. Wood, "The Trail of the Sea-Serpent," *Atlantic Monthly* 53 (June 1884): 799–814.

12. D. E. Jones, "Doctor Koch and his 'Immense Antediluvian Monsters,'" *Alabama Heritage* 12 (Spring 1989): 2–19, http://www.alabamaheritage.com/vault/monsters.htm.

13. Quoted in J. D. Dana, "On Dr. Koch's Evidence with Regard to the Contemporaneity of Man and the Mastodon in Missouri, *American Journal of Science and Arts* 9 (35, 1875): 335–46.

14. J. Müller, *Über die fossilen Reste der Zeuglodonten von Nordamerica, mit Rücksicht auf die europäischen Reste dieser Familie* (Berlin: G. Reimer, 1849).

15. *Dallas Gazette* of Cahawba, Alabama, March 30, 1855, quoted in note 12.

16. P. D. Gingerich, B. H. Smith, and E. L. Simons, "Hind Limbs of Eocene *Basilosaurus*: Evidence of Feet in Whales," *Science* 229 (1990): 154–57.

17. J. Gatesy and M.A. O'Leary, "Deciphering Whale Origins with Molecules and Fossils," *Trends in Ecology & Evolution* 16 (2001): 562–70.

18. Groups of related species are included in one genus, and groups of related genera are included in one family. The most common levels of hierarchy in zoological nomenclature are: species, genus, family, superfamily, suborder, order, class, and phylum. Cetacea (cetaceans in English) is the name of an order in the class Mammalia (mammals in English). See also page 14.

19. Basilosaurines include *Basilosaurus, Chrysocetus, Cynthiacetus*, and *Basilotritus* and are found in Europe, Africa, and the Americas. Among the dorudontines, *Dorudon, Saghacetus, Masracetus*, and *Stromerius* are known from Egypt only; *Zygorhiza* lived in North America, Antarctica, and New Zealand; and *Ocucajea* and *Supayacetus* are known from Peru only.

20. M. D. Uhen, "Form, Function, and Anatomy of *Dorudon atrox* (Mammalia, Cetacea): An Archaeocete from the Middle to Late Eocene of Egypt," *University of Michigan Papers on Paleontology* 34 (2004): 1–222. This work comprehensively treats one of the best-known basilosaurids, and covers many of the topics discussed here. Citations of this and other papers of ubiquitous importance that were already cited are not repeated.

21. The third molar in the upper and lower jaw is the wisdom tooth. That tooth is present in some people, but never erupts in others.

22. R. Kellogg, *A Review of the Archaeoceti* (Washington, DC: Carnegie Institute of Washington, 1936).

23. C. C. Swift and L. G. Barnes, "Stomach Contents of *Basilosaurus Cetoides*: Implications for the Evolution of Cetacean Feeding Behavior, and Evidence for Vertebrate Fauna and Epicontinental Eocene Seas," *Abstracts of Papers, Sixth North American Paleontological Convention* (Washington, DC, 1996).

24. J. M. Fahlke, K. A. Bastl, G. Semprebon, and P. D. Gingerich, "Paleoecology of Archaeocete Whales throughout the Eocene: Dietary Adaptations Revealed by Microwear Analysis," *Palaeogeography, Palaeoclimatology, Palaeoecology* 386 (2013): 690-701. doi:10.1016/j. palaeo.2013.06.032.

25. J. M. Fahlke, "Bite Marks Revisited: Evidence for Middle-to-Late Eocene Basilosaurus isis Predation on *Dorudon atrox* (Both Cetacea, Basilosauridae)," *Palaeontologia Electronica* 15 (2012): 32A.

26. R. A. Dart, "The Brain of the Zeuglodontidae (Cetacea)," *Proceedings of the Zoological Society, London* 42 (1923): 615-54.

27. L. Marino, "Brain Size Evolution," in *Encyclopedia of Marine Mammals* (2nd ed.), ed. W. F. Perrin, B. Würsig, and J. G. M. Thewissen (San Diego, CA: Academic Press, 2009), 149-52.

28. T. Edinger, "Evolution of the Horse Brain," *Geological Society of America, Memoir* 25 (1948).

29. L. Marino, M. D. Uhen, B. Frohlich, J. M. Aldag, C. Blane, D. Bohaska, and F. C. Whitmore, Jr., "Endocranial Volume of Mid-Late Eocene Archaeocetes (Order: Cetacea) Revealed by Computed Tomography: Implications for Cetacean Brain Evolution," *Journal of Mammalian Evolution* 7 (2000): 81-94. L. Marino, "What Can Dolphins Tell Us about Primate Evolution?" *Evolutionary Anthropology* 5 (1997, no. 3): 81-85.

30. J. G. M. Thewissen, J. George, C. Rosa, and T. Kishida, "Olfaction and Brain Size in the Bowhead Whale," *Marine Mammal Science* 27 (2011): 282-94.

31. H. J. Jerison, *Evolution of the Brain and Intelligence* (New York: Academic Press, 1973). L. Marino, D. W. McShea, and M. D. Uhen, "Origin and Evolution of Large Brains in Toothed Whales," *Anatomical Record* 281A (2004): 1247-55. Encephalization quotient is defined as brain-weight-ingrams/0.12 body-weight-in-grams$^{0.67}$.

32. Bowhead whale 08B11 had a brain size of 2,950 grams and weighed 14,222,000 grams; see note 30.

33. W. C. Lancaster, "The Middle Ear of the Archaeoceti," *Journal of Vertebrate Paleontology* 10 (1990): 117-27.

34. V. de Buffr.nil, A. de Ricql.s, C. E. Ray, and D. P. Domning, "Bone Histology of the Ribs of the Archaeocetes (Mammalia, Cetacea)," *Journal of Vertebrate Paleontology* 10 (1990): 455-66.

35. M. Taylor, "Stone, Bone, or Blubber? Buoyancy Control Strategies in Aquatic Tetrapods," in *Mechanics and Physiology of Animal Swimming*, ed. L. Maddock, Q. Bone, and J. M. V. Rayner (Cambridge: Cambridge University Press, 1994), 205-29.

36. S. I. Madar, "Structural Adaptations of Early Archeocete Long Bones," in *The Emergence of Whales*, ed. J. G. M. Thewissen (New York: Plenum Press, 1998), 353-78.

37. M. M. Moran, S. Bajpai, J. C. George, R. Suydam, S. Usip, and J. G. M. Thewissen, "Intervertebral and Epiphyseal Fusion in the Postnatal Ontogeny of Cetaceans and Terrestrial Mammals," *Journal of Mammalian Evolution* (2014), doi:10.1007/s10914-014-9256-7. M. D. Uhen, "New Material of *Natchitochia jonesi* and a Comparison of the Innominata and Locomotor Capabilities of Protocetidae," *Marine Mammal Science* (2014), doi:10.1111/mms.12100.

38. In anatomical language, the bony pelvis includes the unpaired sacrum plus the paired innominate. The innominate is also called the os coxae and is composed of ilium, ischium, and pubis. In this book, the more common Englishlanguage use of *pelvis* is followed, as a synonym of *innominate*.

39. E. A. Buchholtz, "Implications of Vertebral Morphology for Locomotor Evolution in Early Cetacea," in *The Emergence of Whales*, ed. J. G. M. Thewissen (New York: Plenum Press, 1998), 325–52.

40. F. E. Fish, "Biomechanical Perspective on the Origin of Cetacean Flukes," in *The Emergence of Whales*, ed. J. G. M. Thewissen (New York: Plenum Press, 1998), 303–24.

41. P. W. Webb and R. W. Blake, "Swimming," in *Functional Vertebrate Morphology*, ed. M. Hildebrand, D. M. Bramble, K. F. Liem, and D. B. Wake (Cambridge, MA: Harvard University Press, 1985), 110–28.

42. H. Benke, "Investigations on the Osteology and the Functional Morphology of the Flipper of Whales and Dolphins (Cetacea)," *Investigations on Cetacea* 24 (1993): 9–252.

43. L. N. Cooper, S. D. Dawson, J. S. Reidenberg, and A. Berta, "Neuromuscular Anatomy and Evolution of the Cetacean Forelimb," *Anatomical Record* 290 (2007): 1121–37.

44. J. G. M. Thewissen, L. N. Cooper, J. C. George, and S. Bajpai, "From Land to Water: The Origin of Whales, Dolphins, and Porpoises," *Evolution: Education and Outreach* 2 (2009): 272–88.

45. L. Bejder and B. K. Hall, "Limbs in Whales and Limblessness in Other Vertebrates: Mechanisms of Evolutionary and Developmental Transformation and Loss," *Evolution & Development* 4 (2002): 445–58.

46. M. D. Struthers, "The Bones, Articulations, and Muscles of the Rudimentary Hind-Limb of the Greenland Right Whale (*Balaena mysticetus*)," *Journal of Anatomy and Physiology* 15 (1881): 142–321. M. D. Struthers, 1893, "On the Rudimentary Hind Limb of the Great Fin-Whale (*Balaenoptera musculus*) in Comparison with Those of the Humpback Whale and the Greenland Right Whale," *Journal of Anatomy and Physiology* 27 (1893): 291–335.

47. F. A. Lucas, "The Pelvic Girdle of Zeuglodon, *Basilosaurus cetoides* (Owen), with Notes on Other Portions of the Skeleton," *Proceedings of the United States National Museum* 23 (1900): 327–31.

48. P. D. Gingerich, "Marine Mammals (Cetacea and Sirenia) from the Eocene of Gebel Mokattam and Fayum, Egypt: Stratigraphy, Age, and Paleoenvironments," *University of Michigan Papers on Paleontology* 30 (1992): 1–84.

49. J. Zachos, M. Pagani, L. Sloan, E. Thomas, and K. Billups, "Trends, Rhythms, and Aberrations in Global Climate 65 Ma to Present," *Science* 292 (2001): 686–93.

50. A. Haywood, *Creation and Evolution* (London: Triangle Books, 1985), quoted in note 7.

第3章　足を持つクジラ類

1. D. P. Domning and V. de Buffr.nil, "Hydrostasis in the Sirenia: Quantitative Data and Functional Interpretations," *Marine Mammal Science* 7 (1991): 331-68.

2. N. A. Wells, "Transient Streams in Sand-Poor Redbeds: Early-Middle Eocene Kuldana Formation of Northern Pakistan," *Special Publication, International Association for Sedimentology*, 6 (1983): 393-403. A. Aslan and J. G. M. Thewissen, "Preliminary Evaluation of Paleosols and Implications for Interpreting Vertebrate Fossil Assemblages, Kuldana Formation, Northen Pakistan," *Palaeovertebrata* 25 (1996): 261-77.

3. R. M. West, "Middle Eocene Large Mammal Assemblage with Tethyan Affinities, Ganda Kas Region, Pakistan," *Journal of Paleontology* 54 (1980): 508-33.

4. P. D. Gingerich and D. E. Russell, "*Pakicetus inachus*, a New Archaeocete (Mammalia, Cetacea)," *Contributions from the Museum of Paleontology, University of Michigan* 25 (1981): 235-46. P. D. Gingerich, N. A. Wells, D. E. Russell, and S. M. I. Shah, "Origin of Whales in Epicontinental Remnant Seas: New Evidence from the Early Eocene of Pakistan," *Science* 220 (1983): 403-406.

5. For cetaceans, *bulla* is a synonym of *tympanic* (see chapter 1 and figure 2). 6. J. G. M. Thewissen, S. T. Hussain, and M. Arif, "Fossil Evidence for the Origin of Aquatic Locomotion in Archaeocete Whales," *Science* 263 (1994): 210-12.

7. S. J. Gould, "Hooking Leviathan by Its Past," *Natural History*, May 1994: 8-15.

第4章　泳ぎの技法

1. S. J. Gould, "Hooking Leviathan by Its Past," *Natural History*, May 1994: 8-15.

2. A. B. Howell, *Aquatic Mammals: Their Adaptations to Life in the Water* (Baltimore, MD: C. C. Thomas, 1930).

3. J. E. King, *Seals of the World* (Ithaca, NY: Cornell University Press, 1983).

4. F. E. Fish, "Function of the Compressed Tail of Surface Swimming Muskrats (*Ondatra zibethicus*)," *Journal of Mammalogy* 63 (1982): 591-97. F. E. Fish, "Mechanics, Power Output, and Efficiency of the Swimming Muskrat (*Ondatra zibethicus*)," *Journal of Experimental Biology* 110 (1984): 183-210.

5. F. E. Fish, "Dolphin Swimming: A Review," *Mammal Review* 4 (1991): 181-95. F. E. Fish, "Power Output and Propulsive Efficiency of Swimming Bottlenose Dolphins (*Tursiops truncatus*)," *Journal of Experimental Biology* 185 (1993): 179-93.

6. U. M. Norberg, "Flying, Gliding, Soaring," in *Functional Vertebrate Morphology*, ed. M. Hildebrand, D. M. Bramble, K. F. Liem, and D. B. Wake (Cambridge, MA: Belknap Press, 1985), 129-58.

7. P. W. Webb and R. W. Blake, "Swimming," in *Functional Vertebrate Morphology*, ed. M. Hildebrand, D. M. Bramble, K. F. Liem, and D. B. Wake (Cambridge, MA: Belknap Press, 1985), 110-28.

8. Humans do create lift with their feet when doing the butterfly stroke.

9. F. E. Fish, "Kinematics and Estimated Thrust Production of Swimming Harp and Ringed Seals," *Journal of Experimental Biology* 137 (1988): 157-73.

10. A. W. English, "Limb Movements and Locomotor Function in the California Sea Lion," *Journal of Zoology*, London, 178 (1976): 341–64. F. E. Fish, "Influence of Hydrodynamic Design and Propulsive Mode on Mammalian Swimming Energetics," *Australian Journal of Zoology* 42 (1993): 79–101.

11. G. C. Hickman, "Swimming Ability in Talpid Moles, with Particular Reference to the Semi-Aquatic Mole *Condylura cristata*," *Mammalia* 48 (1984): 505–13.

12. F. E. Fish, "Transitions from Drag-Based to Lift-Based Propulsion in Mammalian Swimming," *American Zoologist* 36 (1996): 628–41.

13. T. M. Williams, "Locomotion in the North American Mink, a Semi-Aquatic Mammal, I: Swimming Energetics and Body Drag," *Journal of Experimental Zoology* 103 (1983): 155–68.

14. F. E. Fish, "Association of Propulsive Mode with Behavior in River Otters (*Lutra canadensis*)," *Journal of Mammalogy* 75 (1994): 989–97.

15. J. G. M. Thewissen and F. E. Fish, "Locomotor Evolution in the Earliest Cetaceans: Functional Model, Modern Analogues, and Paleontological Evidence," *Paleobiology* 23 (1997): 482–490.

16. S. Bajpai and J. G. M. Thewissen, "A New, Diminuitive Whale from Kachchh (Gujarat, India) and Its Implications for Locomotor Evolution of Cetaceans," *Current Science (New Delhi)* 79 (2000): 1478–82. J. G. M. Thewissen and S. Bajpai, "New Skeletal Material for *Andrewsiphius* and *Kutchicetus*, Two Eocene Cetaceans from India," *Journal of Paleontology* 83 (2009): 635–63.

17. P. D. Gingerich, "Land-to-Sea Transition in Early Whales: Evolution of Eocene Archaeoceti (Cetacea) in Relation to Skeletal Proportions and Locomotion of Living Semiaquatic Mammals," *Paleobiology* 29 (2003): 429–54.

18. E. A. Buchholtz, "Implications of Vertebral Morphology for Locomotor Evolution in Early Cetacea," in *The Emergence of Whales: Evolutionary Patterns in the Origin of Cetacea*, ed. J. G. M. Thewissen (New York, NY: Plenum Press, 1998), 325–52.

19. R. Dehm and T. zu Oettingen-Spielberg, "Palaeontologische und geologische Untersuchungen im Tertiaer von Pakistan, 2: Die mitteleozaenen Sauegetiere von Ganda Kas bei Basal in Nord-West Pakistan," *Abhandlungen der Bayerischen Akademie der Wissenschaften, Mathematisch.-Naturwissenschaftliche Klasse* 91 (1958): 1–53.

20. S. Bajpai and P. D. Gingerich, "A New Archaeocete (Mammalia, Cetacea) from India and the Time of Origin of Whales," *Proceedings of the National Academy of Sciences* 95 (1998): 15464–68.

21. J. G. M. Thewissen, E. M. Williams, and S. T. Hussain, "Eocene Mammal Faunas from Northern Indo-Pakistan," *Journal of Vertebrate Paleontology* 21 (2001): 347–66.

22. K. K. Smith, "The Evolution of the Mammalian Pharynx," *Zoological Journal of the Linnean Society* 104 (1992): 313–49.

23. J. S. Reidenberg and J. T. Laitman, "Anatomy of the Hyoid Apparatus in Odontoceti (Toothed Whales): Specializations of their Skeleton and Musculature Compared with Those of Terrestrial Mammals," *Anatomical Record* 240 (1994): 598–624.

24. The hyoid of humans is a single bone, located in the midline of the neck, but embryologically, it consists of three bones. In most mammals, there are even more: a dog has nine, for instance.

25. E. J. Slijper, *Whales* (New York, NY: Basic Books, 1962).

26. S. Nummela, S. T. Hussain, and J. G. M. Thewissen, "Cranial Anatomy of Pakicetidae (Cetacea, Mammalia)," *Journal of Vertebrate Paleontology* 26 (2006): 746-59.

27. B. M.hl, W. W. L. Au, J. Pawloski, and P. E. Nachtigall, 1999, "Dolphin Hearing: Relative Sensitivity as a Function of Point of Application of a Contact Sound Source in the Jaw and Head Region," *Journal of the Acoustical Society of America* 105 (1999): 3421-24.

28. S. Nummela, J. G. M. Thewissen, S. Bajpai, T. Hussain, and K. Kumar, "Sound Transmission in Archaic and Modern Whales: Anatomical Adaptations for Underwater Hearing," *Anatomical Record* 290 (2007):716-33. S. Nummela, J. G. M. Thewissen, S. Bajpai, S. T. Hussain, and K. K. Kumar, "Eocene Evolution of Whale Hearing," *Nature* 430 (2004): 776-78.

29. S. I. Madar, J. G. M. Thewissen, and S. T. Hussain, "Additional Holotype Remains of *Ambulocetus natans* (Cetacea, Ambulocetidae), and Their Implications for Locomotion in Early Whales," *Journal of Vertebrate Paleontology* 22 (2002): 405-22.

30. Y. Narita and S. Kuratani, "Evolution of the Vertebral Formulae in Mammals: A Perspective on Developmental Constraints," *Journal of Experimental Zoology Part B: Molecular and Developmental Evolution* 15 (2005): 91-106. J. Müller, T. M. Scheyer, J. J. Head, P.M. Barrett, I. Werneburg, P. G. Ericson, D. Polly, and M. R. S.nchez-Villagra, "Homeotic Effects, Somitogenesis and the Evolution of Vertebral Numbers in Recent and Fossil Amniotes," *Proceedings of the National Academy of Sciences* 107 (2010): 2118-23.

31. M. M. Moran, S. Bajpai, J. C. George, R. Suydam, S. Usip, and J. G. M. Thewissen, "Intervertebral and Epiphyseal Fusion in the Postnatal Ontogeny of Cetaceans and Terrestrial Mammals," *Journal of Mammalian Evolution* (2014), doi:10.1007/s10914-014-9256-7.

32. J. G. M. Thewissen, S. I. Madar, and S. T. Hussain, "*Ambulocetus natans*, an Eocene Cetacean (Mammalia) from Pakistan," *Courier Forschungs.-Institut Senckenberg* 190 (1996): 1-86. L. J. Roe, J. G. M. Thewissen, J. Quade, J. R. O'Neil, S. Bajpai, A. Sahni, and S. T. Hussain, "Isotopic Approaches to Understanding the Terrestrial to Marine Transition of the Earliest Cetaceans," in *The Emergence of Whales: Evolutionary Patterns in the Origin of Cetacea*, ed. J. G. M. Thewissen (New York, NY: Plenum Press, 1998), 399-421. S. I. Madar, J. G. M. Thewissen, and S. T. Hussain, "Additional Holotype Remains of *Ambulocetus natans* (Cetacea, Ambulocetidae), and their Implications for Locomotion in Early Whales," *Journal of Vertebrate Paleontology* 22 (2002): 405-22.

33. D. Gish, "When Is a Whale a Whale?" *Acts & Facts* 23 (1994, No. 4). http://www.icr.org/article/when-whale-whale/.

34. K. Miller, *Finding Darwin's God: A Scientist's Search for Common Ground between God and Evolution* (New York, NY: HarperCollins, 1999).

35. L. Van Valen, "Deltatheridia: A New Order of Mammals," *Bulletin of the American Museum of Natural History* 132 (1966): 1-126.

36. M. Goodman, J. Czelusniak, and J. E. Beeber, "Phylogeny of the Primates and Other Eutherian Orders: A Cladistics Analysis Using Amino Acids and Nucleotide Sequence Data," *Cladistics* 1 (1985): 171-85.

第5章 山脈が隆起したとき

1. The term *Himalayas* is used in two different senses. It refers loosely to all the mountains on the northern side of India, Pakistan, and Bangladesh. More specifically, it refers to one particular mountain range in that area, with a geological history that is very different from the others.

2. University of California Museum of Paleontology, "Alfred Wegener (1880-1930)," http://www.ucmp.berkeley.edu/history/wegener.html.

3. G. E. Pilgrim, "Middle Eocene Mammals from Northwest India," *Proceedings of the Zoological Society* 110 (1940): 124-52.

4. R. Dehm and T. zu Oettingen-Spielberg, "Pal.ontologische und geologische Untersuchungen im Terti.r von Pakistan, 2: Die mitteleoz.nen S.ugetiere von Ganda Kas bei Basal in Northwest Pakistan," *Abhandlungen der Bayerischen Akademie der Wissenschaften, Mathematisch.-Naturwissenschaftliche Klasse* 91 (1958): 1-54.

5. R. M. West, "Middle Eocene Large Mammal Assemblage with Tethyan Affinities, Ganda Kas Region, Pakistan," *Journal of Paleontology* 54 (1980): 508-33.

6. J. G. M. Thewissen, S. I. Madar, and S. T. Hussain, 1996, "*Ambulocetus natans*, an Eocene Cetacean (Mammalia) from Pakistan," *Courier Forschungs-Institut Senckenberg* 190 (1996): 1-86. Some years later we were able to go back and to excavate the remainder of the holotype of *Ambulocetus natans*. Those fossils are described in S. I. Madar, J. G. M. Thewissen, and S. T. Hussain, "Additional Holotype Remains of *Ambulocetus natans* (Cetacea, Ambulocetidae), and Their Implications for Locomotion in Early Whales," *Journal of Vertebrate Paleontology* 22 (2002): 405-22.

7. A. Sahni, "Enamel Ultrastructure of Fossil Mammalia: Eocene Archaeoceti from Kutch," *Journal of the Palaeontological Society of India* 25 (1981): 33-37.

8. M. C. Maas and J. G. M. Thewissen, "Enamel Microstructure of *Pakicetus* (Mammalia: Archaeoceti)," *Journal of Paleontology* 69 (1995): 1154-63.

第6章 インドでの旅路

1. Panjab is a state in India; Punjab is a province of Pakistan. When the British ruled India, these were one; when the country broke into two, the province was divided, too.

2. A. B. Wynne, "Memoir on the Geology of Kutch," *Memoirs of the Geological Survey of India* 9 (1872).

3. A. Sahni and V. P. Mishra, "A New Species of *Protocetus* from the Middle Eocene of Kutch, Western India," *Palaeontology* 15 (1972): 490-95.

4. A. Sahni and V. P. Mishra, "Lower Tertiary Vertebrates from Western India," *Monographs of the Palaeontological Society of India* 3 (1975).

5. R. Kellogg, *A Review of the Archaeoceti* (Washington, DC: Carnegie Institute of Washington, 1936).

6. S. Bajpai and J. G. M. Thewissen, "Middle Eocene Cetaceans from the Harudi and Subathu Formations of India," in *The Emergence of Whales: Evolutionary Patterns in the Origin of Cetacea*, ed. J. G. M. Thewissen (New York, NY: Plenum Press, 1998), 213-34.

第7章　浜辺に出かけて

1. S. K. Biswas, "Tertiary Stratigraphy of Kutch," *Memoirs of the Geological Society of India* 10 (1992): 1-29.
2. S. K. Mukhopadhyay and S. Shome, "Depositional Environment and Basin Development during Early Paleaeogene Lignite Deposition, Western Kutch, Gujarat," *Journal of the Geological Society of India* 47 (1996): 579-92.

第8章　カワウソクジラ

1. S. Bajpai and J. G. M. Thewissen, "A New, Diminuitive Whale from Kachchh (Gujarat, India) and Its Implications for Locomotor Evolution of Cetaceans," *Current Science (New Delhi)* 79 (2000): 1478-82.
2. A. Sahni and V. P. Mishra, "Lower Tertiary Vertebrates from Western India," *Monographs of the Palaeontological Society of India* 3 (1975).
3. K. Kumar and A. Sahni, "*Remingtonocetus harudiensis*: New Combination, a Middle Eocene Archaeocete (Mammalia, Cetacea) from Western Kutch, India," *Journal of Vertebrate Paleontology* 6 (1986): 326-49.
4. P. D. Gingerich, M. Arif, and W. C. Clyde, "New Archaeocetes (Mammalia, Cetacea) from the Middle Eocene Domanda Formation of the Sulaiman Range, Punjab, Pakistan," *Contributions of the Museum of Paleontology, University of Michigan* 29 (1995): 291-330.
5. J. G. M. Thewissen and S. Bajpai, "Dental Morphology of the Remingtonocetidae (Cetacea, Mammalia)," *Journal of Paleontology* 75 (2001): 463-65.
6. J. G. M. Thewissen and S. T. Hussain, "*Attockicetus praecursor*, a New Remingtonocetid Cetacean from Marine Eocene Sediments of Pakistan," *Journal of Mammalian Evolution* 7 (2000): 133-46.
7. V. Ravikant and S. Bajpai, "Strontium Isotope Evidence for the Age of Eocene Fossil Whales of Kutch, Western India," *Geological Magazine* 147 (2012): 473-77.
8. P. D. Gingerich, M. Ul-Haq, W. V. Koenigswald, W. J. Sanders, B. H. Smith, and I. S. Zalmout, "New Protocetid Whale from the Middle Eocene of Pakistan: Birth on Land, Precicial Development, and Sexual Dimorphism," *PLoS One* 4 (2009): E4366.
9. L. N. Cooper, T. L. Hieronymus, C. J. Vinyard, S. Bajpai, and J. G. M. Thewissen, "Feeding Strategy in Remingtonocetinae (Cetacea, Mammalia) by Constrained Ordination," in *Experimental Approaches to Understanding Fossil Organisms*, ed. D. I. Hembree, B. F. Platt, and J. J. Smith (Dordrecht, Plenum, 2014), 89-107.
10. If the teeth had fallen out during life, the space in the jaw (the alveolus) that the tooth was anchored in would be filled by new bone.
11. J. G. M. Thewissen and S. Bajpai, "New Skeletal Material of *Andrewsiphius* and *Kutchicetus*, Two Eocene Cetaceans from India," *Journal of Paleontology* 83 (2009): 635-63.
12. R. Elsner, "Living in Water: Solutions to Physiological Problems," in *Biology of Marine Mammals*, ed. J. E. Reynolds III and S. A. Rommel (Washington, DC: Smithsonian Institution Press), 73-116.
13. S. Nummela, S. T. Hussain, and J. G. M. Thewissen, "Cranial Anatomy of Pakicetidae

ノート　　275

(Cetacea, Mammalia)," *Journal of Vertebrate Paleontology* 26 (2006): 746-59.

14. R. M. Bebej, M. Ul-Haq, I. S. Zalmout, and P. D. Gingerich, "Morphology and Function of the Vertebral Column in *Remingtonocetus domandaensis* (Mammalia, Cetacea) from the Middle Eocene Domanda Formation of Pakistan," *Journal of Mammalian Evolution* 19 (2012): 77-104. doi:10.1007/S10914-011-9184-8.

15. F. Spoor, S. Bajpai, S. T. Hussain, K. Kumar, and J. G. M. Thewissen, "Vestibular Evidence for the Evolution of Aquatic Behaviour in Early Cetaceans," *Nature* 417 (2002): 163-66.

16. A. Williams and J. Safarti, "Not at All Like a Whale," *Creation* 27 (2005): 20-22.

第9章　海洋は砂漠である

1. K. Schmidt-Nielsen, *Animal Physiology: Adaptation and Environment* (Cambridge: Cambridge University Press, 1997).

2. M. E. Q. Pilson, "Water Balance in California Sea Lions," *Physiological Zoology* 43 (1970): 257-69.

3. D. P. Costa, "Energy, Nitrogen, Electrolyte Flux and Sea Water Drinking in the Sea Otter Enhydra lutris," *Physiological Zoology* 55 (1982): 35-44.

4. R. M. Ortiz, "Osmoregulation in Marine Mammals," *Journal of Experimental Biology* 204 (2001): 1831-44.

5. C. Hui, "Seawater Consumption and Water Flux in the Common Dolphin *Delphinus delphis*," *Physiological Zoology* 54 (1981): 430-40.

6. J. G. M. Thewissen, L. J. Roe, J. R. O'Neil, S. T. Hussain, A. Sahni, and S. Bajpai, "Evolution of Cetacean Osmoregulation," *Nature* 381 (1996): 379-80.

7. M. T. Clementz, A. Goswami, P. D. Gingerich, and P. L. Koch, "Isotopic Records from Early Whales and Seacows: Contrasting Patterns of Ecological Transition," *Journal of Vertebrate Paleontology* 26 (2006): 355-70.

8. L. J. Roe, J. G. M. Thewissen, J. Quade, J. R. O'Neil, S. Bajpai, A. Sahni, and S. T. Hussain, "Isotopic Approaches to Understanding the Terrestrial-to-Marine Transition of the Earliest Cetaceans," in *The Emergence of Whales: Evolutionary Patterns in the Origin of Cetacea*, ed. J. G. M. Thewissen (New York, NY: Plenum, 1998), 399-422.

第10章　骨格のパズル

1. L. Van Valen, "Deltatheridia, a New Order of Mammals," *Bulletin of the American Museum of Natural History* 132 (1966): 1-126.

2. X. Zhou, R. Zhai, P. Gingerich, and L. Chen, "Skull of a New Mesonychid (Mammalia, Mesonychia) from the Late Paleocene of China," *Journal of Vertebrate Paleontology* 15 (2009): 387-400.

3. Z. Luo and P. D. Gingerich, "Terrestrial Mesonychia to Aquatic Cetacea: Transformation of the Basicranium and Evolution of Hearing in Whales," *University of Michigan Papers on Paleontology* 31 (1999), 1-98. M. A. O'Leary and J. H. Geisler, "The Position of Cetacea within Mammalia: Phylogenetic Analysis of Morphological Data from Extinct and Extant Taxa," *Systematic Biology* 48 (1999): 455-90. M. D. Uhen, "New Species of Protocetid

Archaeocete Whale, *Eocetus wardii* (Mammalia, Cetacea) from the Middle Eocene of North Carolina," *Journal of Paleontology* 73 (1999): 512−28.

4. J. G. M. Thewissen, E. M. Williams, L. J. Roe, and S. T. Hussain, "Skeletons of Terrestrial Cetaceans and the Relationship of Whales to Artiodactyls," *Nature* 413 (2001): 277−81.

5. See note 4.

6. P. D. Gingerich, M. U. Haq, I. S. Zalmout, I. H. Khan, and M. S. Malkani, "Origin of Whales from Early Artiodactyls: Hands and Feet of Eocene Protocetidae from Pakistan," *Science* 293 (2001): 2239−42.

7. M. C. Milinkovitch, M. B.rub., and P. J. Palsb.l, "Cetaceans Are Highly Derived Artiodactyls," in *The Emergence of Whales: Evolutionary Patterns in the Origin of Cetacea*, ed. J. G. M. Thewissen (New York, NY: Plenum Press, 1998), 113−131. M. Nikaido, A. P. Rooney, and N. Okada, "Phylogenetic Relationships among Cetartiodactyls Based on Insertions of Short and Long Interspersed Elements: Hippopotamuses Are the Closest Extant Relatives of Whales," *Proceedings of the National Academy of Sciences* 96 (1999): 10261−66. J. Gatesy and M. A. O'Leary, "Deciphering Whale Origins with Molecules and Fossils," *Trends in Ecology and Evolution* 16 (2001): 562−70.

第 11 章　河のイルカたち

1. K. S. Norris, "The Evolution of Acoustic Mechanisms in Odontocete Cetaceans," in *Evolution and Environment*, ed. E. T. Drake (New Haven, CT: Yale University Press, 1968), 297−324. T. W. Cranford, P. Krysl, and J. A. Hildebrand, "Acoustic Pathways Revealed: Simulated Sound Transmission and Reception in Cuvier's Beaked Whale (*Ziphius cavirostris*)," *Bioinspiration and Biomimetics* 3 (2008): 016001. doi:10.1088/1748−3182/3/1/016001.

2. J. G. McCormick, E. G. Wever, G. Palin, and S. H. Ridgway, "Sound Conduction in the Dolphin Ear," *Journal of the Acoustical Society of America* 48 (1970): 1418−28.

3. S. Hemil., S. Nummela, and T. Reuter, "A Model of the Odontocete Middle Ear," *Hearing Research* 133 (1999): 82−97.

4. T. W. Cranford, P. Krysl, and M. Amundin, "A New Acoustic Portal into the Odontocete Ear and Vibrational Analysis of the Tympanoperiotic Complex," *PLoS One* 5 (2010): E11927. doi:10.1371/Journal.Pone.0011927.

5. W. C. Lancaster, "The Middle Ear of the Archaeoceti," *Journal of Vertebrate Paleontology* 10 (1990): 117−27. S. Nummela, J. G. M. Thewissen, S. Bajpai, S. T. Hussain, and K. Kumar, "Eocene Evolution of Whale Hearing," *Nature* 430 (2004): 776−78. S. Nummela, J. E. Kosove, T. E. Lancaster, and J. G. M. Thewissen, "Lateral Mandibular Wall Thickness in *Tursiops truncatus*: Variation Due to Sex and Age," *Marine Mammal Science* 20 (2004): 491−97. S. Nummela, J. G. M. Thewissen, S. Bajpai, S. T. Hussain, and K. Kumar, "Sound Transmission in Archaic and Modern Whales: Anatomical Adaptations for Underwater Hearing," *Anatomical Record* 290 (2007): 716−33.

6. D. M. Higgs, E. F. Brittan-Powell, D. Soares, M. J. Souza, C. E. Carr, R. J. Dooling, and A. N. Popper, "Amphibious Auditory Responses of the American Alligator (*Alligator mississippiensis*)," *Journal of Comparative Physiology* 188 (2002): 217−23.

7. R. Rado, M. Himelfarb, B. Arensburg, J. Terkel, and Z. Wollberg, "Are Seismic

Communication Signals Transmitted by Bone Conduction in the Blind Mole Rat?" *Hearing Research* 41 (1989): 23‒29.

8. Modern whales also can still hear in air—in spite of not having a functional eardrum or external auditory meatus—but their underwater hearing is much better.

9. S. Nummela, J. E. Kosove, T. Lancaster, and J. G. M. Thewissen. "Lateral Mandibular Wall Thickness in *Tursiops truncatus*: Variation Due to Sex and Age," *Marine Mammal Science* 20 (2004): 491‒97.

10. R. M. West, "Middle Eocene Large Mammal Assemblage with Tethyan Affinities, Ganda Kas Region, Pakistan," *Journal of Paleontology* 54 (1980): 508‒33. P. D. Gingerich and D. E. Russell, "*Pakicetus inachus*, a New Archaeocete (Mammalia, Cetacea)," *Contributions from the Museum of Paleontology, University of Michigan* 25 (1981): 235‒46. K. Kumar and A. Sahni, "Eocene Mammals from the Upper Subathu Group, Kashmir Himalaya, India," *Journal of Vertebrate Paleontology* 5 (1985): 153‒68. J. G. M. Thewissen and S. T. Hussain, "Systematic Review of the Pakicetidae, Early and Middle Eocene Cetacea (Mammalia) from Pakistan and India," *Bulletin of the Carnegie Museum of Natural History* 34 (1998): 220‒38.

11. S. I. Madar, "The Postcranial Skeleton of Early Eocene Pakicetid Cetaceans," *Journal of Paleontology* 81 (2007): 176‒200.

12. L. J. Roe, J. G. M. Thewissen, J. Quade, J. R. O'Neil, S. Bajpai, A. Sahni, and S. T. Hussain, "Isotopic Approaches to Understanding the Terrestrial to Marine Transition of the Earliest Cetaceans," in *The Emergence of Whales: Evolutionary Patterns in the Origin of Cetacea*, ed. J. G. M. Thewissen (New York, NY: Plenum Press, 1998), 399‒421. M. T. Clementz, A. Goswami, P. D. Gingerich, and P. L. Koch, "Isotopic Records from Early Whales and Sea Cows: Contrasting Patterns of Ecological Transition," *Journal of Vertrebrate Paleontology* 26 (2006): 355‒70.

13. M. A. O'Leary and M. D. Uhen, "The Time of Origin of Whales and the Role of Behavioral Changes in the Terrestrial-Aquatic Transition," *Paleobiology* 25 (1999): 534‒56. J. G. M. Thewissen, M. T. Clementz, J. D. Sensor, and S. Bajpai, "Evolution of Dental Wear and Diet During the Origin of Whales," *Paleobiology* 37 (2011): 655‒69.

14. P. S. Ungar, *Mammal Teeth: Origin, Evolution, and Diversity* (Baltimore, MD: Johns Hopkins Press, 2010).

15. A. D. Foote, J. Newton, S. B. Piertney, E. Willerslev, and M. T. P. Gilbert, "Ecological, Morphological, and Genetic Divergence of Sympatric North Atlantic Killer Whale Populations," *Molecular Ecology* 18 (2009): 5207‒17.

16. S. Nummela, S. T. Hussain, and J. G. M. Thewissen, "Cranial Anatomy of Pakicetidae (Cetacea, Mammalia)," *Journal of Vertebrate Paleontology* 26 (2006), 746‒59.

17. G. Dehnhardt and B. Mauck, "Mechanoreception in Secondarily Aquatic Vertebrates," in *Sensory Evolution on the Threshold: Adaptations in Secondarily Aquatic Vertebrates*, ed. J. G. M. Thewissen and S. Nummela (Berkeley, CA: University of California Press, 2008), 295‒316.

18. N. M. Gray, K. Kainec, S. Madar, L. Tomko, and S. Wolfe, "Sink or Swim? Bone Density As a Mechanism for Buoyancy Control in Early Cetaceans," *Anatomical Record* 290 (2007): 638‒53.

19. S. I. Madar, "The Postcranial Skeleton of Early Eocene Pakicetid Cetaceans," *Journal of Vertebrate Paleontology* 81 (2007): 176‒200.

20. See note 12.

21. J. G. M. Thewissen, L. N. Cooper, M. T. Clementz, S. Bajpai, and B. N. Tiwari. "Whales Originated from Aquatic Artiodactyls in the Eocene Epoch of India," *Nature* 450 (2007): 1190-95.

第 12 章　クジラ類が世界を征服する

1. M. Nikaido, A. P. Rooney, and N. Okada, "Phylogenetic Relationships among Cetartiodactyls Based on Insertions of Short and Long Interspersed Elements: Hippopotamuses Are the Closest Extant Relatives of Whales," *Proceedings of the National Academy of Sciences* 96 (1999): 10261-66.

2. J.-R. Boisserie, F. Lihoreau, and M. Brunet, "The Position of Hippopotamidae within Cetartiodactyla," *Proceedings of the National Academy of Sciences* 102 (2005): 1537-41.

3. J. G. M. Thewissen and S. Bajpai, "New Protocetid Cetaceans from the Eocene of India," *Palaeontologia Electronica* (in review).

4. Paleobiology Database, http://fossilworks.org/?a=home.

5. A. Sahni and V. P. Mishra, "Lower Tertiary Vertebrates from Western India," *Monograph of the Palaeontological Society of India* 3 (1975): 1-48. P. D. Gingerich, M. Arif, M. A. Bhatti, M. Anwar, and W. J. Sanders, "*Protosiren* and *Babiacetus* (Mammalia, Sirenia and Cetacea) from the Middle Eocene Drazinda Formation, Sulaiman Range, Punjab (Pakistan)," *Contributions from the Museum of Paleontology, University of Michigan* 29 (1995): 331-57. P. D. Gingerich, M. Arif, and W. C. Clyde, "New Archaeocetes (Mammalia, Cetacea) from the Middle Eocene Domanda Formation of the Sulaiman Range, Punjab (Pakistan)," *Contributions from the Museum of Paleontology, University of Michigan* 29 (1995): 291-330. P. D. Gingerich, M. Haq, I. S. Zalmout, I. H. Khan, and M. S. Malkani, "Origin of Whales from Early Artiodactyls: Hands and Feet of Eocene Protocetidae from Pakistan," *Science* 293 (2001): 2239-42. P. D. Gingerich, M. ul-Haq, W. v. Koenigswald, W. J. Sanders, B. H. Smith, and I. S. Zalmout, "New Protocetid Whale from the Middle Eocene of Pakistan: Birth on Land, Precocial Development, and Sexual Dimorphism," PLoS One 4 (2009): e4366, doi:10.1371/journal.pone.0004366.

6. E. M. Williams, "Synopsis of the Earliest Cetaceans: Pakicetidae, Ambulocetidae, Remingtonocetidae, and Protocetidae," in *Emergence of Whales: Evolutionary Patterns in the Origin of Cetacea*, ed. J. G. M. Thewissen (New York: Plenum Press, 1988), 1-28. G. Bianucci and P. D. Gingerich, "*Aegyptocetus tarfa* n. gen. et sp. (Mammalia, Cetacea), from the Middle Eocene of Egypt: Clinorhynchy, Olfaction, and Hearing in a Protocetid Whale," *Journal of Vertebrate Paleontology* 31 (2011): 1173-88. P. D. Gingerich, "Cetacea," in *Cenozoic Mammals of Africa*, ed. L. Werdelin and W. J. Sanders (Berkeley: University of California Press, 2010), 873-99.

7. R. C. Hulbert, Jr., R. M. Petkewich, G. A. Bishop, D. Bukry, and D. P. Aleshire, "A New Middle Eocene Protocetid Whale (Mammalia: Cetacea: Archaeoceti) and Associated Biota from Georgia," *Journal of Paleontology* 72 (1998): 907-26. J. H. Geisler, A. E. Sanders, and Z.-X. Luo, "A New Protocetid Whale (Cetacea: Archaeoceti) from the Late Middle Eocene of South Carolina," *American Museum Novitates* 3480 (2005): 1-65. S. A. McLeod and L. G.

ノート　279

Barnes, "A New Genus and Species of Eocene Protocetid Archaeocete Whale (Mammalia, Cetacea) from the Atlantic Coastal Plain," *Science Series, Natural History Museum of Los Angeles County* 41 (2008): 73–98. M. D. Uhen, "New Specimens of Protocetidae (Mammalia, Cetacea) from New Jersey and South Carolina," *Journal of Vertebrate Paleontology* 34 (2013): 211–19.

8. M. D. Uhen, N. D. Pyenson, T. J. Devries, M. Urbina, and P. R. Renne, "New Middle Eocene Whales from the Pisco Basin of Peru," *Journal of Paleontology* 85 (2011): 955–69.

9. M. T. Clementz, A. Goswami, P. D. Gingerich, and P. L. Koch, "Isotopic Records from Early Whales and Sea Cows: Contrasting Patterns of Ecological Transition," *Journal of Vertebrate Paleontology* 26 (2006): 355–70.

10. See figure 50.

11. S. Bajpai and J. G. M. Thewissen, 1998, "Middle Eocene Cetaceans from the Harudi and Subathu Formations of India," in *Emergence of Whales: Evolutionary Patterns in the Origin of Cetacea*, ed. J. G. M. Thewissen (New York: Plenum Press, 1988), 213–33.

12. P. D. Gingerich, M. ul-Haq, I. H. Khan, and I. S. Zalmout, "Eocene Stratigraphy and Archaeocete Whales (Mammalia, Cetacea) of Drug Lahar in the Eastern Sulaiman Range, Balochistan (Pakistan)," *Contributions from the Museum of Paleontology, University of Michigan* 30 (2001): 269–319.

13. P. D. Gingerich, I. S. Zalmout, M. ul-Haq, and M. A. Bhatti, "*Makaracetus bidens*, a New Protocetid Archaeocete (Mammalia, Cetacea) from the Early Middle Eocene of Balochistan (Pakistan)," *Contributions from the Museum of Paleontology, University of Michigan* 31 (2005): 197–210.

14. J. G. M. Thewissen, J. C. George, C. Rosa, and T. Kishida, "Olfaction and Brain Size in the Bowhead Whale (*Balaena mysticetus*)," *Marine Mammal Science* 27 (2011): 282–94.

15. H. H. A. Oelschl.ger and J. S. Oelschl.ger, "Brain," in *Encyclopedia of Marine Mammals* (1st ed.), ed. W. F. Perrin, B. Würsig, and J. G. M. Thewissen (San Diego, CA: Academic Press, 2002), 133–58.

16. S. J. Godfrey, J. Geisler, and E. M. G. Fitzgerald, "On the Olfactory Anatomy in an Archaic Whale (Protocetidae, Cetacea) and the Minke Whale *Balaenoptera acutorostrata* (Balaenopteridae, Cetacea)," *Anatomical Record* 296 (2013): 257–72.

17. T. Edinger, "Hearing and Smell in Cetacean History," *Monatschrift für Psychiatrie und Neurologie* 129 (1955): 37–58.

18. P. A. Brennan and F. Zufall, "Pheromonal Communication in Vertebrates," *Nature* 444 (2006): 308–15.

19. J. Henderson, R. Altieri, and D. Müller-Schwarze, "The Annual Cycle of Flehmen in Black-Tailed Deer (*Odocoileus hemionis columbianus*)," *Journal of Chemical Ecology* 6 (1980): 537–57.

20. J. E. King, *Seals of the World* (New York: Cornell University Press, 1983).

21. R. A. Dart, "The Brain of the Zeuglodontidae (Cetacea)," *Proceedings of the Zoological Society, London* 42 (1923): 615–54.

22. S. Bajpai, J. G. M. Thewissen, and A. Sahni. "*Indocetus* (Cetacea, Mammalia) Endocasts from Kachchh (India)," *Journal of Vertebrate Paleontology* 16 (1996): 582–84

23. H. J. Jerison, *Evolution of the Brain and Intelligence* (New York: Academic Press, 1973).

24. L. Marino, "Cetacean Brain Evolution: Multiplication Generates Complexity," *International Journal of Comparative Psychology* 17 (2004): 1-16.

25. In sea lions, which swim with their forelimbs, the longest finger is 1.7 times as long as the first part of the limb (the humerus). In seals, which swim with their hind limb, the longest toe/femur ratio is 2.4. In *Ambulocetus*, this ratio is 1.1, and in the protocetids *Rodhocetus* and *Maiacetus* it is 0.95 and 0.79, respectively. The small foot of the protocetids suggests that it is less involved in propulsion than that of ambulocetids.

26. A. W. English. "Limb Movements and Locomotor Function in the California Sea Lion (Zalophus californianus)," *Journal of the Zoological Society of London* 178 (1976): 341-64.

27. P. D. Gingerich, "Land-to-Sea Transition of Early Whales: Evolution of Eocene Archaeoceti (Cetacea) in Relation to Skeletal Proportions and Locomotion of Living Semiaquatic Mammals," *Paleobiology* 29 (2003): 429-54.

28. M. D. Uhen, "Form, Function, and Anatomy of *Dorudon atrox* (Mammalia, Cetacea): An Archaeocete from the Middle to Late Eocene of Egypt," *University of Michigan, Papers on Paleontology* 34 (2004): 1-222.

29. V. de Buffr.nil, A. de Ricql.s, C. E. Ray, and D. P. Domning, "Bone Histology of the Ribs of the Archaeocetes (Mammalia, Cetacea)," *Journal of Vertebrate Paleontology* 10 (1990): 455-66.

30. Y. Narita and S. Kuratani, "Evolution of the Vertebral Formulae in Mammals: A Perspective on Developmental Constraints," *Journal of Experimental Zoology B: Molecular and Developmental Evolution* 15 (2005): 91-106.

31. J. G. M. Thewissen, L. N. Cooper, and R. R. Behringer, "Developmental Biology Enriches Paleontology," *Journal of Vertebrate Paleontology* 32 (2012): 1224-34.

32. E. M. Williams, "Synopsis of the Earliest Cetaceans: Pakicetidae, Ambulocetidae, Remingtonocetidae, and Protocetidae," in *Emergence of Whales: Evolutionary Patterns in the Origin of Cetacea*, ed. J. G. M. Thewissen (New York: Plenum Press, 1988), 1-28.

33. P. D. Gingerich, M. ul-Haq, W. v. Koenigswald, W. J. Sanders, B. H. Smith, and I. S. Zalmout, "New Protocetid Whale from the Middle Eocene of Pakistan: Birth on Land, Precocial Development, and Sexual Dimorphism, *PLoS One* 4 (2009): e4366, doi:10.1371/journal.pone.0004366.

34. E. Fraas, "Neue Zeuglodonten aus dem unteren Mitteleoz.n von Mokattam bei Cairo," *Geologische und Paläontologische Abhandlungen* 6 (1904): 199-220.

第13章 胚から進化学へ

1. This hunt was exposed, years later, in the Academy Award-winning movie *The Cove*.

2. Reviewed in L. Bejder and B. K. Hall, "Limbs in Whales and Limblessness in Other Vertebrates: Mechanisms of Evolutionary and Developmental Transformation and Loss," *Evolution and Development* 4 (2002): 445-58.

3. R. C. Andrews, "A Remarkable Case of External Hind Limbs in a Humpback Whale," *American Museum Novitates* 9 (1921): 1-6.

4. At the time of writing, Haruka was alive, but the dolphin died in April, 2013.

5. R. O'Rahilly and F. Müller, *Developmental Stages in Human Embryos* (Washington, DC:

Carnegie Institute of Washington, 1987).

6. Proteins often have remarkably inappropriate, cumbersome, or silly names, so in publications they are usually just referred to by a letter-number combination such as this one.

7. J.-D. B.nazet and R. Zeller, "Vertebrate Limb Development: Moving from Classical Morphogen Gradients to an Integrated 4-dimensional Patterning System," *Cold Spring Harbor Perspectives on Biology* 1(2009): a001339.

8. B. D. Harfe, P. J. Scherz, S. Nissin, H. Tiam, A. P. McMahon, and C. J. Tabin, "Evidence for an Expansion-Based Temporal SHH Gradient in Specifying Vertebrate Digit Identities," *Cell* 118 (2004): 517-28.

9. L. N. Cooper, A. Berta, S. D. Dawson, and J. S. Reidenberg, "Evolution of Hyperphalangy and Digit Reduction in the Cetacean Manus," *Anatomical Record* 290 (2007): 654-72.

10. W. Kükenthal, "Vergleichend anatomische und entwicklungsgeschichtliche Untersuchungen an Waltieren," *Denkschrifte der Medizinische-Naturwissenschaftliche Gesellschaft, Jena* 75 (1893): 1-448.

11. G. Guldberg and F. Nansen, *On the Development and Structure of the Whale, Part 1: On the Development of the Dolphin* (Bergen, Norway: J. Grieg, 1894).

12. W. Kükenthal, "Ueber Rudimente von Hinterflosse bei Embryonen von Walen," *Anatomischer Anzeiger* (1895): 534-37.

13. E. Bresslau, *The Mammary Apparatus of the Mammalia in the Light of Ontogenesis and Phylogenesis* (London: Methuen, 1920).

14. G. Guldberg, "Neue Untersuchungen über die Rudimente von Hinterflossen und die Milchdrüsenanlage bei jungen Delphinenembryonen," *Internationales Monatschrift für Anatomie und Physiologie* 4 (1899): 301-20.

15. M. S. Anderssen, "Studier over mammarorganernes utvikling hos *Phocaena communis*," *Bergens Museum Aarbok, Naturvidensk. R.* 3 (1917-1918): 1-45. http://www.biodiversitylibrary.org/item/130733#page/

16. J. G. M. Thewissen, M. J. Cohn, L. S. Stevens, S. Bajpai, J. Heyning, and W. E. Horton, Jr., "Developmental Basis for Hind-Limb Loss in Dolphins and the Origin of the Cetacean Bodyplan," *Proceedings of the National Academy of Sciences* 103 (2007): 8414-18.

17. M. D. Shapiro, J. Hanken, and N. Rosenthal, "Developmental Basis of Evolutionary Digit Loss in the Australian Lizard *Hemiergis*," *Journal of Experimental Zoology* 297 (2003): 48-57.

18. H. Ito, K. Koizumi, H. Ichishima, S. Uchida, K. Hayashi, K. Ueda, Y. Uezu, , H. Shirouzu, T. Kirihata, M. Yoshioka, S. Ohsumi, and H. Kato, "Inner Structure of the Fin-Shaped Hind Limbs of a Bottlenose Dolphin (*Tursiops truncatus*)," *Abstracts, Biennial Conference on the Biology of Marine Mammals, Tampa, Florida* (2011), 142.

第 14 章　クジラ類以前

1. J. H. Geisler and M. D. Uhen, "Morphological Support for a Close Relationship between Hippos and Whales," *Journal of Vertebrate Paleontology* 23 (2003): 991-96.

2. A. Ranga Rao, "New Mammals from Murree (Kalakot Zone) of the Himalayan Foot Hills Near Kalakot, Jammu & Kashmir State, India," *Journal of the Geological Society of India* 12 (1971): 125-34. A. Ranga Rao, "Further Studies on the Vertebrate Fauna of Kalakot,

India," *Directorate of Geology, Oil and Natural Gas Commission, Dehradun, Special Paper* 1 (1972): 1-22.

3. J. G. M. Thewissen, L. N. Cooper, M. T. Clementz, S. Bajpai, and B. N. Tiwari, "Whales Originated from Aquatic Artiodactyls in the Eocene Epoch of India," *Nature* 450 (2007): 1190-94.

4. A. Sahni and S. K. Khare, "Three New Eocene Mammals from Rajauri District, Jammu and Kashmir," *Journal of the Paleontological Society of India*, 16 (1971): 41-53. A. Sahni and S. K. Khare, "Additional Eocene Mammals from the Subathu Formation of Jammu and Kashmir," *Journal of the Palaeontological Society of India* 17 (1973): 31-49. J. G. M. Thewissen, E. M. Williams, and S. T. Hussain, "Eocene Mammal Faunas from Northern Indo-Pakistan," *Journal of Vertebrate Paleontology* 21 (2001): 347-66.

5. J. H. Geisler and J. M. Theodor, "Hippopotamus and Whale Phylogeny," *Nature* 458 (2009): 1-4. J. Gatesy, J. H. Geisler, J. Chang, C. Buell, A. Berta, R. W. Meredith, M. S. Springer, and M. R. McGowen, "Phylogenetic Blueprint for a Modern Whale," *Molecular Phylogeny and Evolution* 66 (2013): 479-506.

6. M. Spaulding, M. A. O'Leary, and J. Gatesy, "Relationships of Cetacea (Artiodactyla) among Mammals: Increased Taxon Sampling Alters Interpretations of Key Fossils and Character Evolution," *Plos One* 4 (2009): E7062.

7. J. Gatesy, J. H. Geisler, J. Chang, C. Buell, A. Berta, R. W. Meredith, M. S. Springer, and M R. McGowen (2013) "A phylogenetic blueprint for a modern whale." *Molecular phylogenetics and evolution* 66:479-506.

8. See note 3.

9. L. N. Cooper, J. G. M. Thewissen, S. Bajpai, and B. N. Tiwari, "Postcranial Morphology and Locomotion of the Eocene Raoellid *Indohyus* (Artiodactyla: Mammalia)," *Historical Biology* 24 (2011): 279-310. http://dx.doi.org/10.1080/08912963.2011.624184.

10. G. Dubost, "Un aper.u sur l'.cologie du chevrotain africain *Hyemoschus aquaticus* Ogilby, Artiodactyle Tragulide," *Mammalia* 42 (1978): 1-62. E. Meijaard, U. Umilaela, and G. deSilva Wijeyeratne, "Aquatic Escape Behavior in Mouse-Deer Provides Insights into Tragulid Evolution," *Mammalian Biology* 2009: 1-3.

第15章　これからの課題

1. A. S. Tucker and P. Sharpe, "The Cutting-Edge of Mammalian Development: How the Embryo Makes Teeth," *Nature Reviews, Genetics* 5 (2004): 499-508.

2. J. T. Streelman and R. C. Albertson, "Evolution of Novelty in the Cichlid Dentition," *Journal of Experimental Zoology Part B: Molecular and Developmental Evolution* 306 (2006): 216-26. G. J. Fraser, R. F. Bloomquist, and J. T. Streelman, "A Periodic Pattern Generator for Dental Diversity," *BMC Biology* 6 (2008): 32. doi:10.1186/1741-7007-6-32.

3. P. M. Munne, S. Felszeghy, M. Jussila, M. Suomalainen, I. Thesleff, and J. Jernvall, "Splitting Placodes: Effects of Bone Morphogenetic Protein and Activin on the Patterning and Identity of Mouse Incisors," *Evolution and Development* 12 (2010): 383-92.

4. B. A. Armfield, Z. Zheng, S. Bajpai, C. J. Vinyard, and J. G. M. Thewissen, "Development and Evolution of the Unique Cetacean Dentition," *PeerJ* 1 (2013): E24. doi:10.7717/peerj.24.

5. See note 4.

6. K. Karlsen, "Development of Tooth Germs and Adjacent Structures in the Whalebone Whale (*Balaenoptera physalus* L.) with a Contribution to the Theories of the Mammalian Tooth Development," *Hvalradets Skrifter Norske Videnskaps-Akademi Olso* 45 (1962): 1–56.

7. M. C. V. Dissel-Scherft and W. Vervoort, "Development of the Teeth in Fetal *Balaenoptera physalus* (L.) (Cetacea, Mystacoceti)," *Proceedings of the Koninklijke Nederlandse Akademie Der Wetenschappen, Serie C* 57 (1954): 196–210.

8. H. Ishikawa and H. Amasaki, "Development and Physiological Degradation of Tooth Buds and Development of Rudiment of Baleen Plate in Southern Minke Whale, *Balaenoptera acutorostrata*," *Journal of Veterinary Medical Science* 57 (1995): 665–70. H. Ishikawa, H. Amasaki, A. Dohguchi, A. Furuya, and K. Suzuki, "Immunohistological Distributions of Fibronectin, Tenascin, Type I, III and IV Collagens, and Laminin during Tooth Development and Degeneration in Fetuses of Minke Whale, *Balaenoptera acutorostrata*," *Journal of Veterinary Medical Science* 61 (1999): 227–32.

9. T. A. Dem.r., M. R. McGowen, A. Berta, and J. Gatesy, "Morphological and Molecular Evidence for a Stepwise Evolutionary Transition from Teeth to Baleen in Mysticete Whales," *Systematic Biology* 57 (2008): 15–37.

訳者あとがき

　日本は地理的にはアジア大陸の東側に位置し，周りが海洋の島々からなっています．そのため沿岸部の人々は縄文時代から近世に至ってずっと，捕鯨によって肉，脂皮，内臓などを食料にし，また，骨，歯，鬚などを材料にして，伝統的な細工物を多様に作ってきました．まさしく海に取り囲まれた日本の風土において，クジラ類は人々にとって古来かなり親しみやすい動物だったといえましょう．そして，昭和になって近代産業の花形として母船式遠距離捕鯨が行われるようになり，第二次大戦で中断したものの1950年代には，日本は世界最大の捕鯨国になりました．特に南氷洋を中心にして多量のクジラが捕獲され，私が小学生の頃は学校給食でも鯨肉が盛んに出されたものです．しかし，過剰捕獲によって大型クジラ類が非常に減少したため，国際的に保護すべき動物として位置づけられ，そして商業捕獲が停止されました．現在では調査捕鯨と沿岸域の小型捕鯨が小規模に行われるのみです．

　そんな歴史を経て現在の日本では，人々とクジラ類との接点は，なんといってもイルカショー見物，クジラ・ウォッチングといった観光でしょう．私自身も北海道知床半島の羅臼沖でのマッコウクジラ，小笠原父島二見湾でのイルカの群れ，沖縄本部半島にある沖縄美ら海水族館，そして和歌山県の太地町立マリンパーク，東京都のアクアパーク品川　などを巡って，クジラ・イルカ類のすばらしさに多いに感動したものです．

　本書を訳したいと思った動機は上記のようなクジラ類への関心もありますが，私たちヒトと同じ哺乳類ながら，大きく海へ進出したクジラ類の“進化の謎”の解明に対して，真っ向から取り組んでいる著者Thewissenの姿勢に深く感動したからです．本書の魅力はなんといっても，著者自身のパキスタン・インドへの化石探検そして多彩な研究交流の記述にあります．そして，クジラ類がたどった進化の経緯に関して，化石，骨格，聴覚，視覚，胚発生，分子系統，運動機能などの多様な側面から調べた研究例を多数紹介しています．それらは学問としては古生物学，解剖学，発生学，分子生物学，運動生理学などの範疇にあります．本書ではそのような学問での研究技法を，具体的にどのように用い

ているのかを丁寧に解説しています．例えば，化石中の酸素元素の安定同位体を測定することで，淡水生か海水生だったかを判別する，骨の形態と骨格構造から運動能力を推定する，胚の染色切片を作り調節遺伝子の発現を調べることから後肢の退化を説明する，染色体上のレトロポゾンのありかたから偶蹄類とクジラ類との系統関係を推定する，などがあります．著者によるパキスタンでのクジラ初期化石の発見も大変素晴らしいことですが，上記のようなものはまさしく先端的な技術を使った研究といえましょう．

　自然科学に関する本はともすれば退屈になりがちですが，本書においては著者が行った海外での化石探検，実験室での臨場感あふれる研究状況，そして各方面の研究史の豊富なエピソードを含めて，それらを見事に語っています．そのエピソードの中には，顕著な研究成果をあげた日本の研究者を訪問したことがらもいくつか含まれていて，大変興味深いものとなっています．

　クジラ類の5000万年前の祖先は，今日の熱帯森林にすむマメジカに似た植食性の小さな偶蹄類であり，それが当時の熱帯だったテチス海の沿岸から海洋へと生活圏を大きく広げました．そして，魚食あるいは動物プランクトン食者となり，800万年間という比較的短期間で大型のハクジラ類とヒゲクジラ類などへと進化したというストーリーは，全体としてとても説得力のあるものといえましょう．

　本書には種々の学問の専門用語が多数使われていますが，日頃，そのような学問に親しくない人でも，とても丁寧に記述されていますので，ゆっくりと読めば，容易にそれらの意味するところが分かるでしょう．このようなことから，本書は現代生物科学の入門書としても多いに役に立つと思われます．なお，米国アマゾンの本書に関するカスタマーレビューでは数十の書評が寄せられていて，ごく一部の反進化論者を除いて大変な高評価となっています．

　現在，フェイスブックで著者が発信している記事や写真・動画，また勤務している医科大学でのホームページの記事を見ると，アラスカに毎年のように出かけホッキョククジラなどを調べていて依然として血気盛んなようです．私は著者に頼んで日本の読者へのメッセージを送っていただきました．それからも大学人としての彼がとくに若い人たちに持っている期待感を十分に読み取ることができましょう．訳者としても，世界中でもとくにクジラ類に関心が深い日本において，本書が広く読まれることをとても期待しています．

最後に，本書の日本語版を作成するにあたって尽力された東海大学出版部の稲英史さんと翻訳をお手伝いいただいた本郷尚子さんに深く感謝いたします．

2018 年 1 月 31 日　東京にて，
3 年ぶりの皆既月食（35 年ぶりのスーパー・
ブルー・ブラッドムーン）の夜に
訳者

索 引

事 項

あ
厚い皮層（cortical layer） 191
鐙骨（stape） 9, 175, 図3, 図41
安定同位体 149
アンブロケタス科のクジラ類 73-82
　摂餌と食性 76
　視覚と聴覚 78-79
　歩行と遊泳 80
　生息地と生活史 81
　進化 82

い
異形歯（heterodont） 図67
異形歯性（heterodonty） 29, 図67
イルカ類の胚 228
陰茎海綿体 図15
インドヒウス 249-256
　摂餌と食性 253-254
　視覚と聴覚 254-255
　歩行と遊泳 255
　生息地と生態 255-256
インボルクラム（involucrum） 8, 図2, 図41,
　図43

う
後ろの歯（タロニド） 76

え
AER 222, 223, 図57
エコロケーション（反響定位） 177, 178,
　図42
SHH 223, 図57
S字形のシグモイド突起（S字状突起） 8
FGF8 222, 261, 262, 図57
エンドキャスト（頭蓋内鋳型） 32, 33, 209

お
オステオスクレロシス（osteosclerosis） 34
オステオスクレロティック（osteosclerotic）
　50
音受容メカニズム 181
尾びれ（fluke） 35
温室状態 図16

か
カーネギー発生段階 図58
外耳道 図41, 図43
外胚葉性頂堤（AER） 222, 図60
外皮（crust） 200
怪網（retina mirabilia） 33, 209
海洋地殻 87
海緑石（glauconite） 51
下顎顆（mandibular condyle） 181, 254, 図25
下顎臼歯 図34
下顎結合部 図25
下顎孔（mandibular foramen） 78, 図25, 図
　41, 図42, 図43
下顎骨 図43
科学的捕鯨（調査捕鯨） 218, 233
下顎壁 図41
顎癒合部 141
硬い礫岩（conglomerate） 52
滑車（trochlea） 図39
滑膜関節（synovial joint） 38
可動関節 図15
眼窩（eye sockets） 163, 図52
感覚器官（パキケタス科） 188-189
眼窩上隆起（supraorbital process） 78, 203
眼窩棚（supraorbital shelf） 32
眼窩領域（両眼間の領域） 189
寛骨臼 図15
間充織 223, 図60

索引　**289**

岩流圏（astenosphere）　88

き

砧骨（incus）　9, 175, 図3, 図41, 図44
吸引採餌　図49
嗅覚索（olfactory tract）　207
嗅覚と味覚　207
臼歯　29, 図11, 図47
暁新世　図16
胸椎　211, 図12
極性化活性帯（ZPA）　223
距骨　167
距骨形質　168
距骨頭（astragalar head）　167

く

クルダナ累層（Kuldana Formation）　51, 図17
クレスト（矢上隆起）（sagittal crest）　31

け

頸骨　図15
脛骨近位端（proximal tibia）　55
形質マトリックス（character matrix）　167
頸椎　211, 図12
系統関係　図37
犬歯　29, 図11, 図47

こ

口蓋　76, 208
硬口蓋（口蓋の骨の部分）　76
咬合面　図47
後肢　図59, 図60
後肢の肢芽　図58, 図60
更新世　図16
喉頭　78
咬頭　253, 図11, 図34
喉頭蓋　77, 図24
呼吸と嚥下（レミントノケタス科）　141-142
国際捕鯨委員会（IWC）　217, 218, 264
鼓室腔　8
鼓室骨（tympanic bone）　7, 8, 9, 175, 図43
鼓室板（tympanic plate）　7, 図2, 図41, 図42, 図43, 図44
鼓室輪　図43
骨硬化（オステオスクレロシス）　191
骨伝導　180
骨頭部　図39
骨盤（寛骨）　図14, 図18, 図59
コハット累層　図17
鼓膜　図41, 図43, 図44

さ

最節約分岐図　168
臍帯　図58, 図60
SINE　197-199
座骨　191
砂州　117
三畳紀　図16
酸処理　9
^{16}O　149, 255
^{18}O　149, 255
酸素同位体　255
酸素同位体値　図36

し

CTスキャン　218
視覚，嗅覚，聴覚
　（バシロサウルス科）　32
　（アンブロケタス科）　78-79
　（レミントノケタス科）　143-144
　（プロトケタス科）　208-209
　（インドヒウス）　254-255
歯冠　図47, 図48
趾行性（digitigrady）　191, 255
指骨　37, 図13
歯式　29
耳小骨　9, 図41, 図43
矢状縫合　142
始新世　53, 74, 135, 140, 図16
『自然大綱』（System of Nature）　17
膝蓋骨（膝頭）　39
歯肉　図49
篩板　図35
脂肪体　181, 図42
姉妹群　168

手根骨　図13
出縁（flange）　202
『種の起原』　18
ジュラ紀　図16
上顎臼歯　図34
小臼歯　29, 図11, 図47
上皮組織　図60
上腕　図18
鋤鼻器官　208
歯列　図11
進化
　（バシロサウルス科）　42-43
　（アンブロケタス科）　82
新生代　図16

す
錐体　176, 図35
水中翼　69

せ
生息地と生活史
　（バシロサウルス科）　39-42
　（アンブロケタス科）　81
　（レミントノケタス科）　144
　（プロトケタス科）　211-212
生息地と生態
　（パキケタス科）　192-193
　（インドヒウス）　255-256
成長板（骨端軟骨）　80
舌骨（hyoid）　77, 図18, 図24
切歯（門歯）　29, 図11, 図47
切歯孔（incisive foramen）　208
摂餌と食性
　（バシロサウルス科）　29-31
　（アンブロケタス科）　76
　（レミントノケタス科）　137-141
　（パキケタス科）　184-188
　（プロトケタス科）　206
　（インドヒウス）　253-254
ZPA　223, 図57
前額部　図42
仙骨　211, 図14, 図18
仙骨椎骨（sacral vertebrae）　211

前肢　図59
前肢の肢芽　図60
鮮新世　図16
漸新世　図16

た
第1椎骨（第1頸椎）　165
胎児　図59, 図61
大腿遠位（distal femur）　55
大腿骨　図14, 図18
太地町立くじらの博物館　218
大陸地殻　87
大陸漂移説　88
多歯性　263
短脚（crus breve）　11, 図43
炭素安定同位体（^{12}C, ^{13}C）　167

ち
地球の断面図　図27
恥骨結合　38
地質断面図　図17
地質年代区分　図16
中央翼状突起　141
中耳腔　図35, 図41
中耳壁　図41
中手骨（metcarpals）　37, 図13
中新世　図16
中生代　図16
中足骨　図15
聴覚　175, 179
長脚（crus longum）　11, 図43
チョウグリ累層（Chorgli Formation）　249
腸骨　191
調節遺伝子（regulatory gene）　232
頂端で身についている（worn apically）　206

つ
椎骨　34, 図18
椎体（centrum）　19
槌骨（malleus）　9, 175, 図3, 図41, 図44

て
手（supinate）　80

索引　**291**

DNA データ　　197

と
洞（sinues）　　181
同位体　　150
同位体地球科学　　149
頭蓋腔　　33, 176, 図35
頭蓋骨（braincase）　　7, 図18, 図35, 図51
同形歯（homodont）　　図67
同形歯性（homodonty）　　29, 図67
動物学命名法（Zoological Nomenclature）
　　20, 27
『動物誌』（*Historia Animalium*）　　15

な
内耳　　図41
ナレジ累層　　111, 図28
軟口蓋　　76, 77, 図24
軟骨片（cartilage）　　77

に
日本鯨類研究所　　233
乳頭　　図58
尿道海綿体　　図15

の
脳
　　（バシロサウルス科）　　31-32
　　（プロトケタス科）　　209-210
脳回欠損（lissencephay）　　209
脳と嗅覚
　　（レミントノケタス科）　　142-143
脳発達指数（encephalization quotient：EQ）
　　33
のみ下すこと（swallowing）　　76

は
ハーレム　　41
胚　　図60
背腹のくねり（dorsoventral undulation）　　72
パキオステオスクレロティック（pachyosteo-
　　sclerotic）　　50
パキオストシス（pachyostosis）　　34

パキオストティック（厚い強皮）　　201
パキオストティック（pachyostotic）　　50, 211
パキケタス科のクジラ類　　182-192
　　摂餌と食物　　184-188
　　感覚器官　　188-189
　　歩行と遊泳　　191-192
　　生息地と生態　　192-193
パキスタン，パンジャブ州　　3, 161
白亜紀　　図16
『白鯨』（*Moby Dick*）　　17
バシロサウルス科のクジラ類　　25-43
　　摂餌と食性　　29-31
　　脳　　31-32
　　視覚，嗅覚，聴覚　　32-34
　　歩行と遊泳　　34-39
　　生息地と生活史　　39-42
　　進化　　42-43
パドリング（交互に水をかく）　　67
鼻に向かう神経（cranial nerve）　　142
歯の噛み合わせ　　185
歯の発生　　261
“はるか”　　220, 221, 223, 229, 230, 232, 234
ハルジ累層　　111, 図28
反復配列　　197

ひ
BMP4　　261, 262
鼻咽頭管　　76, 77
低い部分と高い部分（タロニドとトリゴニド）
　　184
鼻腔　　図35
ひげ　　263
尾椎　　図12
鼻道　　図42
尾部オシレーション　　69, 211
尾部オシレーター　　72
尾部くねり（caudal undulation）　　72
尾柄（peduncle）　　35
氷河期　　図16
氷冠　　図16

ふ
フェロモン　　208

292

ブラ（bulla）　図2
フランキング配列（flanking sequences）　198
フルラ累層　200
プレート　87
プレート・テクトニクス　87
プロトケタス科のクジラ類　203-211
　摂餌と食性　206-207
　視覚と聴覚　208-209
　脳　209-210
　歩行と遊泳　210-211
　生息地と生活史　211-212
分岐学的解析　167
噴気孔（blowhole）　8
分岐図　図37, 図40, 図43, 図52, 図67

へ
ペニス　図15, 図58

ほ
歩行と遊泳
　（バシロサウルス科）　34-39
　（アンブロケタス科）　80
　（レミントノケタス科）　144
　（パキケタス科）　191-192
　（プロトケタス科）　210-211
　（インドヒウス）　255
哺乳類の泳ぎ方　71

ま
前の歯（トリゴニド）　76
まびさし出縁（visor flange）　202
摩滅（attrition）　185, 図48, 図50
磨耗（abrasion）　184, 図48

む
胸びれ（flipper）　37
ムリー累層（Murree Formation）　51

め
メロン体　図42

や
ヤコブソン器官　208

ゆ
融合した結合（fused symphysis）　141
融合しない結合（unfused symphysis）　141
指　37

よ
腰椎　211, 図12
腰部オシレーション　210
腰部オシレーター（pelvic oscillator）　69
腰部パドラー（pelvic paddler）　144
腰部パドル　70, 72

ら
LINE　198
卵形窓　175

れ
レミントノケタス科のクジラ類　136-143
　摂餌と食性　137-141
　呼吸と嚥下　141-142
　脳と嗅覚　142-143
　視覚と聴覚　143-144
　歩行と遊泳　144
　生息地と生活史　144

ろ
肋骨　図18

わ
ワンダーネット（retina mirabilia）　33

索引　**293**

動物名

欧文

Ambulocetus natans 62, 63, 73, 75
Andrewsiphius sloani 113
Basilosaurus cetoides 21
Delphinus communis 20
Homo sapiens 20
Kutchicetus minimus 134, 135, 139
Protocetus atavus 212
Remingtonocetus harudiensis 113

ア行

アザラシ 210
アザラシ類（Phocidae） 67, 69
アシカ類 69
アトッキケタス（*Attockicetus*） 137
アリゲーター 図67
アルティオケタス（*Artiocetus*） 203
アンソラコブ亜科（anthracobunids） 55, 61, 166, 192
アンドリュージフィウス（*Andrewsiphius*） 121, 137, 139, 143
アンブロケタス 39, 60, 67, 72, 73–82, 74, 78, 79, 157, 168, 170, 181, 図39
アンブロケタス科 208, 図43
アンブロケタス類 74, 図41, 図52
イクチオレステス（*Ichthyolestes*） 95, 182
イタチ科 70
イヌ 39, 78, 図39
イルカ 36, 78, 79
　大洋性の 図36
インドケタス（*Indocetus*） 203
インドヒウス 247, 249, 254, 255, 図37, 図39, 図48, 図52, 図63, 図64, 図65
インドワニ（ガビアル） 137
ウシ 199
エイティオケタス（*Aeticetus*） 205
エオケタス（*Eocetus*） 205
オオカワウソ（*Pteronura*） 144, 210
オオカワウソ（*Pteronura brasiliensis*） 70

カ行

カイギュウ類 61, 121
化石クジラ類 図37
カバ 199
ガビアケタス（*Gaviacetus*） 203
カロダケタス（*Kharodacetus*） 203
カロリナケタス（*Carolinacetus*） 205
カワイルカ 図36
カワウソ類 70
ガンダカシア（*Gandakasia*） 73
キルサリア（*Khirtharia*） 161, 162
クィスラケタス（*Qaisracetus*） 203
偶蹄類（artiodactyl） 82, 253, 図37, 図40, 図41
クジラ目（Cetacea） 15
クジラ類 61, 69
　現生の―― 図36
　始新世の―― 図36
クッチケタス（*Kutchicetus*） 72, 134, 137, 139, 141, 143, 144
クレナトケタス（*Crenatocetus*） 205

サ行

サガケタス（*Saghacetus*） 41
シカ 79
シャチ 154, 187
ジュゴン 36
ジュゴン類 69
ジョージアケタス（*Georgiacetus*） 205
シロイルカ 187, 図49
セミクジラ 37
ゾウ類 61

タ行

タクラケタス（*Takracetus*） 203
ダラニステス（*Dalanistes*） 137, 139
タルパ 30
ツチクジラ（*Berardius*） 217
デダケタス（*Dhedacetus*） 203
トガリネズミ 図67
ドルドン 30, 37, 72, 79

ドルドン亜科（Dorudontinae）　27, 41

ナ行

ナラケタス（*Nalacetus*）　182
ネズミイルカ　78
ネズミジカ　256
ノキトキア（*Nachitochia*）　205

ハ行

パキケタス（*Pakicetus*）　7, 15, 53, 79, 188,
　211, 図38, 図39, 図40, 図45, 図48
パキケタス科　10, 166, 168, 178, 180-192,
　208, 図43
パキケタス類　74, 図41, 図52
ハクジラ類（Odontoceti）　10, 15, 図41, 図
　43, 図52
バシロサウルス（*Basilosaurus*）　19, 29, 31,
　32, 34-43, 39, 73
バシロサウルス亜科（Basilosaurinae）　27
バシロサウルス科　10, 25, 26, 28, 178, 181,
　208, 図43
バシロサウルス類　19, 74, 図41, 図52
ハダカデバネズミ　180, 181
ハツカネズミ　図67
パッポケタス（*Pappocetus*）　205
バビアケタス（*Babiacetus*）　203
ビーバー　70
ヒゲクジラ類（Mysticeti）　10, 15, 263, 図
　43, 図52
ヒト　37, 39, 78
ヒマラヤケタス（*Himalayacetus*）　73, 79,

106, 182
ブタ　199, 図39, 図67
プロトケタス（*Protocetus*）　205
プロトケタス科　28, 208, 図43, 図54, 図55
プロトケタス類　74, 121, 図37, 図52
ホッキョククジラ　16, 32, 33, 38, 39, 図59
ホッキョクグマ　70
哺乳類（mammals）　27, 29

マ行

マイアケタス（*Maiacetus*）　203, 210, 図55
マカラケタス（*Macaracetus*）　203
マダライルカ　図60
マッコウクジラ　図36
マナティー　36
マナティー類　69
ミンク　70
メソサウルス（*Mesosaurus*）　88
メソニクス（mesonychian）　82, 163, 166, 168,
　図39, 図40
モグラ　29
モササウルス（*Mosasaurus*）　88

ラ行

ラオエリー類　74
レミントノケタス（*Remingtonocetus*）　106,
　121, 139, 図44
レミントノケタス科（Remingtonocetidae）
　136-144, 181, 208, 図43
レミントノケタス類　74, 図41, 図52
ロドケタス（*Rodhocetus*）　203

人名

ア行

アンダーセン, マルガ（Marga Anderssen）
　226
ヴァン・ヴァーレン, レイ（Leigh Van Valen）
　163, 165
ヴェーゲナー, アルフレート（Alfred Wegner）
　88
ウェスト, ロバート（Robert West）　7, 43,
　53, 95, 161, 239

大隅清治　233, 234
岡田典弘　197
オベルグフェル, フリードリンデ（Friedlinde
　Obergfell）　239-247, 249, 256

カ行

ギッシュ, デュエイン（Duane Gish）　8, 82
ギンガーリッチ, フィリップ（Philip Gingerich）
　7, 43, 53, 62, 162, 169, 239

グールド，スティーブン・ジェイ（Stephen Jay Gould）　64, 67

クケンサール，ウィリー（Willy Kükenthal）225, 226

グルドベルグ，グスターフ（Gustav Guldberg）225, 226

ケロッグ，レミントン（Remington Kellogg）105

サ行

サーニ，アショカ（Ashok Sahni）　97, 101, 104-108, 136, 137, 239, 242, 249

シャピロ，マイク（Mike Shapiro）　229

タ行

デーヴィス，T・G・B（T. G. B. Davies）　94

デーン，リチャード（Richard Dehn）　50, 94, 95, 162, 239, 241, 244, 245

ハ行

フランク・フィッシュ（Frank Fish）　67

ヘニッヒ，ヴィリー（Willi Hennig）　241

ヘニング，ジョン（John Heyning）　227

マ行

メルヴィル，ハーマン（Herman Melville）　17

ヤ行

山田格　217, 218

ラ行

ライエル，チャールズ（Charles Lyell）　23, 24

ランガ・ラオ，アンネ（Anne Ranga Rao）239-242, 246, 248, 249, 256

訳者紹介

松本 忠夫（まつもと　ただお）

1943年，東京都生まれ．
東京都立大学大学院理学研究科博士課程生物学専攻修了．理学博士．東京都立大学理学部助手．東京大学教養学部助教授．東京大学大学院総合文化研究科教授．放送大学教養学部教授を経て，東京大学名誉教授．放送大学客員教授．
専門は動物生態学，社会生物学．とくに熱帯におけるシロアリ類と家族性ゴキブリの社会生態の解明を行なっている．日本生態学会賞，日本生態学会功労賞などを受賞．
主な著書に「社会性昆虫の生態学」(培風館. 1983)，「生態と環境」(岩波書店. 1993)，「社会性昆虫の進化生態学」(海游舎. 1993)，「動物の生態」(裳華房. 2015)．訳書に「生物にとって自己組織化とは何か」(海游舎. 2009) などがある．

歩行するクジラ ── 800万年で陸上から水中へ ──

2018年 3 月30日　第 1 版第 1 刷発行

訳　者　松本忠夫
発行者　橋本敏明
発行所　東海大学出版部
　　　　〒259-1292 神奈川県平塚市北金目4-1-1
　　　　TEL 0463-58-7811　FAX 0463-58-7833
　　　　URL http://www.press.tokai.ac.jp/
　　　　振替　00100-5-46614
印刷所　港北出版印刷株式会社
製本所　誠製本株式会社

© Tadao MATUSMOTO, 2018　　　　　　　　　　ISBN978-4-486-02079-0

・ JCOPY ＜出版者著作権管理機構 委託出版物＞
本書（誌）の無断複製は著作権法上での例外を除き禁じられています．複製される場合は，そのつど事前に，出版者著作権管理機構（電話03-3513-6969，FAX 03-3513-6979，e-mail: info@jcopy.or.jp）の許諾を得てください．